U0271051

Arduino Case
in Action
Music Creativity

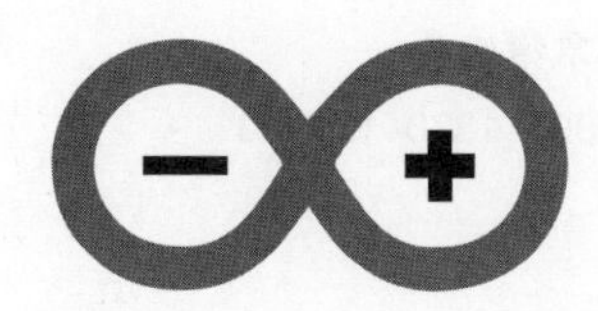

Arduino
项目开发
音乐创意

李永华　彭木根◎编著
Li Yonghua　　Peng Mugen

清華大学出版社
北京

内容简介

本书系统论述了Arduino开源硬件的架构、原理、开发方法，并给出12个完整的项目设计案例。

在编排方式上，全书侧重对创新产品的项目设计过程进行介绍。分别从需求分析、设计与实现等角度论述硬件电路、软件设计、传感器和功能模块等，并剖析产品的功能、使用、电路连接和程序代码。为便于读者高效学习，快速掌握Arduino开发方法，本书配套提供项目设计的硬件电路图、程序代码、实现过程中出现的问题及解决方法，可供读者举一反三，二次开发。

本书可作为高校电子信息类专业"开源硬件设计""电子系统设计""创新创业"等课程的教材，也可作为创客及智能硬件爱好者的参考用书，还可作为从事物联网、创新开发和设计专业人员的技术参考书。

图书在版编目(CIP)数据

Arduino项目开发——音乐创意/李永华，彭木根编著．—北京：清华大学出版社，2019
(清华开发者书库)
ISBN 978-7-302-52823-4

Ⅰ．①A…　Ⅱ．①李…　②彭…　Ⅲ．①单片微型计算机—程序设计　Ⅳ．①TP368.1

中国版本图书馆CIP数据核字(2019)第082352号

责任编辑：赵　凯
封面设计：李召霞
责任校对：徐俊伟
责任印制：宋　林

出版发行：清华大学出版社
网　　址：http://www.tup.com.cn，http://www.wqbook.com
地　　址：北京清华大学学研大厦A座　　**邮　　编**：100084
社 总 机：010-62770175　　**邮　　购**：010-62786544
投稿与读者服务：010-62776969，c-service@tup.tsinghua.edu.cn
质量反馈：010-62772015，zhiliang@tup.tsinghua.edu.cn
课件下载：http://www.tup.com.cn，010-62795954
印 装 者：三河市铭诚印务有限公司
经　　销：全国新华书店
开　　本：185mm×260mm　　**印　　张**：19.5　　**字　　数**：487千字
版　　次：2019年9月第1版　　**印　　次**：2019年9月第1次印刷
定　　价：69.00元

产品编号：083921-01

前言

PREFACE

物联网、智能硬件和大数据技术给社会带来了巨大的冲击，个性化、定制化和智能化的硬件设备成为未来的发展趋势。“中国制造2025”计划、德国的“工业4.0”及美国的“工业互联网”都是将人、数据和机器连接起来，其本质是工业的深度信息化，为未来智能社会的发展提供制造技术基础。

在“大众创业，万众创新”的时代背景下，人才培养方法和模式也应该满足当前的时代需求。编者依据当今信息社会的发展趋势，结合Arduino开源硬件的发展及智能硬件的发展要求，采取激励创新的工程教育方法，培养适应未来工业4.0发展的人才。因此，本书试图探索基于创新工程教育的基本方法，并将其提炼为适合我国国情、具有自身特色的创新实践教材，对实际教学中应用智能硬件的创新工程教学经验进行总结，包括具体的创新方法和开发案例，希望对教学及工业界有所帮助，起到抛砖引玉的作用。

本书的内容和素材主要来源于作者所在学校近几年承担的教育部和北京市的教育、教学改革项目和成果，也是北京邮电大学信息工程专业的同学们创新产品的设计成果。书中系统地介绍了如何利用Arduino平台进行产品开发，包括相关的设计、实现与产品应用，主要内容包括Arduino设计基础及音乐创意方面的案例。

本书的编写也得到了教育部电子信息类专业教学指导委员会、信息工程专业国家第一类特色专业建设项目、信息工程专业国家、第二类特色专业建设项目、教育部CDIO工程教育模式研究与实践项目、教育部本科教学工程项目、信息工程专业北京市特色专业建设、北京市教育教学改革项目、北京邮电大学教育教学改革项目(2019TD01)的大力支持。在此一并表示感谢！

由于作者水平有限，书中不妥之处在所难免，衷心希望广大读者多提宝贵意见及具体的整改措施，以便作者进一步修改和完善。

李永华

于北京邮电大学

2019年4月

目录
CONTENTS

第1章 Arduino项目设计基础

1.1 开源硬件简介

电子电路是人类社会发展的重要成果，在早期的硬件设计和实现上都是公开的，包括电子设备、电器设备、计算机设备以及各种外围设备的设计原理图，大家认为公开是十分正常的事情，所以，早期公开的设计图并不称为开源。1960年前后，很多公司根据自身利益选择了闭源，由此也就出现了贸易壁垒、技术壁垒、专利版权等问题，不同公司之间也出现了互相起诉的情形。例如，国内外的IT公司之间由于知识产权而诉诸法律，屡见不鲜。虽然这种做法在一定程度上有利于公司自身的利益，但是，不利于小公司或者个体创新者的发展。特别是，在互联网进入Web 2.0的个性化时代背景下，更加需要开放、免费和开源的开发系统。

因此，在"大众创业，万众创新"的时代背景下，Web 2.0时代的开发者思考硬件是否可以重新进行开源。电子爱好者、发烧友及广大的创客一直致力于开源的研究，推动开源的发展，最初从很小的物品发展到现在，已经有3D打印机、开源的单片机系统等。也就是说，开源硬件是指与开源软件采取相同的方式，进行设计各种电子硬件的总称。也就是说，开源硬件是考虑对软件以外的领域进行开源，是开源文化的一部分。开源硬件是可以自由传播硬件设计的各种详细信息，例如，电路图、材料清单和开发板布局数据，通常使用开源软件来驱动开源的硬件系统。本质上，共享逻辑设计、可编程的逻辑元件重构也是一种开源硬件，通过硬件描述语言代码实现电路图共享。硬件描述语言通常用于芯片系统，也用于可编程逻辑阵列或直接用在专用集成电路中，这在当时也称之为硬件描述语言模块或IP核。

众所周知，Android就是开源软件之一。开源硬件和开源软件类似，通过开源软件可以更好地理解开源硬件，就是在之前已有硬件的基础之上进行二次开发。二者也有差别，体现在复制成本上，开源软件的成本几乎是零，而开源硬件的复制成本较高。另外，开源硬件延伸着开源软件代码的定义，包括软件、电路原理图、材料清单、设计图等都使用开源许可协议，自由使用分享，完全以开源的方式去授权，避免了以往DIY分享的授权问题。同时，开源硬件把开源软件常用的GPL、CC等协议规范带到硬件分享领域，为开源硬件的发展提供了标准。

1.2 Arduino开源硬件

本节主要介绍Arduino开源硬件的各种开发板和扩展板的使用方法、Arduino开发板的特性以及Arduino开源硬件的总体情况，以便更好地应用Arduino开源硬件进行开发创作。

1.2.1 Arduino 开发板

Arduino 开发板是基于开放原始代码简化的 I/O 平台，并且使用类似 Java、C/C++语言的开发环境。可以快速使用 Arduino 语言与 Flash 或 Processing 软件，完成各种创新作品。Arduino 开发板可以使用各种电子元件，例如，传感器、显示设备、通信设备、控制设备或其他可用设备。

Arduino 开发板也可以独立使用，成为与其他软件沟通的平台，例如，Flash、Processing、Max/MSP、VVVV 或其他互动软件。Arduino 开发板的种类很多，包括 Arduino UNO、YUN、DUE、Leonardo、Tre、Zero、Micro、Esplora、MEGA、MINI、NANO、Fio、Pro 以及 LilyPad Arduino 等。随着开源硬件的发展，将会出现更多的开源产品，下面介绍几种典型的 Arduino 开发板。

Arduino UNO 开发板是 Arduino USB 接口系列的常用版本，是 Arduino 平台的参考标准模板，如图 1-1 所示。Arduino UNO 开发板的处理器核心是 ATmega328，具有 14 个数字输入/输出引脚(其中 6 个可作为 PWM 输出)、6 个模拟输入引脚、1 个 16MHz 晶体振荡器、1 个 USB 接口、1 个电源插座、1 个 ICSP 插头和 1 个复位按钮。

图 1-1 Arduino UNO

如图 1-2 所示，Arduino YUN 是一款基于 ATmega32U4 和 Atheros AR9331 的单片机开发板。Atheros AR9331 可以运行基于 Linux 和 OpenWRT 的操作系统 Linino。这款单片机开发板具有内置的 Ethernet、WiFi、1 个 USB 接口、1 个 Micro 插槽、20 个数字输入/输出引脚(其中 7 个可以用于 PWM、12 个可以用于 ADC)、1 个 Micro USB 接口、1 个 ICSP 插头、3 个复位开关。

图 1-2 Arduino YUN

如图 1-3 所示，Arduino DUE 是一块基于 Atmel SAM3X8E CPU 的微控制器板。它是第一块基于 32 位 ARM 核心的 Arduino 开发板，有 54 个数字输入/输出引脚(其中 12 个可用于 PWM 输出)、12 个模拟输入引脚、4 个 UART 硬件串口、84MHz 的时钟频率、1 个 USB OTG 接口、2 个 DAC(模/数转换)、2 个 TWI、1 个电源插座、1 个 SPI 接口、1 个 JTAG 接口、1 个复位按键和 1 个擦写按键。

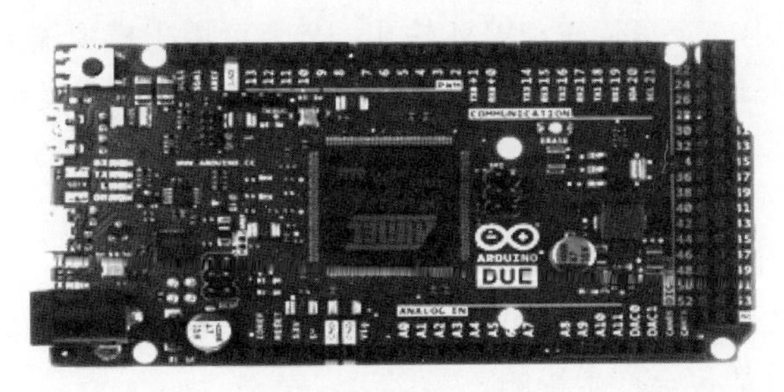

图 1-3　Arduino DUE

图 1-4 所示为 Arduino MFGA 2560 开发板，也是采用 USB 接口的核心开发板，它最大的特点就是具有多达 54 个数字输入/输出引脚，特别适合需要大量输入/输出引脚的设计。Arduino MEGA 2560 的处理器核心是 ATmega2560，具有 54 个数字输入/输出引脚(其中 16 个可作为 PWM 输出)、16 个模拟输入引脚、4 个 UART 接口、1 个 16MHz 晶体振荡器、1 个 USB 接口、1 个电源插座、1 个 ICSP 插头和 1 个复位按钮。Arduino MRGA 2560 开发板也能兼容为 Arduino UNO 设计的扩展板。目前，Arduino MEGA 2560 开发板已经发布到第 3 版，与前两版相比有以下新的特点：

图 1-4　Arduino MEGA 2560 开发板

① 在 AREF 处增加了两个引脚 SDA 和 SCL，支持 I^{2}C 接口；增加 IOREF 和 1 个预留引脚，以便将来扩展板能够兼容 5V 和 3.3V 核心板，改进了复位电路设计；USB 接口芯片由 ATmega16U2 替代了 ATmega8U2。

② Arduino MEGA 2560 开发板可以通过三种方式供电：外部直流电源通过电源插座供电，电池连接电源连接器的 GND 和 VIN 引脚供电，USB 接口直接供电，而且，它能自动选择供电方式。

电源引脚说明如下：

① VIN：当外部直流电源接入电源插座时，可以通过 VIN 向外部供电，也可以通过此引脚向 Arduino MEGA 2560 开发板直接供电；VIN 供电时将忽略从 USB 或者其他引脚接入的电源。

② 5V：通过稳压器或 USB 的 5V 电压，为 Arduino MEGA 2560 开发板上的 5V 芯片供电。

③ 3.3V：通过稳压器产生的 3.3V 电压，最大驱动电流为 50mA。

④ GND：接地引脚。

如图 1-5 所示，Arduino Leonardo 是一款基于 ATmega32u4 的微控制器。它有 20 个数字输入/输出引脚(其中 7 个可用于 PWM 输出、12 个可用于模拟输入)、1 个 16 MHz 晶体振荡器、1 个 Micro USB 连接、1 个电源插座、1 个 ICSP 头和 1 个复位按钮。具有支持微控制器所需的一切功能，只需通过 USB 电缆将其连至计算机，或者通过电源适配器、电池为其供电即可使用。

Leonardo 与先前的所有开发板都不同，ATmega32u4 具有内置式 USB 通信，从而无须二级处理器。这样，除了虚拟(CDC)串行/通信端口，Leonardo 还可以充当计算机的鼠标和键盘，它对开发板的性能也会产生影响。

如图 1-6 所示，Arduino Ethernet 是一款基于 ATmega328 的开发板。它有 14 个数字输入/输出引脚、6 个模拟输入引脚、1 个 16 MHz 晶体振荡器、1 个 RJ45 连接、1 个电源插座、1 个 ICSP 头和 1 个复位按钮。引脚 10、11、12 和 13 只能用于连接以太网模块，不可作为他用，可用引脚只有 9 个，其中 4 个可用于 PWM 输出。

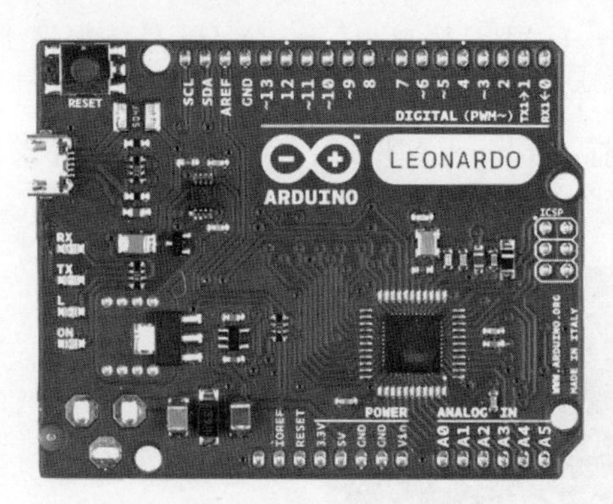

图 1-5　Arduino Leonardo

图 1-6　Arduino Ethernet

Arduino Ethernet 没有板载 USB 转串口驱动器芯片，但是有 1 个 WIZnet 以太网接口。该接口与以太扩展板相同。板载 microSD 读卡器可用于存储文件，能够通过 SD 库进行访问。引脚 10 留为 WIZnet 接口，SD 卡的 SS 在引脚 4 上。引脚 6 串行编程头与 USB 串口适配器兼容，与 FTDI USB 电缆、Sparkfun 和 Adafruit FTDI 式基本 USB 转串口分线板也兼容。它支持自动复位，从而无须按下开发板上的复位按钮即可上传程序代码。当插入 USB 转串口适配器时，Arduino Ethernet 由适配器供电。

如图 1-7 所示，Arduino Robot 是一款有轮子的 Arduino 开发板。Arduino Robot 有控制板和电机板，每个开发板上有 1 个处理器，共 2 个处理器。电机板控制电机，控制板读取传感器的数值并决定如何操作。每个开发板都是完整的 Arduino 开发板，用 Arduino IDE 进行编程。直流电机板和控制板都是基于 ATmega32u4 的微控制器。Arduino Robot 将它的一些引脚映射到板载的传感器和制动器上。

Arduino Robot 编程的步骤与 Arduino Leonardo 类似，2 个处理器都有内置式 USB 通

信，无须二级处理器，可以充当计算机的虚拟(CDC)串行/通信端口。Arduino Robot 有一系列预焊接连接器，所有连接器都标注在开发板上，通过 Arduino Robot 库映射到指定的端口上，从而使用标准 Arduino 函数，在 5V 电压下，每个引脚都可以提供或接受最高 40mA 的电流。

如图 1-8 所示，Arduino NANO 是一款小巧、全面且基于 ATmega328 的开发板，与 Arduino Duemilanove 的功能类似，但封装不同，没有直流电源插座且采用 Mini-B USB 电缆。Arduino NANO 开发板上的 14 个数字引脚都可用于输入或输出，利用 pinMode()、digitalWrite()和 digitalRead()函数可以对它们操作。工作电压为 5V，每个引脚都可以提供或接受最高 40mA 的电流，都有 1 个 20～50kΩ 的内部上拉电阻器(默认情况下断开)。Arduino NANO 开发板有 8 个模拟输入，每个模拟输入都提供 10 位的分辨率(即 1024 个不同的数值)。默认情况下，它们的电压为 0～5V，可以利用 analogReference()函数改变其电压范围的上限值，模拟引脚 6 和 7 不能作为数字引脚。

图 1-7　Arduino Robot

图 1-8　Arduino NANO

1.2.2　Arduino 扩展板

在 Arduino 开源硬件系列中，除了主要开发板之外，还有与之配合使用的各种扩展板，可以插到开发板上增加额外的功能。选择适合的扩展板，可以增强系统开发的功能，常见的扩展板有 Arduino Ethernet Shield、Arduino GSM Shield、Arduino Motor Shield、Arduino 9 Axes Motion Shield 等。

Arduino Ethernet Shield(以太网盾)如图 1-9 所示，有 1 个标准的有线 RJ-45 连接，具有集成式线路变压器和以太网供电功能，可将 Arduino 开发板连接到互联网。基于 WIZnet W5500 以太网芯片，提供网络(IP)堆栈，支持 TCP 和 UDP 协议。可以同时支持 8 个套接字连接，使用以太网库写入程序代码。

以太网盾板利用贯穿盾板的长绕线排与 Arduino 开发板连接，保持引脚布局完整无缺，以便其他盾板可以堆叠其上。它有 1 个板载 micro-SD 卡槽，可用于存储文件，与 Arduino UNO 和 MEGA 兼容，可通过 SD 库访问板载 micro-SD 读卡器。以太网盾板带有 1 个供电(PoE)模块，可从传统的 5 类电缆获取电力。

Arduino GSM Shield 如图 1-10 所示，为了连接蜂窝网络，扩展板需要一张由网络运营商提供的 SIM 卡。它通过移动通信网将 Arduino 开发板连接到互联网，可拨打/接听语音电话和发送/接收 SMS 信息。

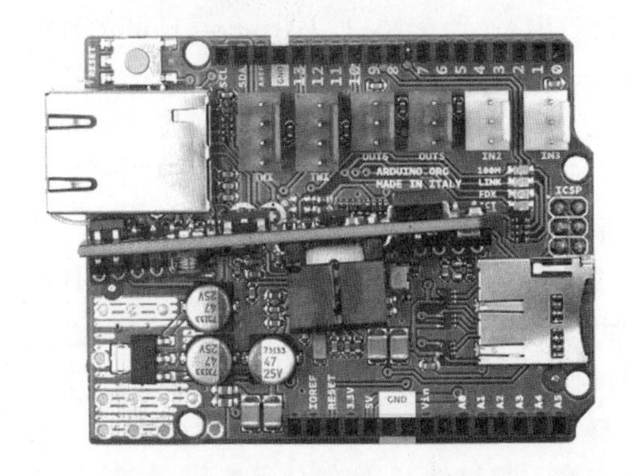

图 1-9 Arduino Ethernet Shield

图 1-10 Arduino GSM Shield

Arduino GSM Shield 采用 Quectel 的无线调制解调器 M10，利用 AT 命令与开发板通信。GSM Shield 利用数字引脚 2、3 与 M10 进行软件串行通信，引脚 2 连接 M10 的 TX 引脚，引脚 3 连接 RX 引脚，调制解调器的 PWRKEY 连接引脚 7。

M10 是一款四频 GSM/GPRS 调制解调器，其工作频率如下：GSM850MHz、GSM900MHz、DCS1800MHz 和 PCS1900MHz。它通过 GPRS 连接支持 TCP/UDP 和 HTTP。其中 GPRS 数据下行链路和上行链路的最大传输速度为 85.6kb/s。

Arduino Motor Shield 如图 1-11 所示，用于驱动电感负载(例如继电器、螺线管、直流和步进电机)的双全桥驱动器 L298，利用 Arduino Motor Shield 可以驱动 2 个直流电机，独立控制每个电机的速度和方向。因此，它有 2 条独立的通道，即 A 和 B，每条通道使用 4 个开发板引脚来驱动或感应电机。Arduino Motor Shield 上使用的引脚共 8 个，不仅可以单独驱动 2 个直流电机，也可以将它们合并起来驱动 1 个双极步进电机。

Arduino 9 Axes Motion Shield 如图 1-12 所示，它采用德国博世传感器技术有限公司推出的 BNO055 绝对方向传感器。这是一个使用系统级封装，集成三轴 14 位加速计、三轴 16 位陀螺仪、三轴地磁传感器，并运行 BSX3.0 FusionLib 软件的 32 位微控制器。BNO055 在 3 个垂直的轴上具有三维加速度、角速度和磁场强度数据。

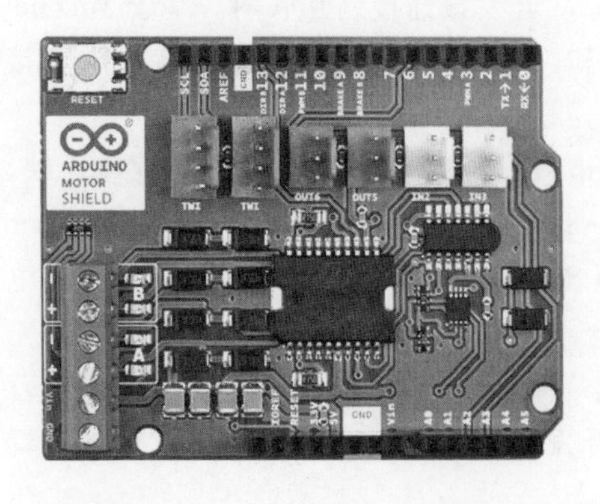

图 1-11 Arduino Motor Shield

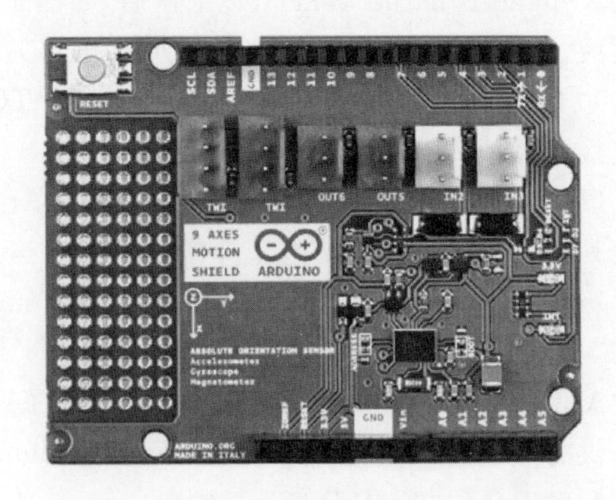

图 1-12 Arduino 9 Axes Motion Shield

另外，它还提供传感器融合信号，如四元数、欧拉角、旋转矢量、线性加速、重力矢量。结合智能中断引擎，可以基于慢动作或误动作识别、任何动作（斜率）检测、高 g 检测等项触发中断。

Arduino 9 Axes Motion Shield 兼容 UNO、YNO、Leonardo、Ethernet、MEGA 和 DUE 开发板。在使用 Arduino 9 Axes Motion Shield 时，要根据使用的开发板将中断桥和重置桥焊接在正确的位置。

1.3 Arduino 软件开发平台

本节主要介绍 Arduino 开发环境的特点及使用方法，包括 Arduino 开发环境的安装以及简单的硬件系统与软件调试方法。

1.3.1 Arduino 平台特点

作为目前最流行的开源硬件开发平台，其优点包括以下三方面：

(1) 开放源代码的电路图设计和程序开发界面，可免费下载、根据需求自己修改；Arduino 可使用 ICSP 线上烧录器，将 Bootloader 烧入新的 IC 芯片；也可依据官方电路图，简化 Arduino 模组，完成独立运作的微处理控制。

(2) 能够与传感器或各式各样的电子元件连接（如红外线、超音波、热敏电阻、光敏电阻、伺服电机等）；支持多样的互动程序，如 Flash、Max/Msp、VVVV、PD、C、Processing 等；使用低价格的微处理控制器；USB 接口无须外接电源；可提供 9V 直流电源输入以及多样化的 Arduino 扩展模块。

(3) 在应用方面，通过各种各样的传感器来感知环境、控制灯光、直流电机和其他的装置来反馈并影响环境；可以方便地连接以太网扩展模块进行网络传输，使用蓝牙传输、WiFi 传输、无线摄像头控制等多种应用。

1.3.2 Arduino IDE 的安装

Arduino IDE 是 Arduino 开放源代码的集成开发环境，它的界面友好，语法简单且方便下载程序，这使得 Arduino 的程序开发变得非常便捷。作为一款开放源代码的软件，Arduino IDE 也是由 Java、Processing、AVR-GCC 等开放源代码的软件写成的。Arduino IDE 另一个特点是跨平台的兼容性，适用于 Windows、Mac OS X 以及 Linux。2011 年 11 月 30 日，Arduino 官方正式发布了 Arduino 1.0 版本，可以下载不同操作系统的压缩包，也可以在 GitHub 上下载源码重新编译自己的 Arduino IDE。安装过程如下：

(1) 从 Arduino 官网下载最新版本 IDE，下载界面如图 1-13 所示。

v1.7.8

- Windows: 下载
- Windows: ZIP file (针对非管理员安装)
- Mac OS X: Zip file (需要Java 7或更高版本)
- Linux: 32 bit, 64 bit

图 1-13 Arduino 下载界面

如图 1-13 所示，选择适合自己计算机操作系统的安装包，这里以在 64 位 Windows 7 系统的安装过程为例。

(2) 双击 EXE 文件选择安装，弹出如图 1-14 所示的界面。

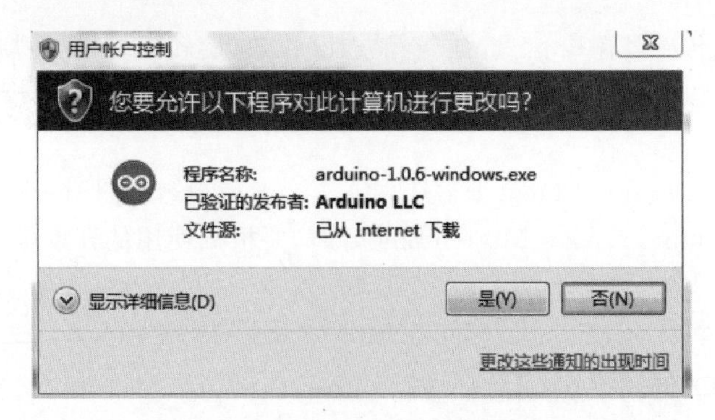

图 1-14 Arduino 安装界面

(3) 同意协议如图 1-15 所示,单击“I Agree”按钮。

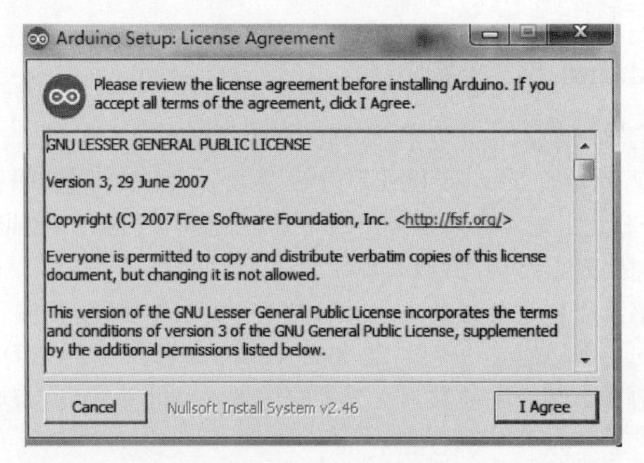

图 1-15 Arduino 协议界面

(4) 选择需要安装的组件,如图 1-16 所示,单击“Next”按钮。

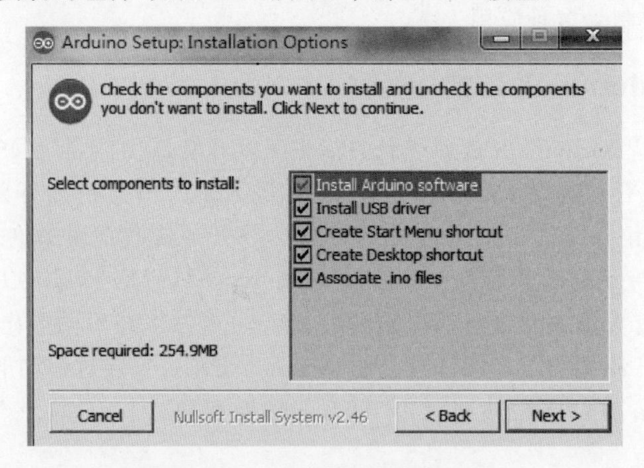

图 1-16 Arduino 选择安装组件

(5) 选择安装位置,如图 1-17 所示,单击“Install”按钮。

(6) 安装过程如图 1-18 所示。

(7) 安装 USB 驱动,如图 1-19 所示。

(8) 安装完成,如图 1-20 所示。

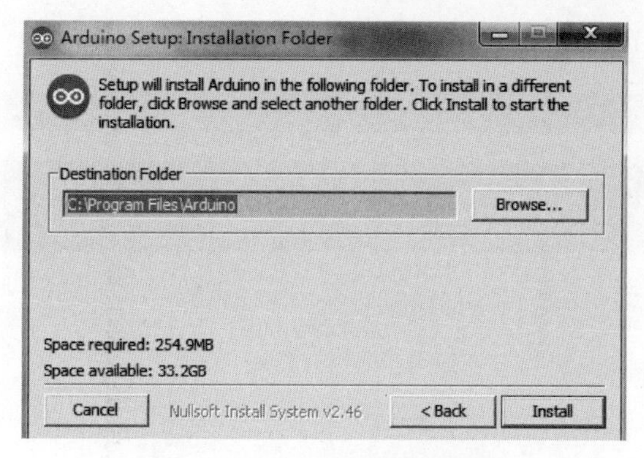

图 1-17 Arduino 选择安装位置

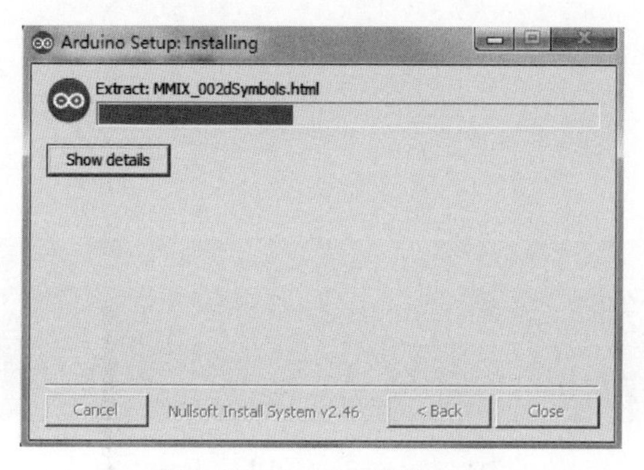

图 1-18 Arduino 安装过程

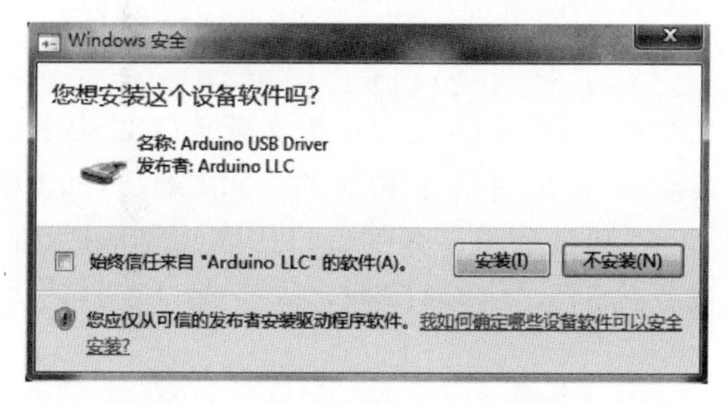

图 1-19 Arduino 安装 USB 驱动

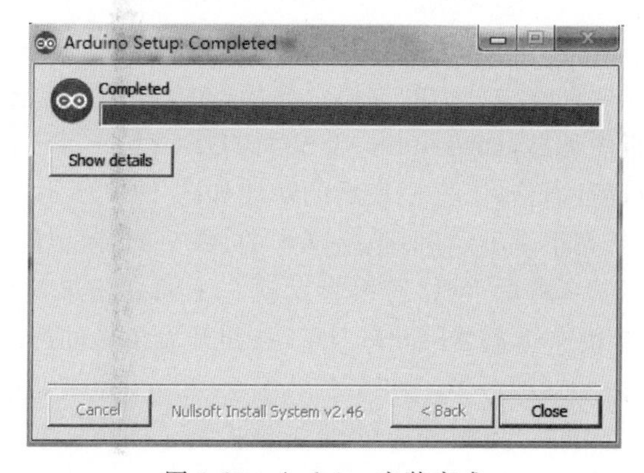

图 1-20 Arduino 安装完成

(9) 进入 Arduino IDE 开发界面,如图 1-21 所示。

图 1-21 Arduino IDE 主界面

1.3.3 Arduino IDE 的使用

首次使用 Arduino IDE 时,需要将 Arduino 开发板通过 USB 线连接到计算机,计算机会为 Arduino 开发板安装驱动程序,并分配相应的 COM 端口,如 COM1、COM2 等。不同的计算机和系统分配的 COM 端口是不一样的,所以,安装完毕后,要在计算机的硬件管理中查看 Arduino 开发板被分配到哪个 COM 端口,这个端口就是计算机与 Arduino 开发板的通信端口。

Arduino 开发板的驱动安装完毕,需要在 Arduino IDE 中设置相应的端口和开发板类型。

方法如下:Arduino 集成开发环境启动后,在菜单栏中单击"工具"→"端口"命令,进行端口设置,设置计算机硬件管理中分配的端口。然后,在菜单栏中单击"工具"→"开发板"命令,选择 Arduino 开发板的类型,如 Arduino UNO、DUE、YUN 等前面介绍的开发板,这样计算机就可以与开发板进行通信,工具栏显示的功能如图 1-22 所示。

在 Arduino IDE 中带有很多种示例,包括基本的、数字的、模拟的、控制的、通信的、传感器的、字符串的、存储卡的、音频的、网络等多种示例。下面介绍最简单、最具有代表性的例子——Blink,以便于读者快速熟悉 Arduino IDE,从而开发出新的产品。

在菜单栏中依次单击"文件"→"示例"→01Basic→Blink 命令,这时在主编辑窗口会出现可以编辑的程序。这个 Blink 范例程序的功能是控制 LED 的亮灭。在 Arduino 编译环境中,是以 C/C++的风格来编写的,程序的前面几行是注释行,介绍程序的作用及相关的声

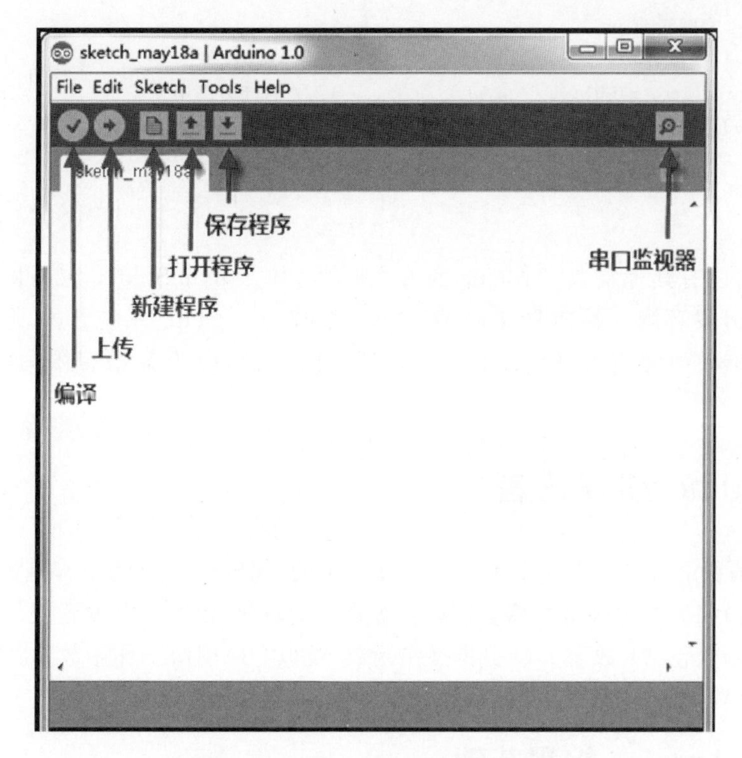

图 1-22　Arduino IDE 的工具栏功能

明等；然后是变量的定义，最后是 Arduino 程序的两个函数，即 void setup()和 void loop()。在 void setup()中的代码会在导通电源时执行一次，void loop()中的代码会不断重复执行。由于在 Arduino UNO 开发板引脚 13 上有 LED，所以定义整型变量 LED=13，用于函数的控制。另外，程序中用了一些函数，pinMode()是设置引脚的作用为输入还是输出；delay()是设置延迟的时间，单位为毫秒；digitalWrite()是向 LED 变量写入相关的值，使得引脚 13 LED 的电平发生变化，即 HIGH 或者 LOW，这样 LED 就会根据延迟的时间交替地亮与灭。

完成程序编辑之后，在工具栏中找到存盘按钮，将程序进行存盘；然后，在工具栏找到上传按钮，单击该按钮将被编辑后的程序上传到 Arduino 开发板中，使得开发板按照修改后的程序运行；同时，还可以单击工具栏的串口监视器，观看串口数据的传输情况，它是非常直观、高效的调试工具。

编辑窗口中的程序如下：

```
/*
  Blink 例程,重复开关 LED 各 1s
/*
//多数 Arduino 开发板的引脚 13 有 LED
//定义引脚名称
int led = 13;
//setup()程序运行一次
void setup() {
  //初始化数字引脚为输出
  pinMode(led, OUTPUT);
}
```

```
//loop()程序不断重复运行
void loop() {
  digitalWrite(led, HIGH);                    //开 LED(高电平)
  delay(1000);                                //等待 1s
  digitalWrite(led, LOW);                     //关 LED(低电平)
  delay(1000);                                //等待 1s
}
```

当然,目前还有其他支持 Arduino 的开发环境,如 SonxunStudio,它是由松迅科技公司开发的集成开发环境。目前只支持 Windows 系统的 Arduino 系统开发,包括 Windows XP 以及 Windows 7,使用方法与 Arduino IDE 大同小异,由于篇幅有限,这里不再一一赘述。

1.4 Arduino 编程语言

Arduino 编程语言是建立在 C/C++语言基础上的,即以 C/C++为语言基础,把 AVR 单片机(微控制器)相关的一些寄存器参数设置等进行函数化,以利于开发者更加快速地使用。其主要使用的函数包括:数字 I/O 引脚操作函数、模拟 I/O 引脚操作函数、高级 I/O 引脚操作函数、时间函数、中断函数、通信函数和数学函数等。

1.4.1 Arduino 编程基础

关键字:if、if…else、for、switch、case、while、do…while、break、continue、return、goto。

语法符号:每条语句以分号“;”结尾,每段程序以花括号“{}”括起来。

数据类型:boolean、char、int、unsigned int、long、unsigned long、float、double、string、array、void。

常量:HIGH 或者 LOW,表示数字 I/O 引脚的电平,HIGH 表示高电平(1),LOW 表示低电平(0)。INPUT 或者 OUTPUT,表示数字 I/O 引脚的方向,INPUT 表示输入(高阻态),OUTPUT 表示输出(AVR 能提供 5V 电压,40mA 电流)。TRUE 或者 FALSE,TRUE 表示真(1),FALSE 表示假(0)。

程序结构:主要包括两部分,void setup()和 void loop()。其中,void setup()是声明变量及引脚名称(如:int val; int ledPin=13;),在程序开始时使用,初始化变量和引脚模式,调用库函数,如 pinMode(ledPin,OUTPUT)。而 void loop()用在 setup()函数之后,不断地循环执行,是 Arduino 的主体。

1.4.2 数字 I/O 引脚的操作函数

1. pinMode(pin,mode)

pinMode 函数用于配置引脚以及设置输出或输入模式,是一个无返回值函数。该函数有两个参数,pin 和 mode。pin 参数表示要配置的引脚,mode 参数表示设置该引脚的模式为 INPUT(输入)或 OUTPUT(输出)。

INPUT 用于读取信号,OUTPUT 用于输出控制信号。pin 的范围是数字引脚 0~13,也可以把模拟引脚(A0~A5)作为数字引脚使用,此时引脚 14 对应模拟引脚 0,引脚 19

对应模拟引脚 5。该函数一般会放在 setup()里,先设置再使用。

2. digitalWrite(pin,value)

该函数的作用是设置引脚的输出电压为高电平或低电平,也是一个无返回值的函数。

pin 参数表示所要设置的引脚,value 参数表示输出的电压 HIGH(高电平)或 LOW(低电平)。

注意:使用前必须先用 pinMode 设置。

---

3. digitalRead(pin)

该函数在引脚设置为输入的情况下,可以获取引脚的电压情况 HIGH(高电平)或者 LOW(低电平)。

数字 I/O 引脚操作函数使用例程如下:

```
int button = 9;                              //设置引脚 9 为按钮输入引脚
int LED = 13;                  //设置引脚 13 为 LED 输出引脚,内部连接开发板上的 LED
void setup()
{ pinMode(button, INPUT);                    //设置为输入
pinMode(LED, OUTPUT);                        //设置为输出
}
void loop()
{ if(digitalRead(button) == LOW)             //如果读取高电平
        digitalWrite(LED, HIGH);             //引脚 13 输出高电平
   else
        digitalWrite(LED, LOW);              //否则输出低电平
}
```

1.4.3 模拟 I/O 引脚的操作函数

1. analogReference(type)

该函数用于配置模拟引脚的参考电压。它有三种类型,DEFAULT 是默认值,参考电压是 5V; INTERNAL 是低电压模式,使用片内基准电压源 2.56V; EXTERNAL 是扩展模式,通过 AREF 引脚获取参考电压。

注意:若不使用本函数,默认参考电压是 5V。若使用 AREF 作为参考电压,需接一个 5kΩ 的上拉电阻。

---

2. analogRead(pin)

用于读取引脚的模拟量电压值,每读取一次需要花 100μs 的时间。参数 pin 表示所要获取模拟量电压值的引脚,返回为 int 型。它的精度为 10 位,返回值为 0~1023。

注意:参数 pin 的取值范围是 0~5,对应开发板上的模拟引脚 A0~A5。

---

3. analogWrite(pin,value)

该函数是通过 PWM(Pulse-Width Modulation,脉冲宽度调制)的方式在引脚上输出一

个模拟量,图 1-23 所示为 PWM 输出的一般形式,也就是在一个脉冲的周期内高电平所占的比例。它主要用于 LED 亮度控制,直流电机转速控制等方面。

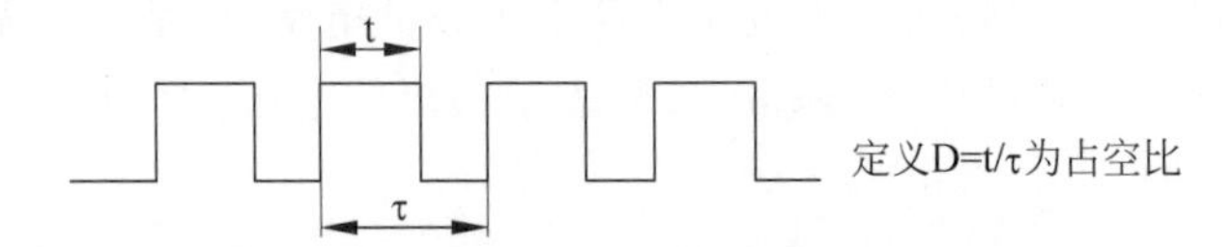

PWM波形的特点：波形频率恒定，其占空比D可以改变

图 1-23 占空比的定义

Arduino 中的 PWM 的频率大约为 490Hz,Arduino UNO 开发板支持以下数字引脚(不是模拟输入引脚)作为 PWM 模拟输出：3、5、6、9、10、11。开发板上带 PWM 输出的都有"～"号。

注意：PWM 输出位数为 8 位,即 0～255。

模拟 I/O 引脚的操作函数使用例程如下：

```
int sensor = A0;                    //引脚 A0 读取电位器
int LED = 11;                       //引脚 11 输出 LED
void setup()
{ Serial.begin(9600);
}
void loop()
{ int v;
  v = analogRead(sensor);
  Serial.println(v,DEC);            //可以观察读取的模拟量
  analogWrite(LED,v/4);             //读取值范围是 0～1023,结果除以 4 才能得到 0～255 的区间值
}
```

1.4.4 高级 I/O 引脚的操作函数

pulseIn(pin,state,timeout)函数用于读取引脚脉冲的时间长度,脉冲可以是 HIGH 或者 LOW。如果是 HIGH,该函数先将引脚变为高电平,然后开始计时,一直等到变为低电平停止计时。返回脉冲持续的时间,单位为毫秒,如果超时没有读到时间,则返回 0。

例程说明：做一个按钮脉冲计时器,测量按钮的持续时间,看谁的反应最快,即谁按按钮时间最短,按钮接在引脚 3,程序如下：

```
int button = 3;
int count;
void setup()
{
pinMode(button,INPUT);
}
void loop()
{ count = pulseIn(button,HIGH);
  if(count!= 0)
  { Serial.printIn(count,DEC);
```

```
        count = 0;
      }
}
```

1.4.5 时间函数

1. delay(ms)

该函数是延时函数,参数是延时的时长,单位是 ms。延时函数的典型例程是跑马灯的应用,使用 Arduino 开发板控制 4 个 LED 依次点亮,程序如下:

```
void setup()
{
pinMode(6,OUTPUT);                              //定义为输出
pinMode(7,OUTPUT);
pinMode(8,OUTPUT);
pinMode(9,OUTPUT);
}
void loop()
{
int i;
for(i = 6;i <= 9;i++)                           //依次循环 4 盏灯
{
digitalWrite(i,HIGH);                           //点亮 LED
delay(1000);                                    //持续 1s
digitalWrite(i,LOW);                            //熄灭 LED
delay(1000);                                    //持续 1s
}
}
```

2. delayMicroseconds()

delayMicroseconds()也是延时函数,单位是 μs,该函数可以产生更短的延时。

3. millis()

millis()为计时函数,应用该函数可以获取单片机通电到现在运行的时间长度,单位是 ms。系统最长的记录时间为 9h22min,超出则从 0 开始。返回值是 unsigned long 型。

该函数适合作为定时器使用,不影响单片机的其他工作(而使用 delay 函数期间无法进行其他工作)。计时时间函数使用示例,延时 10s 后自动点亮 LED,程序如下:

```
int LED = 13;
unsigned long i,j;
void setup()
{
pinMode(LED,OUTPUT);
i = millis();                                   //读入初始值
}
void loop()
{
j = millis();                                   //不断读入当前时间值
    if((j - i)> 10000)                          //如果延时超过 10s,点亮 LED
      {
```

```
        digitalWrite(LED,HIGH);
      }
   else digitalWrite(LED,LOW);
}
```

4. micros()

micros()也是计时函数，该函数返回开机到现在运行的时间长度，单位为μs。返回值是unsigned long型，70min溢出。程序如下：

```
unsigned long time;
void setup()
{
Serial.begin(9600);
}
void loop()
{
Serial.print("Time: ");
time = micros();                          //读取当前的时间值
Serial.println(time);                     //打印开机到目前运行的时间值
delay(1000);                              //延时 1s
}
```

以下例程为跑马灯的另一种实现方式：

```
int LED = 13;
unsigned long i,j;
void setup()
{
pinMode(LED,OUTPUT);
i = micros();                             //读入初始值
}
void loop()
{
j = micros();                             //不断读入当前时间值
   if((j - i)> 1000000)                   //如果延时超过 10s,点亮 LED
     {
       digitalWrite(LED1 + k,HIGH);
     }
   else digitalWrite(LED,LOW);
}
```

1.4.6 中断函数

什么是中断？在日常生活中，中断非常常见，如图1-24所示。

你在看书时，电话铃响了，于是在书上做个记号，去接电话，与对方通话；门铃响了，有人敲门，你让打电话的对方稍等一下，去开门，并在门旁与来访者交谈，谈话结束，关好门；回到电话机旁，继续通话，接完电话后再回来从做记号的地方继续阅读。

同样的道理，在单片机中也存在中断概念，如图1-25所示。在计算机或者单片机中中断是由于某个随机事件的发生，计算机暂停主程序的运行，转去执行另一程序（随机事件），处理完毕后又自动返回主程序继续运行的过程。也就是说高优先级的任务中断了低优先级的任务。在计算机中中断包括如下几部分：

中断源——引起中断的原因,或能发生中断申请的来源。

主程序——计算机现行运行的程序。

中断服务子程序——处理突发事件的程序。

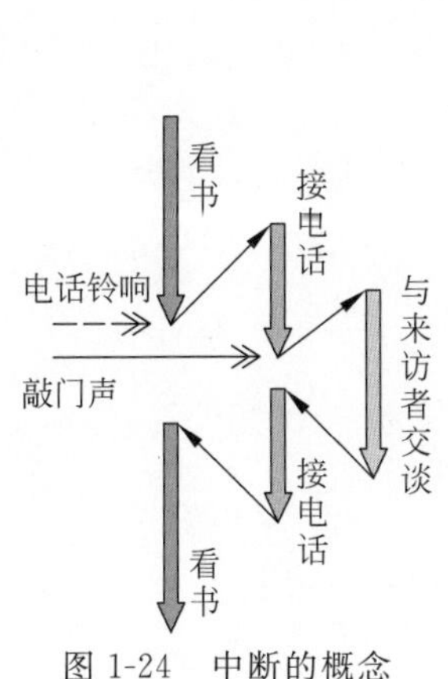

图 1-24 中断的概念

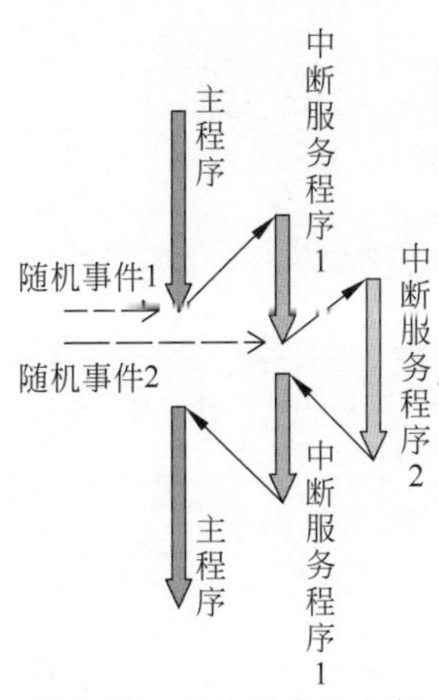

图 1-25 单片机中的中断

1．attachInterrupt(interrput,function,mode)；

该函数用于设置中断,有 3 个参数,分别表示中断源、中断处理函数和触发模式。中断源可选 0 或者 1,对应数字引脚 2、数字引脚 3。中断处理函数是一段子程序,当中断发生时执行该子程序部分。触发模式有 4 种类型,LOW(低电平触发)、CHANGE(变化时触发)、RISING(低电平变为高电平触发)、FALLING(高电平变为低电平触发)。

例程功能如下：引脚 2 接按钮开关,引脚 4 接 LED1(红色),引脚 5 接 LED2(绿色)。在例程中,LED3 为板载的 LED,每秒闪烁一次。使用中断 0 控制 LED1,中断 1 控制 LED2。按下按钮,马上响应中断,由于中断响应速度快,LED3 不受影响,继续闪烁。使用不同的 4 个参数,例程 1 试验 LOW 和 CHANGE 参数,例程 2 试验 RISING 和 FALLING 参数。

例程 1：

```
volatile int state1 = LOW,state2 = LOW;
int LED1 = 4;
int LED2 = 5;
int LED3 = 13;                                      //使用板载的 LED
void setup()
{
  pinMode(LED1,OUTPUT);
  pinMode(LED2,OUTPUT);
  pinMode(LED3,OUTPUT);
  attachInterrupt(0,LED1_Change,LOW);               //低电平触发
  attachInterrupt(1,LED2_Change,CHANGE);            //任意电平变化触发
}
void loop()
{
```

```
  digitalWrite(LED3,HIGH);
  delay(500);
  digitalWrite(LED3,LOW);
  delay(500);
  }
  void LED1_Change()
  {
   state1 = !state1;
   digitalWrite(LED1,state1);
   delay(100);
}
  void LED2_Change()
{
   state2 = !state2;
   digitalWrite(LED2,state2);
   delay(100);
}
```

例程 2：

```
volatile int state1 = LOW,state2 = LOW;
int LED1 = 4;
int LED2 = 5;
int LED3 = 13;
void setup()
{
   pinMode(LED1,OUTPUT);
   pinMode(LED2,OUTPUT);
   pinMode(LED3,OUTPUT);
   attachInterrupt(0,LED1_Change,RISING);              //电平上升沿触发
   attachInterrupt(1,LED2_Change,FALLING);             //电平下降沿触发
}
void loop()
{
   digitalWrite(LED3,HIGH);
   delay(500);
   digitalWrite(LED3,LOW);
   delay(500);
}
void LED1_Change()
{
   state1 = !state1;
   digitalWrite(LED1,state1);
   delay(100);
}
void LED2_Change()
{
   state2 = !state2;
   digitalWrite(LED2,state2);
   delay(100);
}
```

2. detachInterrupt(interrput);

该函数用于取消中断,参数 interrupt 表示所要取消的中断源。

1.4.7 串行通信函数

串行通信接口(serial interface)使数据一位一位地顺序传送,其特点是通信线路简单,只要一对传输线就可以实现双向通信的接口,如图 1-26 所示。

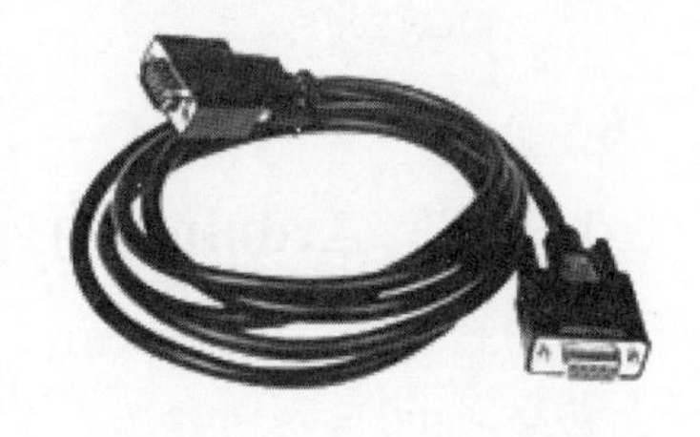

图 1-26 串行通信接口

串行通信接口出现在 1980 年前后,数据传输率是 115～230kb/s。串行通信接口出现的初期是为了实现计算机外设的通信,初期串口一般用来连接鼠标和外置调制解调器、老式摄像头和写字板等设备。

由于串行通信接口(COM)不支持热插拔及传输速率较低,因此目前部分新主板和大部分便携式计算机已开始取消该接口。串口多用于工控和测量设备以及部分通信设备中,包括各种传感器采集装置,GPS 信号采集装置,多个单片机通信系统,门禁刷卡系统的数据传输,机械手控制和操纵面板控制直流电机等,特别是广泛应用于低速数据传输的工程应用。主要函数如下:

1. Serial.begin()

该函数用于设置串口的波特率,即数据的传输速率,每秒钟传输的符号个数。一般的波特率有 9600、19 200、57 600、115 200 等。

例如:Serial.begin(57 600);

2. Serial.available()

该函数用来判断串口是否收到数据,函数的返回值为 int 型,不带参数。

3. Serial.read()

该函数不带参数,只将串口数据读入。返回值为串口数据,int 型。

4. Serial.print()

该函数向串口发数据。可以发送变量,也可以发送字符串。

例 1:Serial.print("today is good");

例 2:Serial.print(x,DEC);以 10 进制发送变量 x

例 3:Serial.print(x,HEX);以 16 进制发送变量 x

5. Serial.println()

该函数与 Serial.print()类似,只是多了换行功能。

串口通信函数使用例程:

```
int x = 0;
void setup()
{ Serial.begin(9600);                                    //波特率 9600
}
void loop()
{
  if(Serial.available())
     { x = Serial.read();
```

```
        Serial.print("I have received:");
        Serial.printIn(x,DEC);                           //输出并换行
    }
    delay(200);
}
```

1.4.8 Arduino 的库函数

与 C 语言和 C++语言一样，Arduino 平台也有相关的库函数，提供给开发者使用。这些库函数的使用，与 C 语言的头文件使用类似，需要#include 语句，将函数库加入 Arduino 的 IDE 编辑环境中，如#include "Arduino.h"语句。

在 Arduino 开发中，主要库函数的类别如下：数学库主要包括数学计算；EEPROM 库函数用于向 EEPROM 中读写数据；Ethernet 库函数用于以太网的通信；LiquidCrystal 库函数用于液晶屏幕的显示操作；Firmata 库函数实现 Arduino 与 PC 串口之间的编程协议；SD 库函数用于读写 SD 卡；Servo 库函数用于舵机的控制；Stepper 库函数用于步进电机控制；WiFi 库函数用于 WiFi 的控制和使用等，诸如此类的库函数非常多，还包括一些 Arduino 爱好者自己开发的库函数。例如，下列数学库中的函数：

```
min(x,y);                                                //求两者最小值
max(x,y);                                                //求两者最大值
abs(x);                                                  //求绝对值
sin(rad);                                                //求正弦值
cos(rad);                                                //求余弦值
tan(rad);                                                //求正切值
random(small,big);                                       //求二者之间的随机数
```

例如，

数学库函数 random(small,big)，返回值为 long。

```
long x;
x = random(0,100); 可以生成从 0～100 的整数
```

1.5 Arduino 硬件设计平台

电子设计自动化（Electronic Design Automation，EDA）是 20 世纪 90 年代初从计算机辅助设计（CAD）、计算机辅助制造（CAM）、计算机辅助测试（CAT）和计算机辅助工程（CAE）的概念上发展而来的。EDA 设计工具的出现使得电路设计的效率性和可操作性都得到了大幅度的提升。本书针对 Arduino 平台的学习，主要介绍和使用 Fritzing 工具，配以详细的示例操作说明。当然，很多软件也支持 Arduino 的开发，在此不再一一罗列。

Fritzing 是一款支持多国语言的电路设计软件，可以同时提供面包板、原理图、PCB 三种视图设计，设计者可以采用任意一种视图进行电路设计，软件都会自动同步生成其他两种视图。此外，Fritzing 软件还能用来生成制板厂生产所需用的 greber 文件、PDF、图片和 CAD 格式文件，这些都极大地普及和推广了 Fritzing 的使用。下面对软件的使用进行介绍，有关 Fritzing 的安装和启动请参考相关的书籍或者网络。

1.5.1　Fritzing 软件简介

1. 主界面

总体来说，Fritzing 软件的主界面由两部分构成，如图 1-27 所示。一部分是图中左边框内项目视图部分。这一部分将显示设计者开发的电路，包含面包板、原理图和 PCB 三种视图。另外一部分是图中右边框内工具栏部分，包含软件的元件库、指示栏、导航栏、撤销历史栏和层次栏等子工具栏，是设计者主要操作和使用的地方。

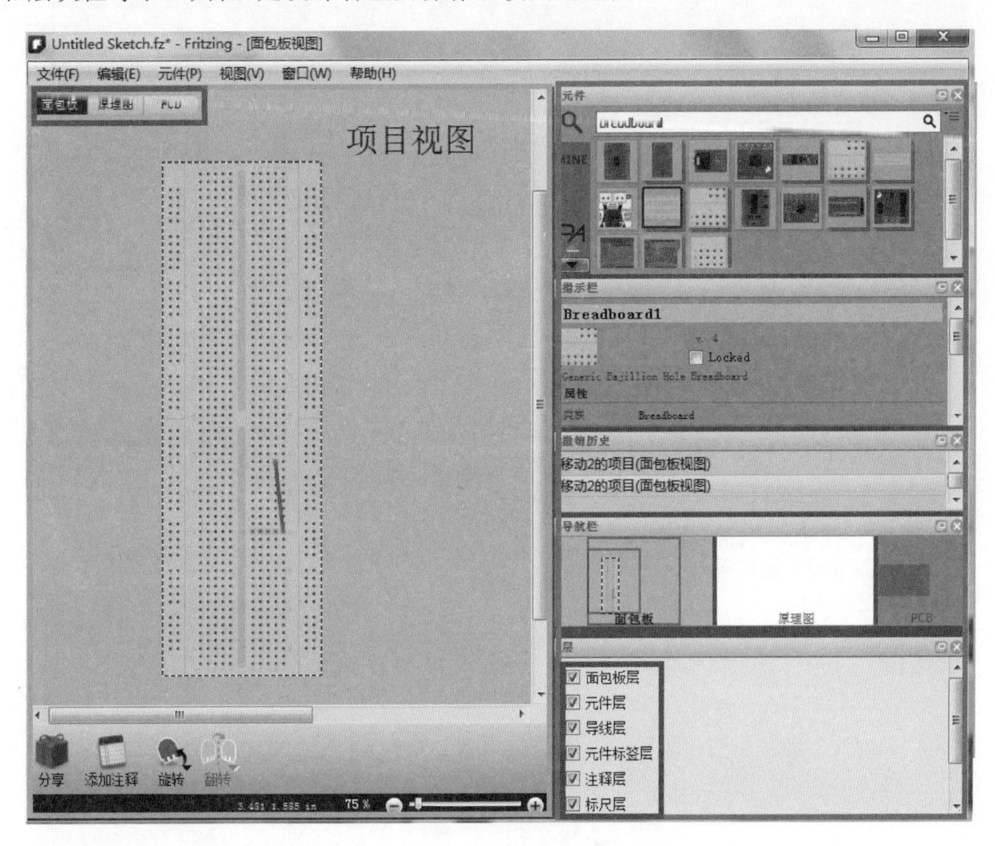

图 1-27　Fritzing 主界面

2. 项目视图

设计者可以在项目视图中自由选择面包板、原理图或 PCB 视图进行开发，也可以利用视图切换器快捷轻松地在这三种视图中进行切换，如图 1-27 中右侧中部框图部分所示。此外，还可以利用工具栏中的导航栏进行快速切换，此部分将在工具栏中进行详细说明。下面分别给出这三种视图的操作界面，按从上到下的顺序依次是面包板视图、原理图视图和 PCB 视图，如图 1-28～图 1-30 所示。

细心的读者至此可能会发现，在这三种视图中操作可选项和工具栏中对应的分栏内容都只有细微的变化。而且，由于 Fritzing 的三个视图是默认同步生成的。在本书中，首先以面包板为模板对软件的共性部分进行介绍，然后再对原理图、PCB 图与面包板视图之间的差异部分进行补充。之所以选择面包板视图作为模板，是为了方便 Arduino 硬件设计者从电路原理图过渡到实际电路，尽量减少可能出现的连线和引脚连接错误。

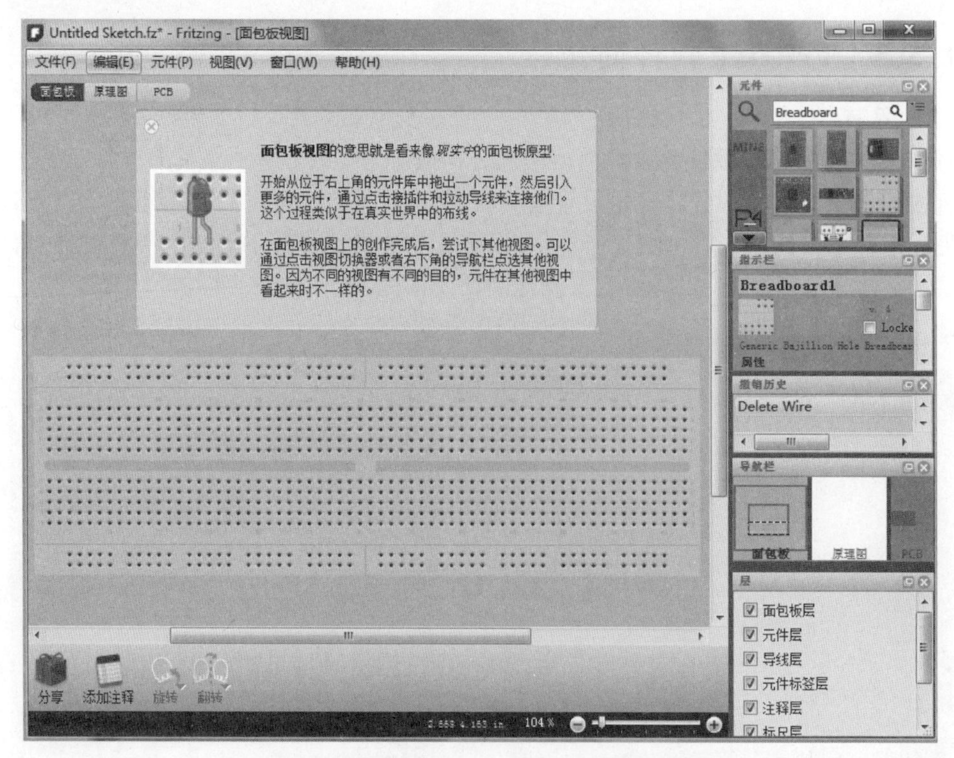

图 1-28 Fritzing 面包板视图

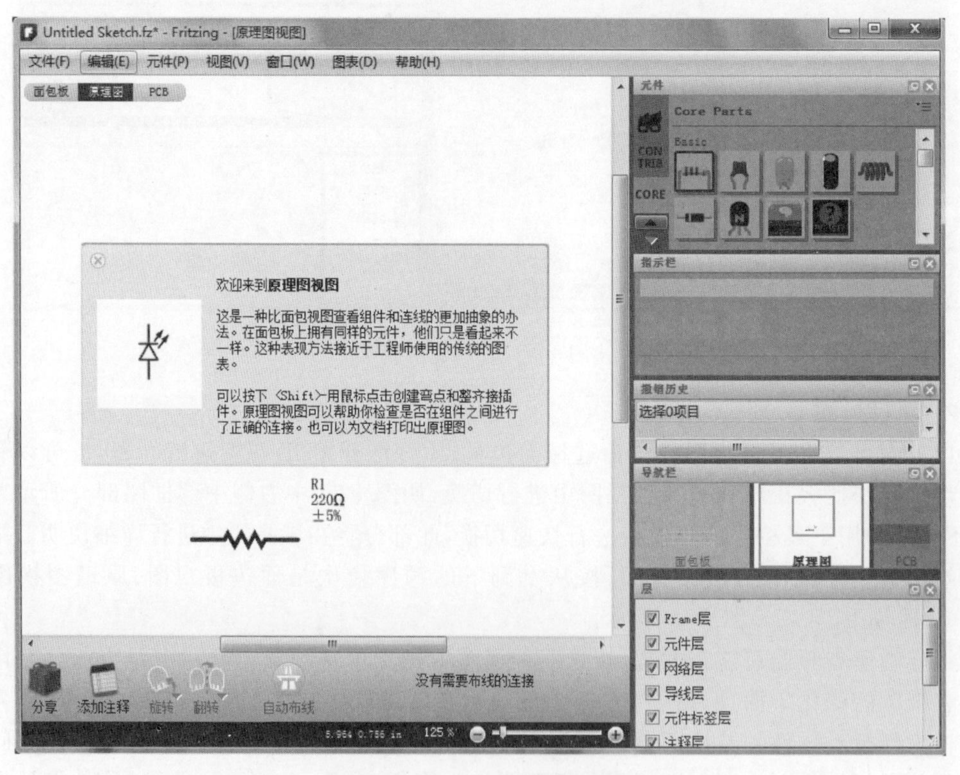

图 1-29 Fritzing 原理图视图

图 1-30 Fritzing PCB 视图

3. 工具栏

用户可以根据自己的兴趣爱好选择工具栏显示的各种窗口,左键单击窗口下拉菜单,然后对希望出现在右边工具栏的分栏进行勾选,用户也可以将这些分栏设成单独的浮窗。为了方便初学者迅速掌握 Fritzing 软件,本书将详细介绍各个工具栏的作用。

1) 元件库

元件库中包含了许多的电子元件,这些电子元件是按容器分类盛放的。Fritzing 一共包含 8 个元件库,分别是 Fritzing 的核心库、设计者自定义的库和其他 6 个库。这 8 个库是设计者进行电路设计前必须掌握的,下面进行详细的介绍。

(1) MINE: MINE 元件库是设计者自定义元件放置的容器。如图 1-31 所示,设计者可以在这部分添加一些自己的常用元件或软件缺少的元件。

图 1-31 MINE 元件库

(2) Arduino：Arduino 元件库主要放置与 Arduino 相关的开发板，这也是 Arduino 设计者需要特别关心的元件库。这个元件库中包含 9 块开发板，分别是 Arduino、Arduino UNO R3、Arduino MEGA、Arduino MINI、Arduino NANO、Arduino Pro Mini 3. 3V、Arduino Fio、Arduino LilyPad、Arduino Ethernet Shield，如图 1-32 所示。

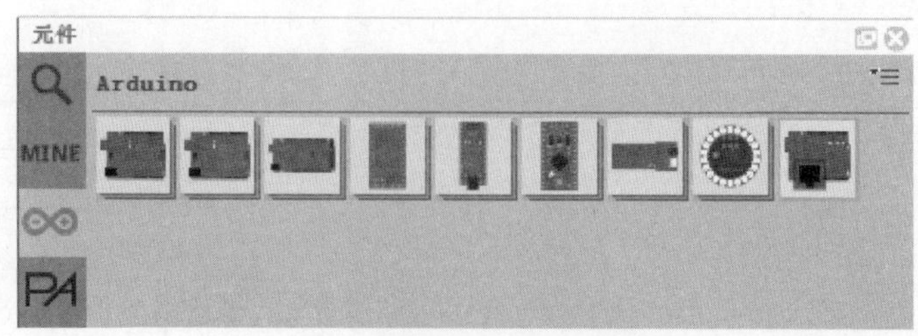

图 1-32　Arduino 元件库

(3) Parallax：Parallax 元件库中主要包含 Parallax 的微控制器 Propeller 40 和 8 款 Basic Stamp 微控制器开发板，如图 1-33 所示。该系列微控制器是由美国 Parallax 公司开发的，这些微控制器与其他微控制器的区别主要是在自己的 ROM 内存中内建了一套小型、特有的 BASIC 编程语言直译器 PBASIC，为 BASIC 语言的设计者降低了嵌入式设计的门槛。

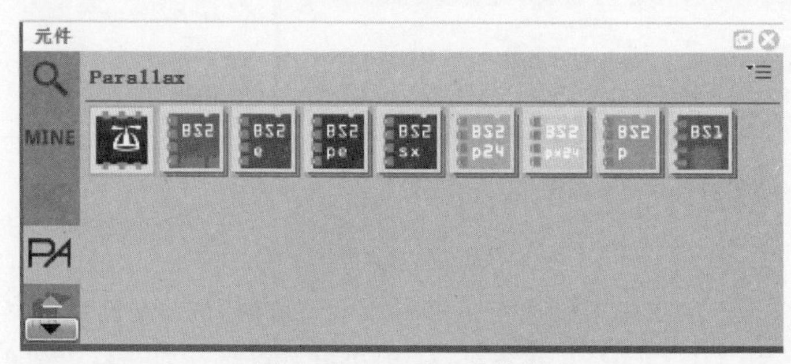

图 1-33　Parallax 元件库

(4) Picaxe：Picaxe 元件库中主要包括 Picaxe 系列的低价位单片机、电可擦只读存储器、实时时钟控制器、串行接口、舵机驱动等元件，如图 1-34 所示。Picaxe 系列芯片也是基于 BASIC 语言，设计者可以迅速掌握。

图 1-34　Picaxe 元件库

（5）SparkFun：SparkFun元件库也是Arduino设计者重点关注的一个容器（元件库），其中包含许多Arduino的扩展板。此外，这个元件库中还包含一些传感器和LilyPad系列的相关元件，如图1-35所示。

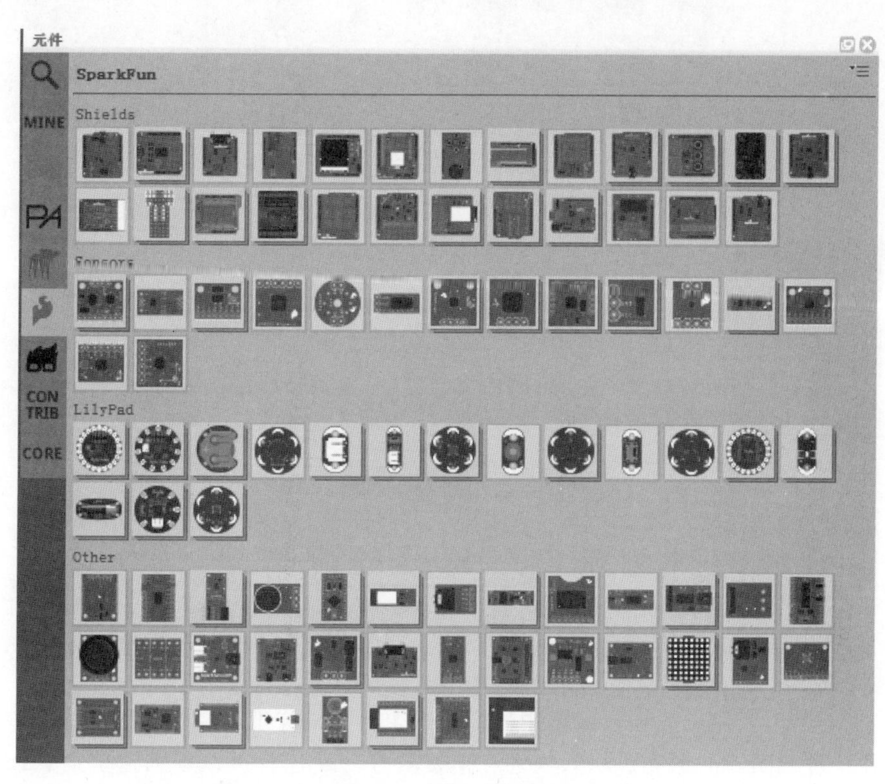

图1-35 SparkFun元件库

（6）Snootlab：Snootlab元件库包含4块开发板，分别是Arduino的LCD扩展板、SD卡扩展板、接线柱扩展板和舵机的扩展驱动板，如图1-36所示。

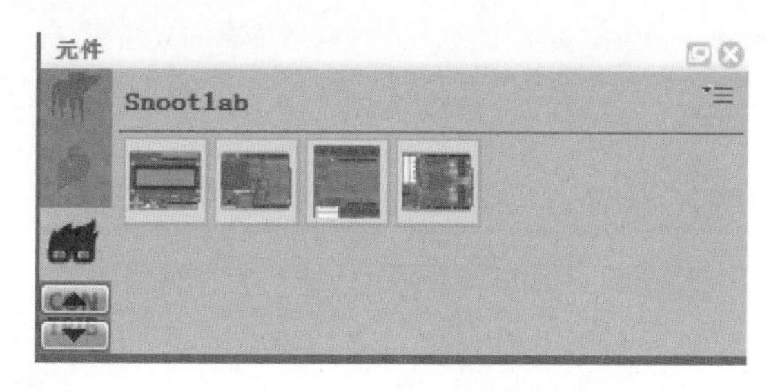

图1-36 Snootlab元件库

（7）Contributed Parts：Contributed Parts元件库包含带开关电位表盘、开关、LED、反相施密特触发器和放大器等，如图1-37所示。

（8）Core：Core元件库里包含许多平常会用到的基本元件，如LED、电阻、电容、电感、晶体管等，还有常见的输入元件、输出元件、集成电路元件、电源、连接、微控制器等。此外，Core元件库中还包含面包板视图、原理图视图、PCB视图的格式以及工具（主要包含笔记和尺子）的选择，如图1-38所示。

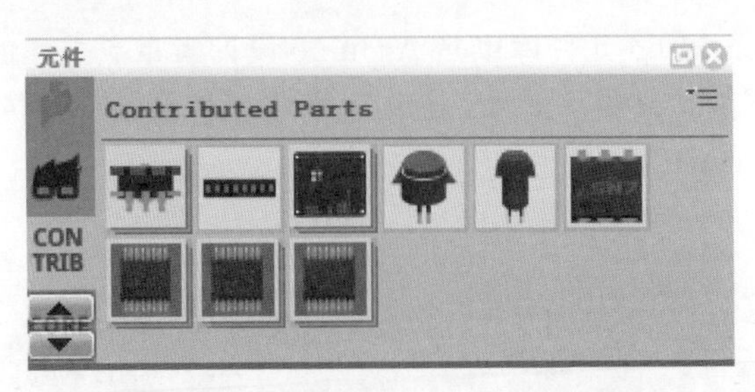

图 1-37　Contributed Parts 元件库

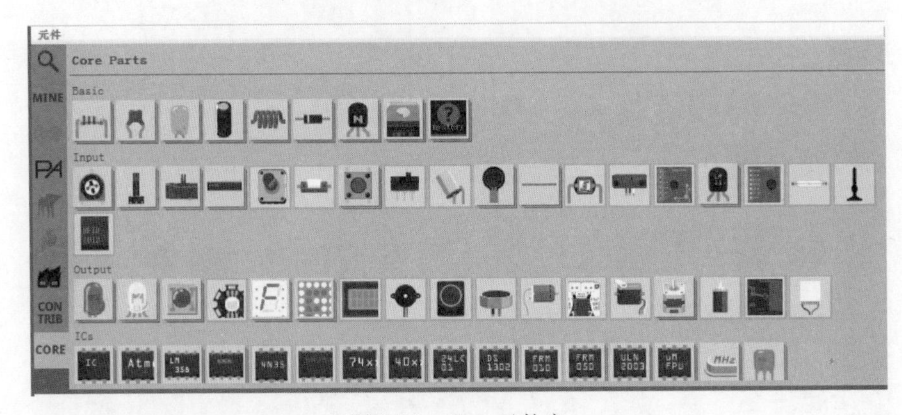

图 1-38　Core 元件库

2）指示栏

指示栏会给出元件库或项目视图中鼠标所选定元件的详细信息，包括该元件的名字、标签，以及在三种视图下的形态、类型、属性和连接数等。设计者可以根据这些信息加深对元件的理解，或者检验所选定的元件是否是自己所需要的，甚至能在项目视图中选定相关元件后直接在指示栏中修改元件的某些基本属性，如图 1-39 所示。

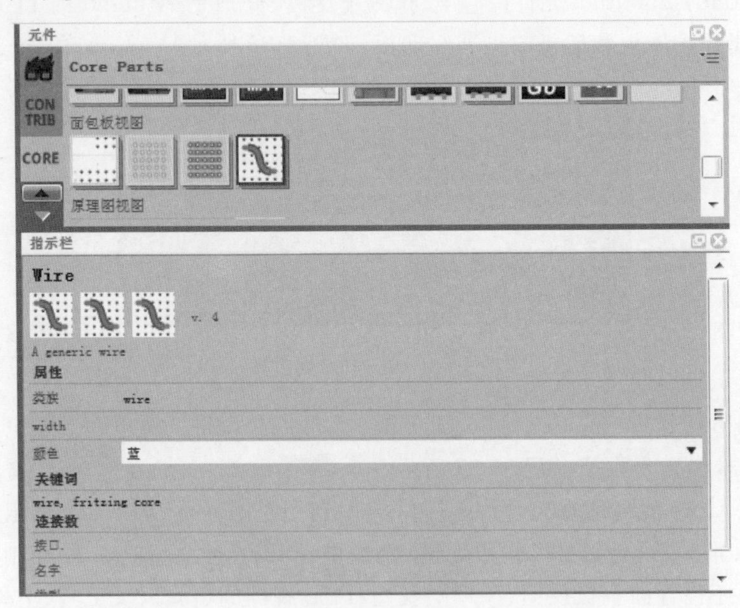

图 1-39　指示栏

3）撤销历史栏

撤销历史栏中详细记录了设计步骤，并将这些步骤按照时间的先后顺序依次进行排列，先显示最近发生的步骤，如图 1-40 所示。设计者可以利用这些记录步骤回到之前的任一设计状态，这为开发工作带来了极大的便利。

图 1-40 撤销历史栏

4）导航栏

导航栏里提供了对面包板视图、原理图视图和 PCB 视图的预览，设计者可以在导航栏中任意选定三种视图中的某一视图进行查看，如图 1-41 所示。

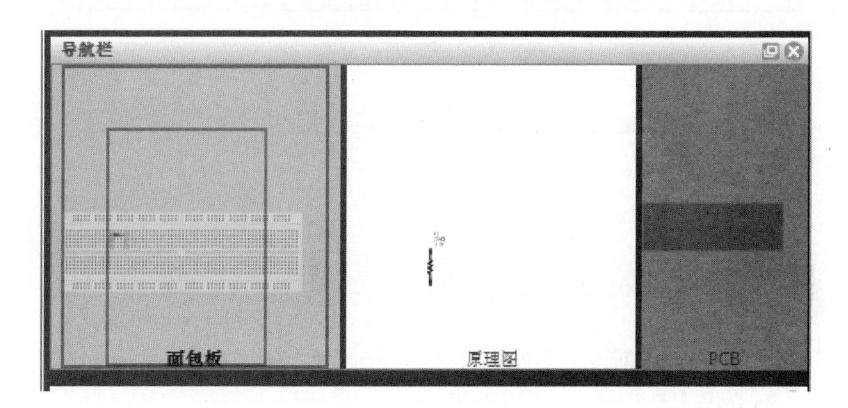

图 1-41 导航栏

5）层

不同的视图有不同的层结构，详细了解层结构有助于读者进一步理解这三种视图和提升设计者对它们的操作能力。下面将依次给出面包板视图、原理图视图、PCB 视图的层结构。

（1）面包板视图的层结构，如图 1-42 所示，共包含 6 层，设计者可以通过勾选层结构前边的矩形框在项目视图中显示相应的层。

（2）原理图的层结构，如图 1-43 所示，共包含 7 层。

（3）PCB 视图是层结构最多的视图，如图 1-44 所示，共包含 15 层结构。

图 1-42 面包板层结构

图 1-43 原理图层结构

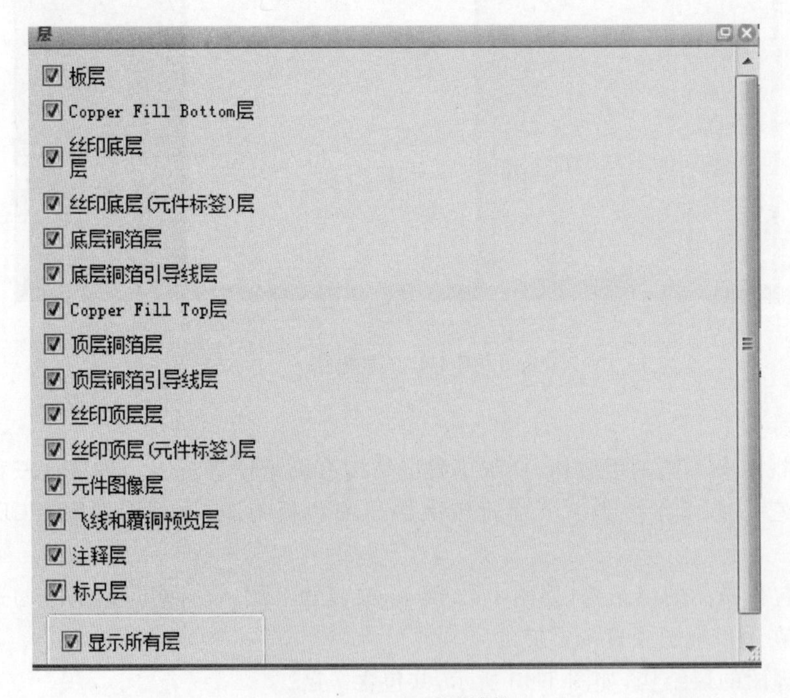

图 1-44 PCB 图层结构

1.5.2 Fritzing使用方法

1. 查看元件库已有元件

设计者在查看元件库中的元件时，既可以选择按图标形式查看，也可以选择按列表形式查看，界面分别如图1-45和图1-46所示。

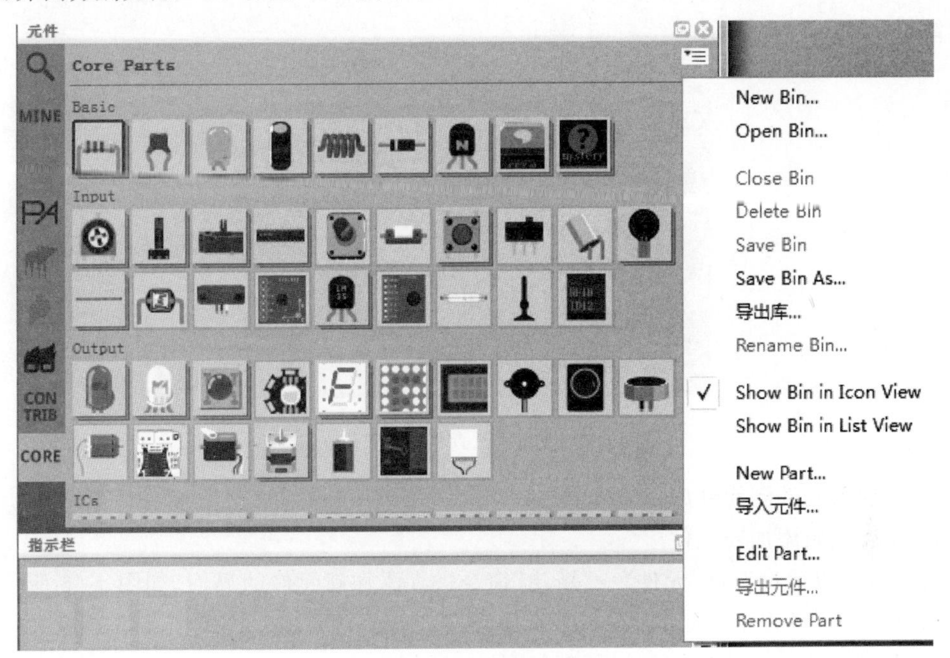

图1-45 元件图标形式

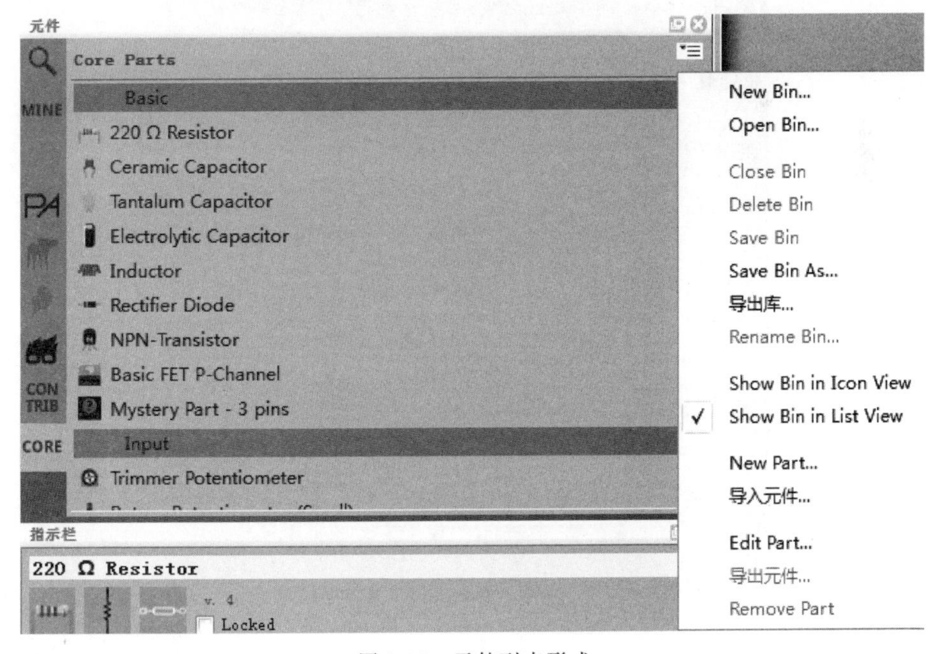

图1-46 元件列表形式

设计者可以直接在对应的元件库中寻找自己所需要的元件。但由于 Fritzing 所带的库文件和元件数目都相对比较多，所以在有些情况下，设计者很难确定元件所在的具体位置。这时设计者就可以利用元件库中自带的搜索功能，从库中找出所需要的元件，这个方法能极大地提升工作效率。在此，举一个简单的例子进行说明。例如，设计者要寻找 Arduino UNO 开发板，那么，在搜索栏输入 Arduino UNO 开发板，按 Enter 键，就会自动显示相应的搜索结果，如图 1-47 所示。

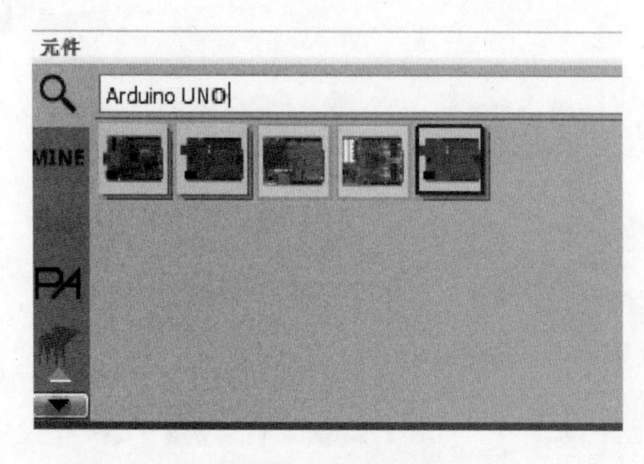

图 1-47　查找元件

2. 添加新元件到元件库

1）从头开始添加新元件

设计者可以通过选择“元件”→“新建”命令进入添加新元件的界面，如图 1-48 所示。也可以通过单击元件库中左侧的 New Part 选项进入该界面，如图 1-49 所示。无论采用哪一种方式，最终进入的新元件添加界面都如图 1-50 所示。

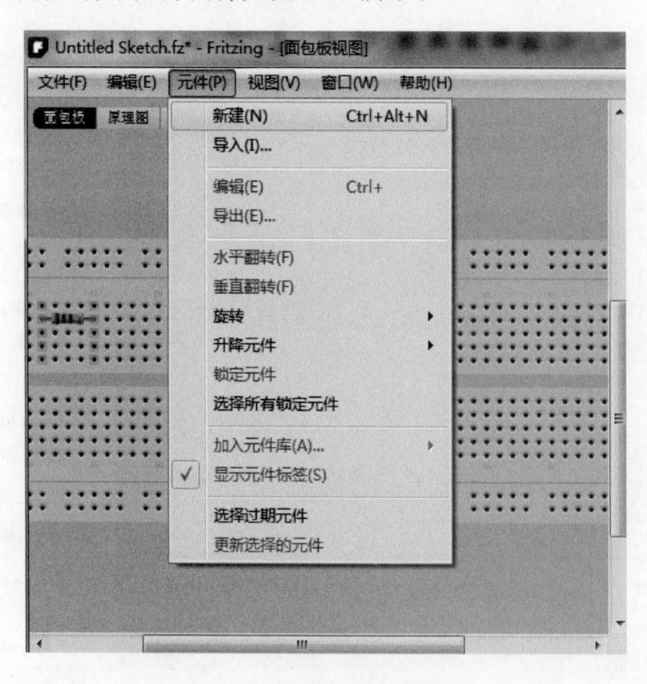

图 1-48　添加新元件方法 1

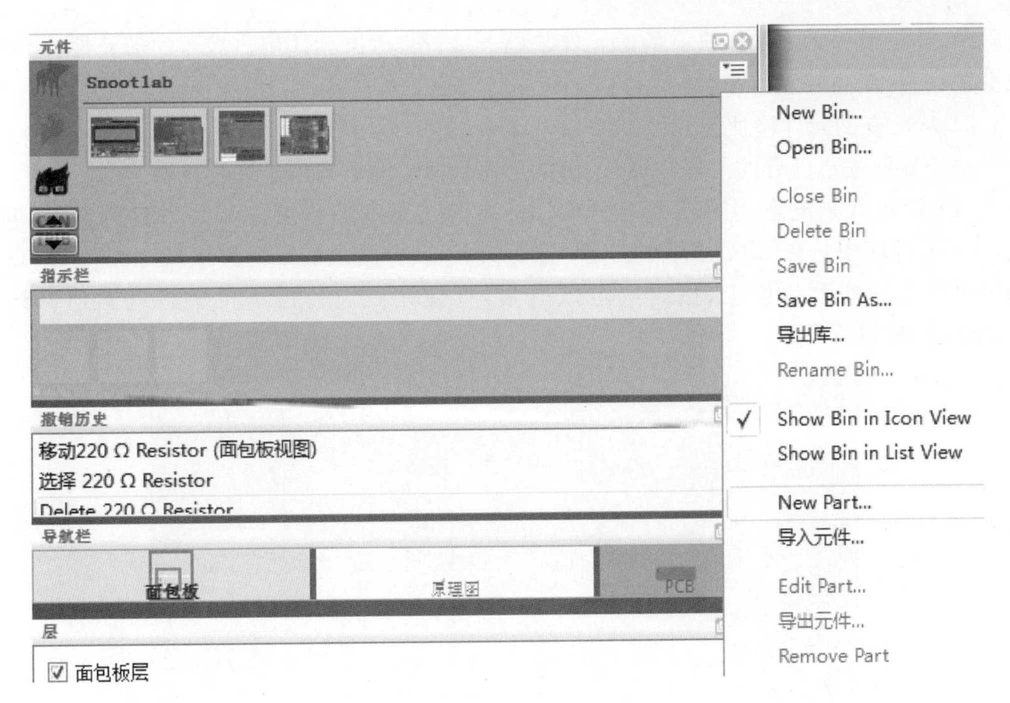

图 1-49 添加新元件方法 2

图 1-50 新元件添加界面

设计者在新元件的添加界面填写相关信息，如新元件的名字、属性、连接等，并导入相应的视图图片，尤其要注意添加连接，然后单击“保存”按钮，便能创建新的元件。但是在开发过程中，建议设计者尽量在已有的库元件基础上进行修改来创建用户需要的新元件，这可以减少工作量，提高开发效率。

2）从已有的元件添加新元件

关于如何基于已有的元件添加新元件，下面举两个简单的例子进行说明。

（1）针对ICs、电阻、引脚等标准元件。例如，现在设计者需要一个2.2kΩ的电阻，可是在core元件库中只有220Ω的标准电阻，这时，创建新电阻最简单的方法就是先将220Ω的通用电阻添加到面包板上，然后选定该电阻，直接在右边的指示栏中将电阻值修改为2.2kΩ，如图1-51所示。

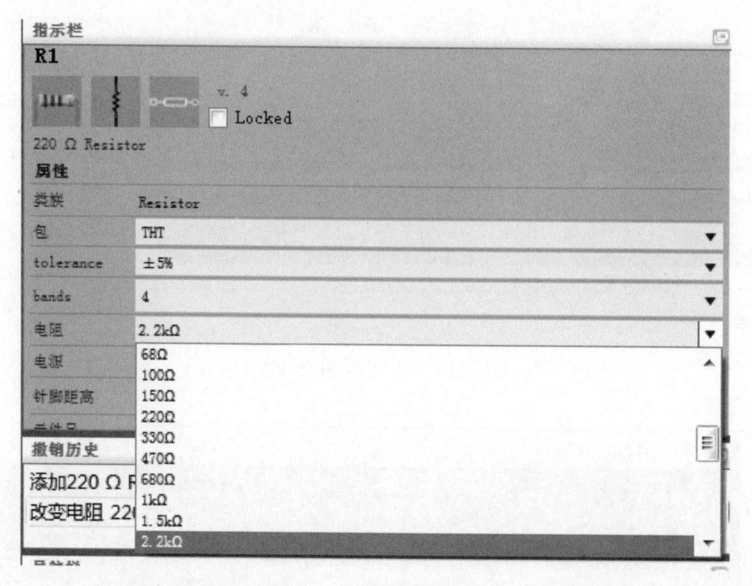

图1-51　修改元件属性

除此之外，选定元件后，也可以选择“元件”→“编辑”命令完成元件参数的修改，如图1-52所示。

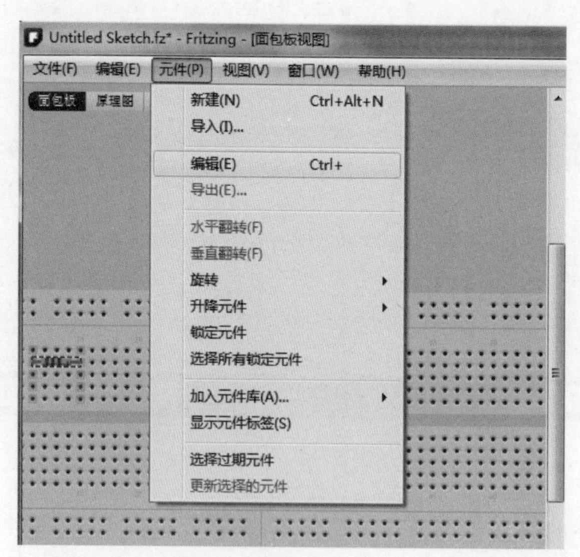

图1-52　修改元件参数

然后进入元件编辑界面，如图 1-53 所示。

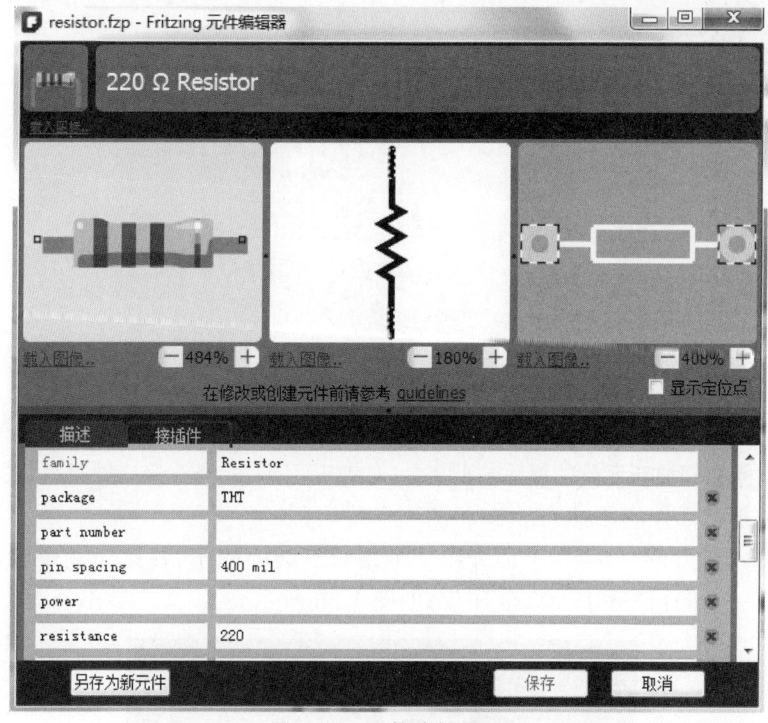

图 1-53　元件编辑界面

将 resistance 相应的数值改为 2200Ω，单击“另存为新元件”按钮，即可成功创建一个电阻值为 2200Ω 的电阻，如图 1-54 所示。

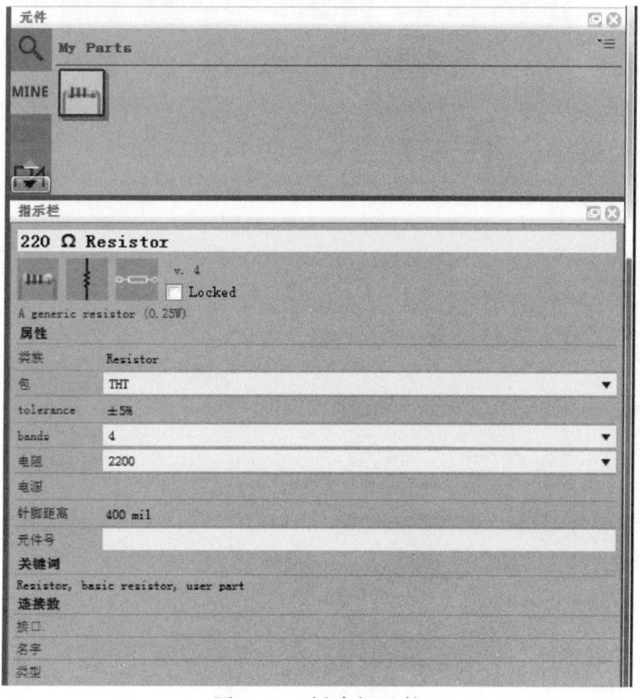

图 1-54　创建新元件

此外，选定元件后，右击，在弹出的快捷菜单中选择“编辑”命令，也可进入元件编辑界面，如图1-55所示。

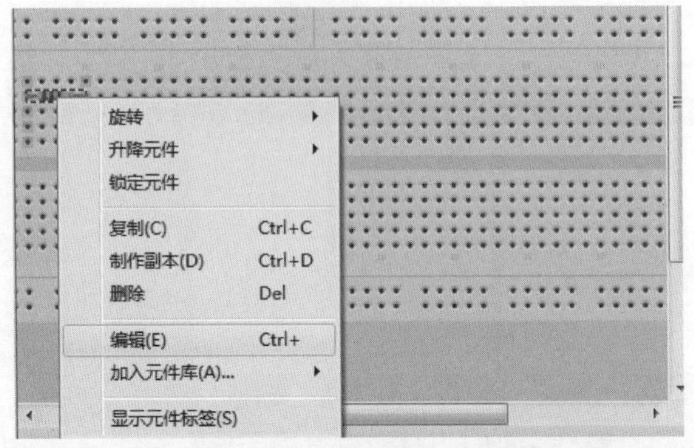

图1-55 利用快捷键进入元件编辑界面

基于其他标准添加新元件的操作与此类似，如改变引脚数、修改接口数目等，在此不再赘述。

(2) 相对复杂元件的添加

完成了基本元件的介绍后，下面介绍一个相对复杂的例子，在这个例子中，要添加一个自定义元件——SparkFun T5403气压仪，如图1-56所示。

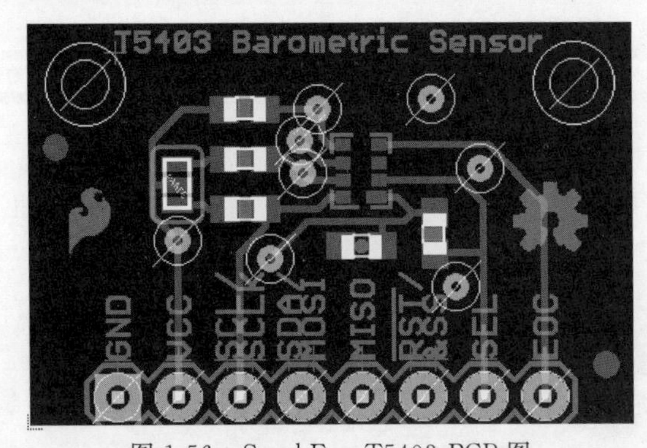

图1-56 SparkFun T5403 PCB图

在元件库里寻找该元件，搜索框中输入T5403，如图1-57所示。

图1-57 SparkFun T5403搜寻图

若未发现该元件，则可以在该元件所在的库中寻找是否有类似的元件(根据名字得知，SparkFun T5403是SparkFun系列的元件)，如图1-58所示。

图 1-58 SparkFun 系列元件

若发现还是没有与自定义相类似的元件，则可以选择从标准的集成电路 ICs 开始。选择 Core 元件库，找到 ICs 栏，将 IC 元件添加到面包板中，如图 1-59 和图 1-60 所示。

图 1-59 Core ICs

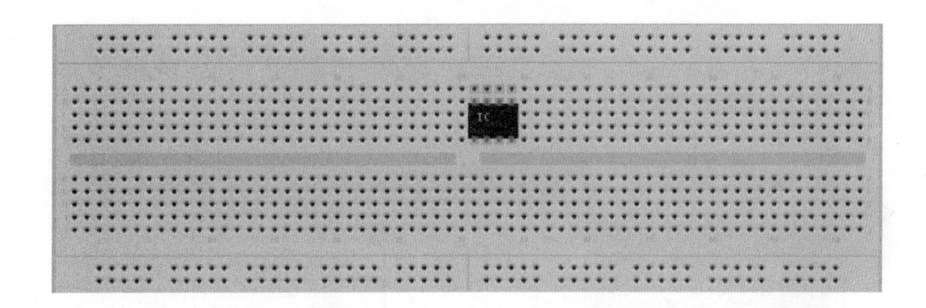

图 1-60 添加 ICs 到面包板

选定该 IC 元件，在指示栏中查看该元件的属性。将元件的名字命名为自定义元件的名字 T5403 Barometer Breakout，并将引脚数修改成所需要的数量。在本例中，需要的引脚数为 8，如图 1-61 所示。

修改之后，面包板上的元件如图 1-62 所示。

右击面包板视图中的 IC 元件，在弹出的快捷菜单中选择“编辑”命令，会出现如图 1-63 所示的编辑窗口。设计者需要根据自定义元件的特性修改图中的 6 个部分，分别是元件图标、面包板视图、原理图视图、PCB 视图、描述和接插件。这部分的修改大都是细节性的问题，在此，不再加以赘述，读者可参考下面的链接进行深入学习：https://learn.sparkfun.com/tutorials/make-your-own-fritzing-parts。

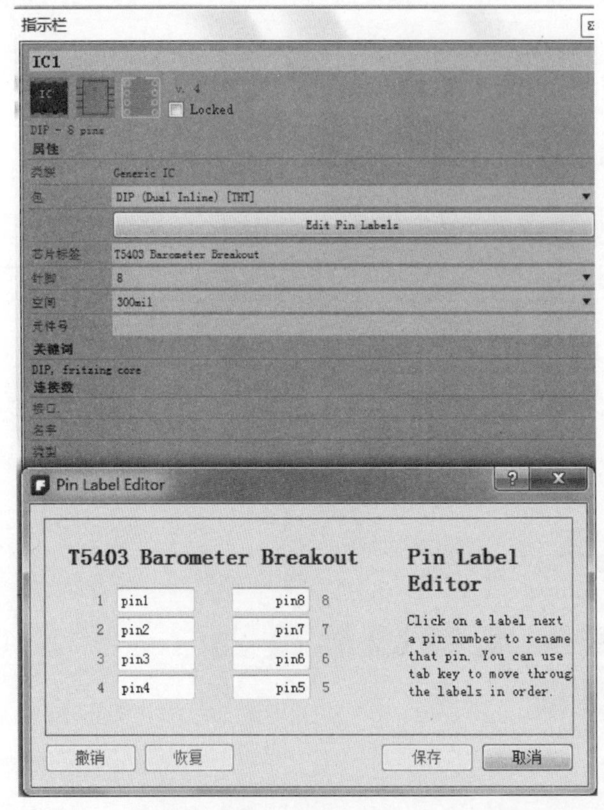

图 1-61　参数修改

图 1-62　T5403 Barometer Breakout

图 1-63　T5403 Barometer Breakout 编辑窗口

3. 添加新元件库

设计者不仅可以创建自定义的新元件,也可以根据需求创建自定义的元件库,并对元件库进行管理。在设计电路结构前,可以将所需的电路元件列一张清单,并将所需要的元件都添加到自定义库中,为后续的电路设计提高效率。添加新元件库时,只需选择如图 1-46 中所示的元件栏中的 New Bin 命令,便会出现如图 1-64 所示的界面。

如图 1-64 所示,给自定义的元件库取名为 Arduino Project,单击 OK 按钮,新的元件库便成功创建,如图 1-65 所示。

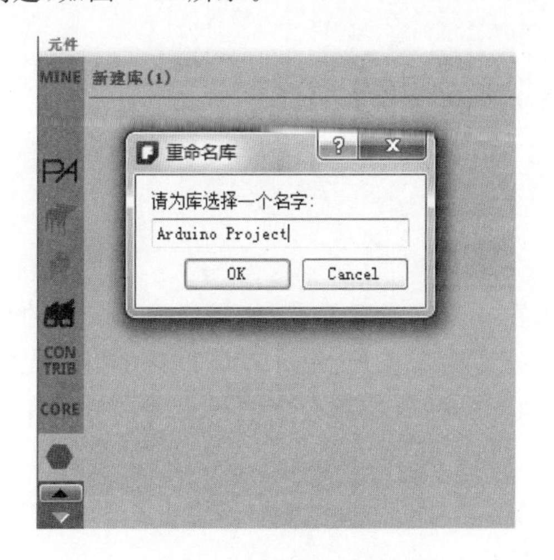

图 1-64 添加新元件库

图 1-65 新元件库

4. 添加或删除元件

下面主要介绍如何将元件库中的元件添加到面包板视图中。当需要添加某个元件时,可以先在元件库相应的子库中寻找所需要的元件,然后在目标元件的图标上单击选定元件,拖动至面包板上的目的位置,松开鼠标左键即可将元件插入面包板。需要特别注意的是,在放置元件时,一定要确保元件的引脚已经成功插入面包板。如果插入成功,则元件引脚所在的连线会显示绿色,如果插入不成功,元件的引脚显示红色,如图 1-66 所示(其中左边表示添加成功,右边则表示添加失败)。

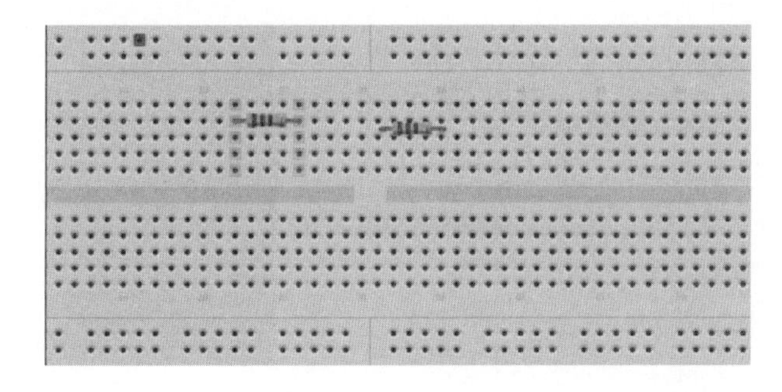

图 1-66 引脚状态图

如果在放置元件的过程中有误操作,则直接单击选定目标元件,然后再单击 Delete 键即可以将元件从视图上删除。

5. 添加元件间连线

1）添加元件间的连线是用 Fritzing 绘制电路图必不可少的过程。接下来将对连线的方法给出详细的介绍。连线时将想要连接的引脚拖动到要连接的目的引脚后松开即可。需要注意的是，只有当连接线段的两端都显示绿色时，才表示导线连接成功，若连线的两端显示红色（图中右边），则表示连接出现问题，如图 1-67 所示。

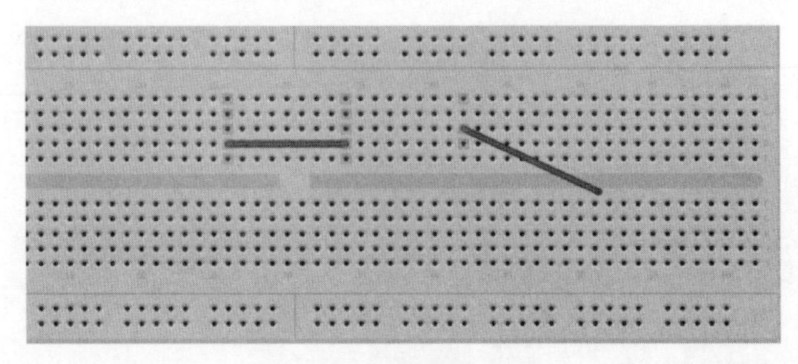

图 1-67 连线状态图

2）为了使电路更清晰，还能根据需求在导线上设置拐点，使导线根据自己的喜好而改变连线角度和方向。具体方法如下：光标处即为拐点处，设计者可以自由拖动光标来移动拐点的位置。也可以先选定导线，然后将鼠标光标放在想设置的拐点处，右击，在弹出的快捷菜单中选择“添加拐点”命令即可，如图 1-68 所示。

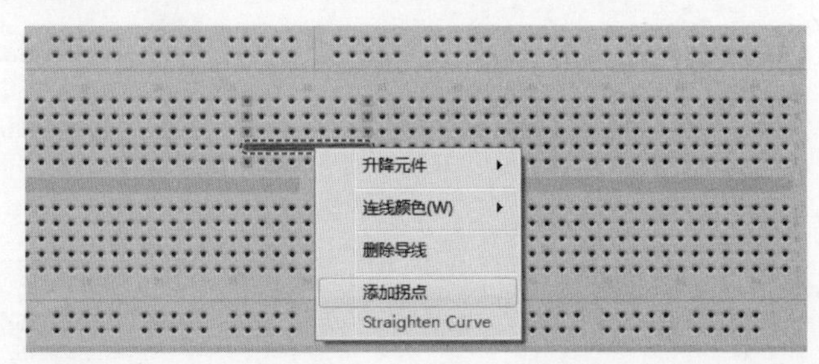

图 1-68 拐点添加图

3）在连线的过程中，更改导线的颜色，不同的颜色将帮助设计者更好地掌握绘制的电路。具体的修改方法为选定要更改颜色的导线，然后右击，在弹出的快捷菜单中选择“连线颜色”命令，如图 1-69 所示。

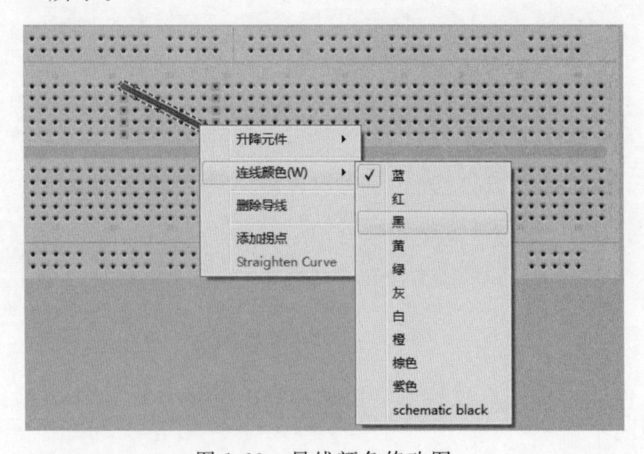

图 1-69 导线颜色修改图

1.5.3　Arduino 电路设计

本节将通过一个具体的例子系统地介绍如何利用 Fritzing 软件来绘制一个完整的 Arduino 电路图。利用 Arduino 主板控制 LED 的亮灭，整体效果如图 1-70 所示。

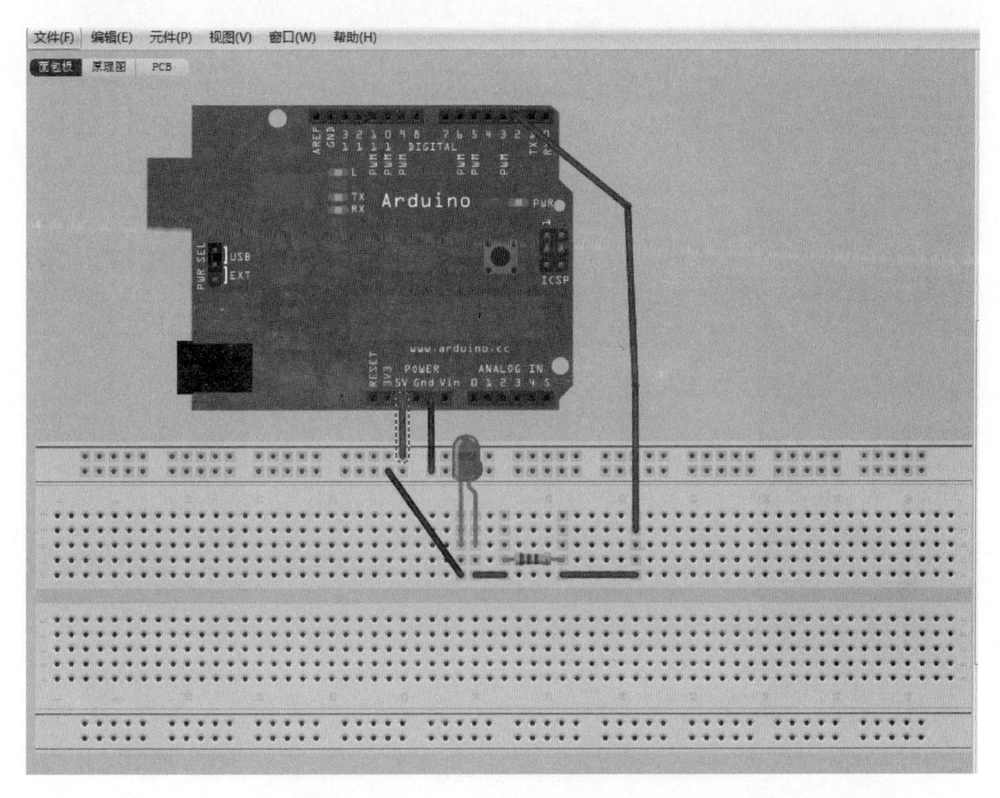

图 1-70　Arduino Blink 示例整体效果图

下面介绍 Arduino Blink 例程的电路图详细设计步骤。首先打开软件并新建一个项目，具体操作为单击软件的运行图标，在软件的主界面选择"文件"→"新建"命令，如图 1-71 所示。

完成项目新建后，先进行保存，选择"文件"→"另存为"命令，出现如图 1-72 所示的界面，在该对话框中输入保存的名字和路径，然后单击"保存"按钮，即可完成对新建项目的保存。

一般来说，在绘制电路前，设计者应该先对开发环境进行设置。这里的开发环境主要指设计者选择使用的面包板型号、类型、原理图和 PCB 视图的各种类型。本书以面包板视图为重点，并在 core 元件库中选好开发所用的类型和尺寸，如图 1-73 所示。

由于本示例中所需的元件数较少，此处省去建立自定义元件库的步骤，直接将所有的元件都放置在面包板上，如图 1-74 所示。然后进行连线，即可得到最终的效果图，如图 1-75 所示。在本例中，需要 1 块 Arduino 开发板、1 个 LED 和 1 个 220Ω 电阻。

在编辑视图中切换到原理图，如图 1-76 所示。

此时布线还没有完成，开发者可以单击编辑视图下方的自动布线，但要注意自动布线后，检查所有的元件是否按要求完成了，对没有完成的，开发者要手动连接引脚间的连线，如图 1-77 所示。

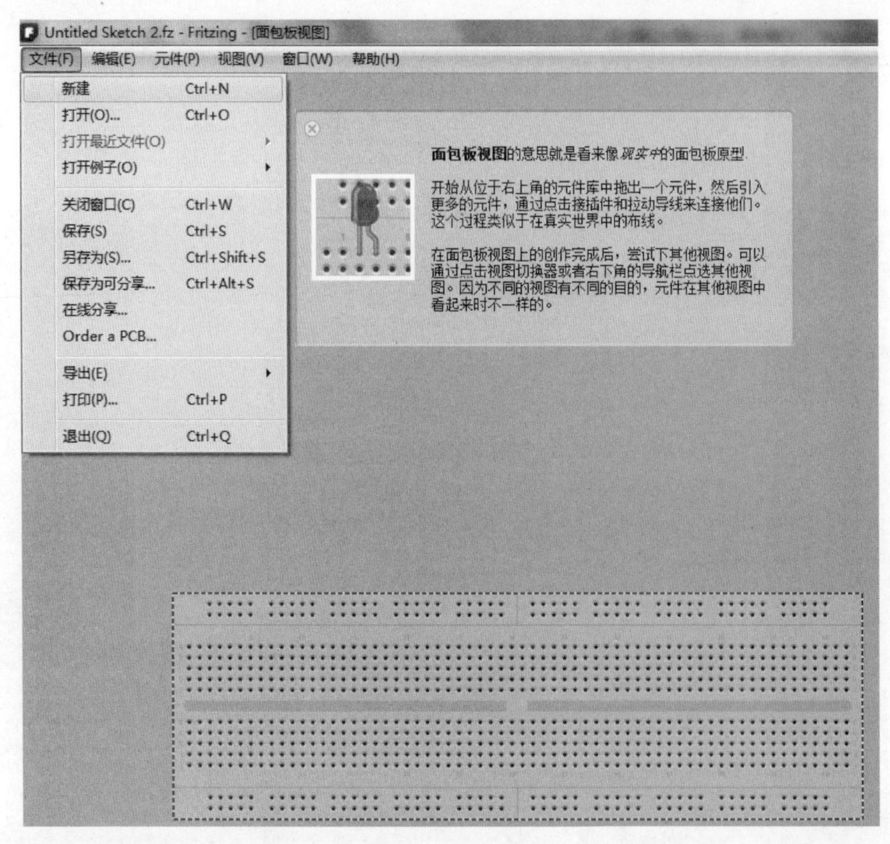

图 1-71 新建项目

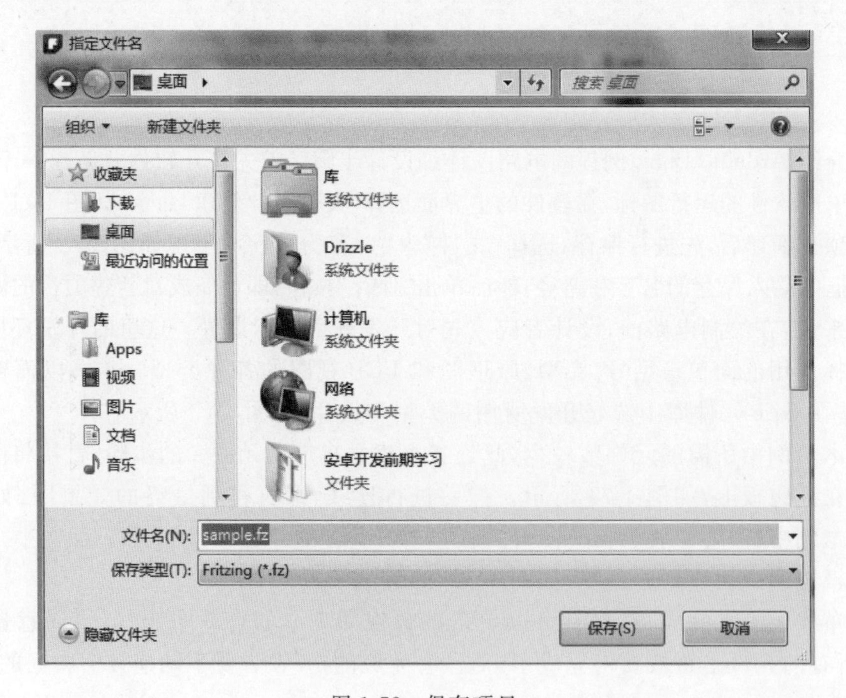

图 1-72 保存项目

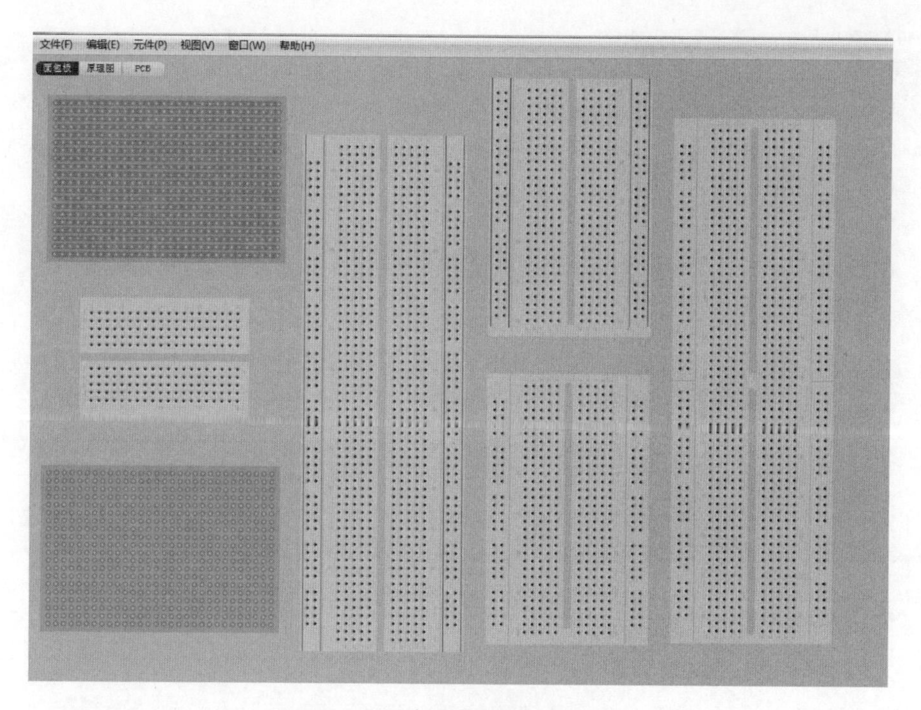

图 1-73　面包板类型和尺寸

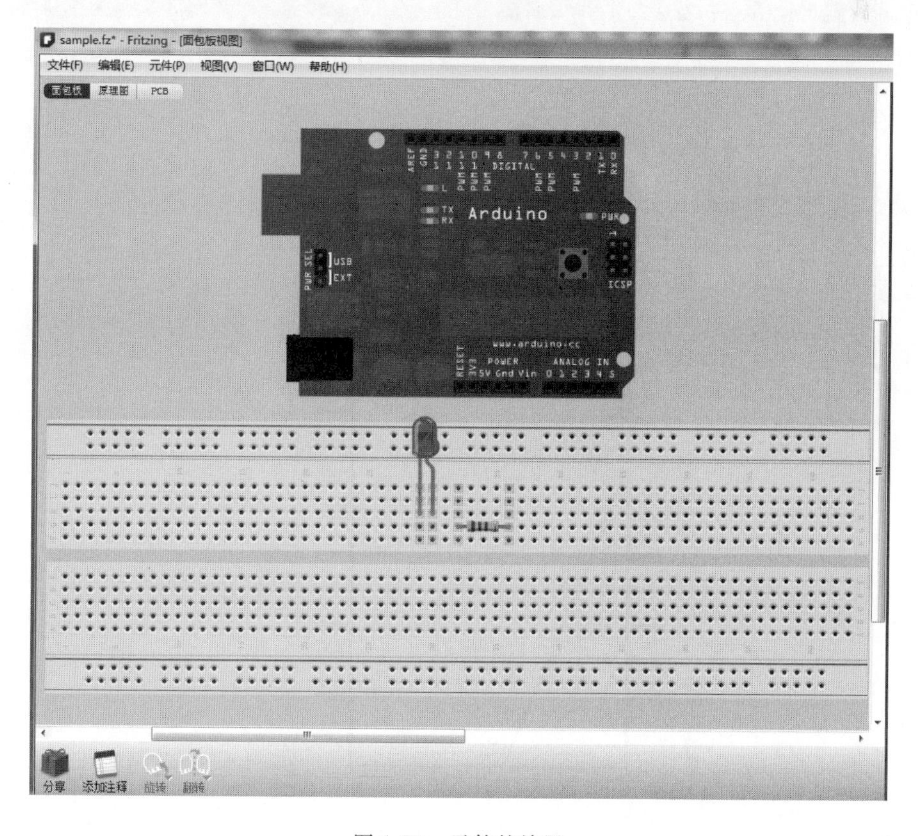

图 1-74　元件的放置

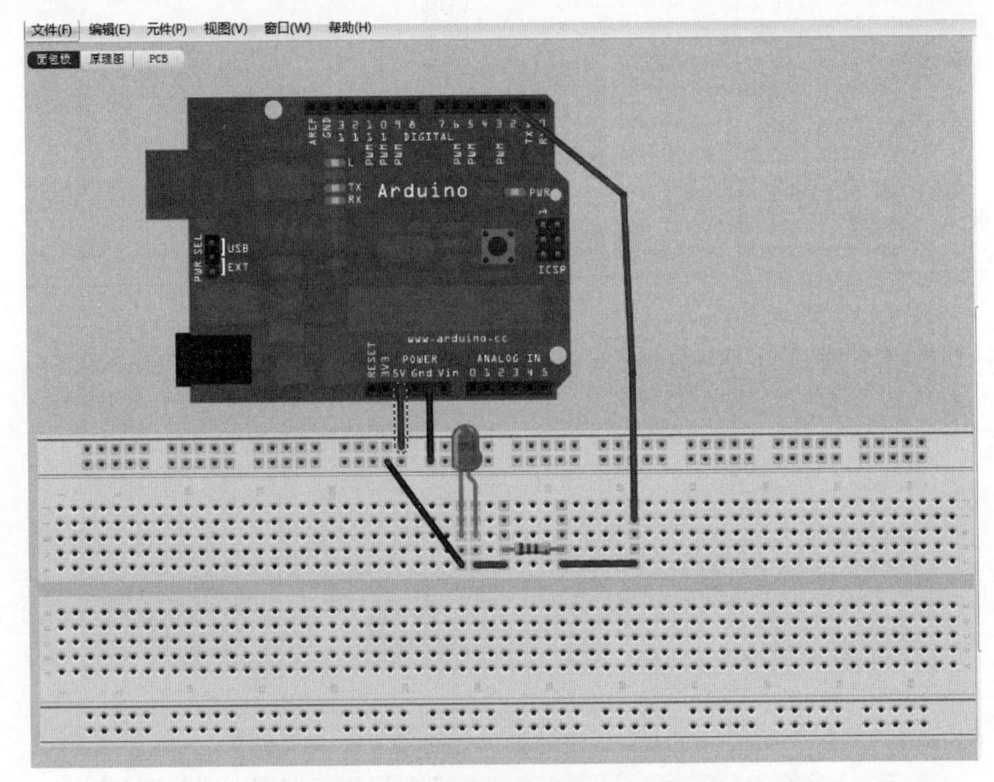

图 1-75　连线图

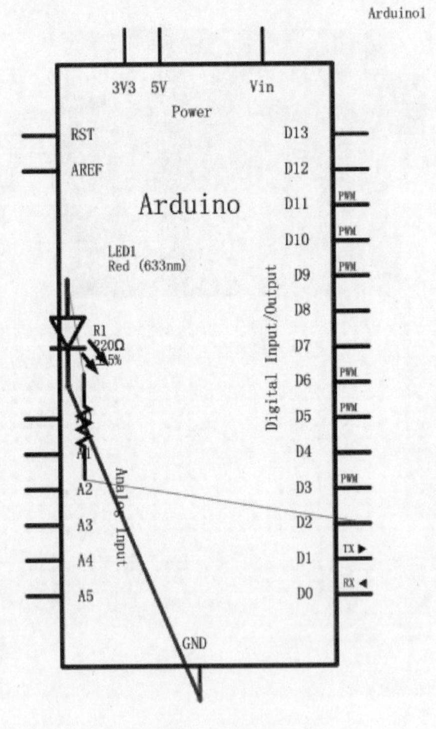

图 1-76　原理图效果

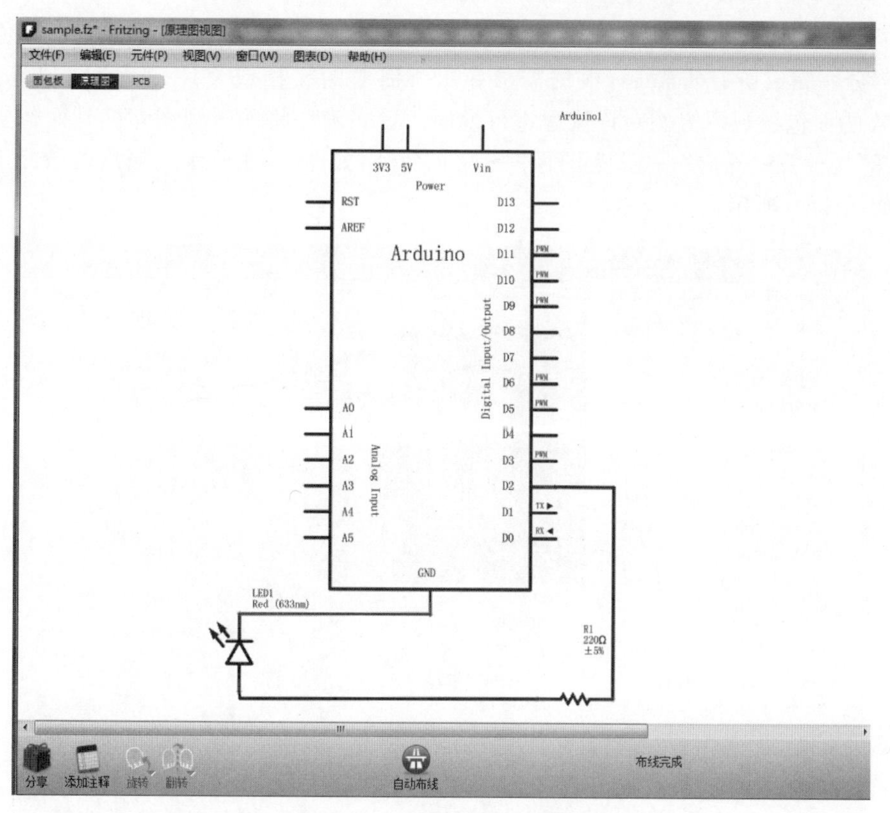

图 1-77　原理图自动布线图

同理,可以在编辑视图中切换到PCB视图,观察PCB视图下的电路。此时也要注意编辑视图窗口下方是否提示布线未完成。如果是,开发者可以单击下边的"自动布线"按钮进行处理,也可以手动进行布线。这里,将直接给出最终的效果图,如图1-78所示。

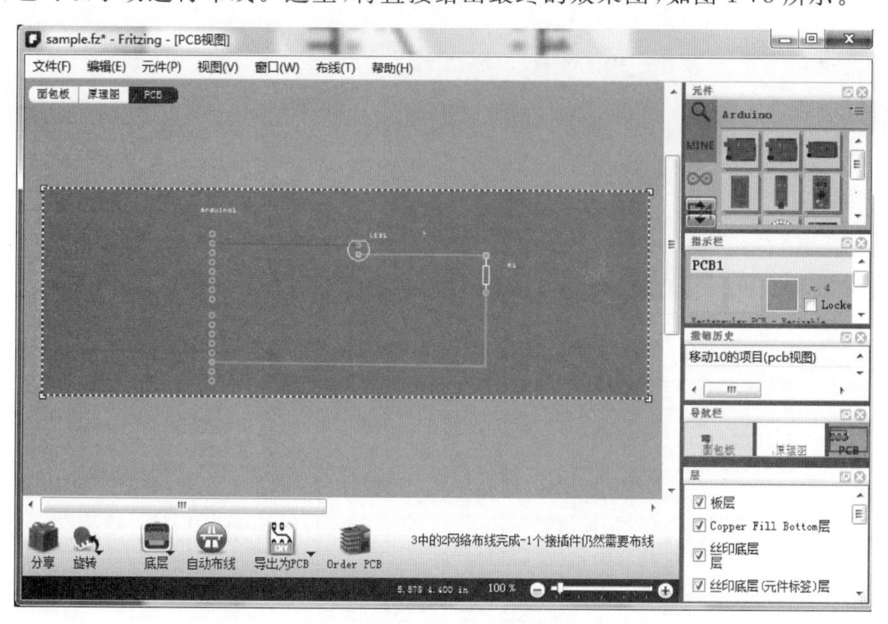

图 1-78　PCB视图效果图

完成所有操作后，就可以修改电路中各元件的属性，在本例中不需要修改任何值，在此略过这部分。完成所有步骤后，根据需求导出所需要的文档或文件。下面将以导出一个PDF格式的面包板视图为例对该流程进行说明。首先确保将编辑视图切换到面包板视图，然后选择“文件”→“导出”→“作为图像”→PDF命令，如图1-79所示。输出的最终PDF格式文档如图1-80所示。

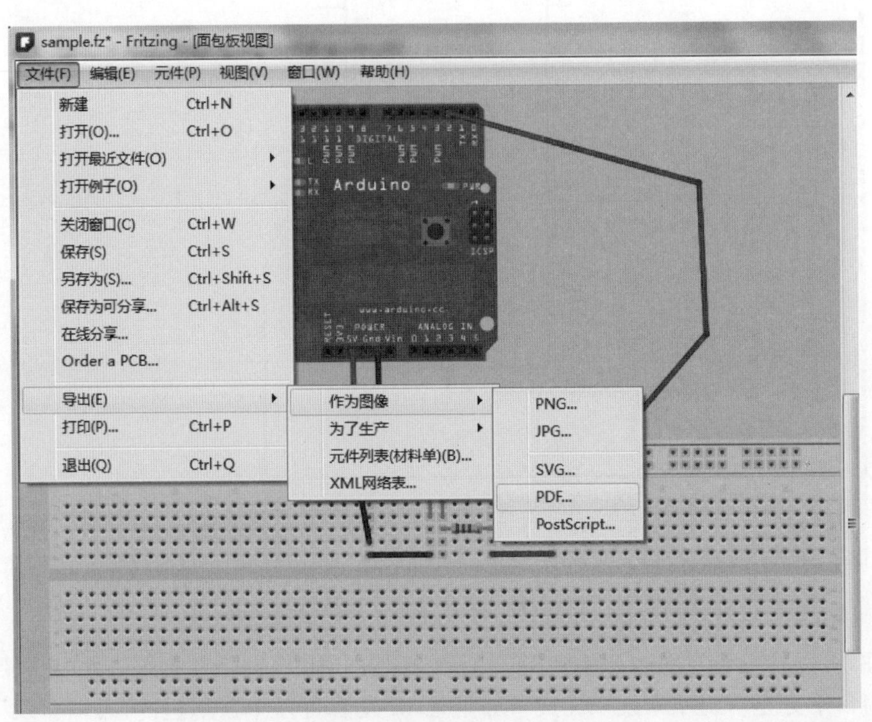

图1-79　PDF图生成步骤

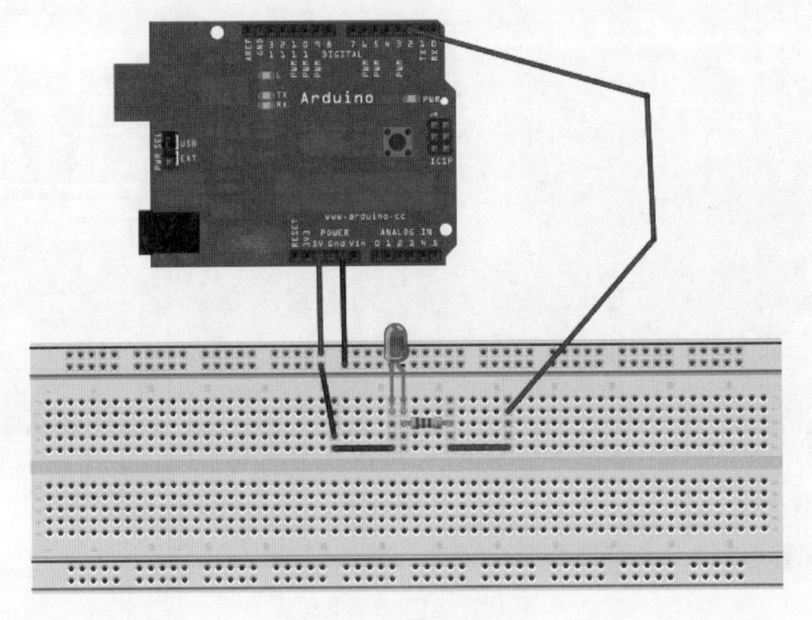

图1-80　面包板PDF图

1.5.4　Arduino 开发平台样例与编程

Fritzing 软件不但能很好地支持 Arduino 的电路设计，而且提供了对 Arduino 样例电路的支持，如图 1-81 所示。用户可以选择“文件”→“打开样例”命令，然后再选择相应的 Arduino，如此层层推进，最终选择想打开的样例电路。

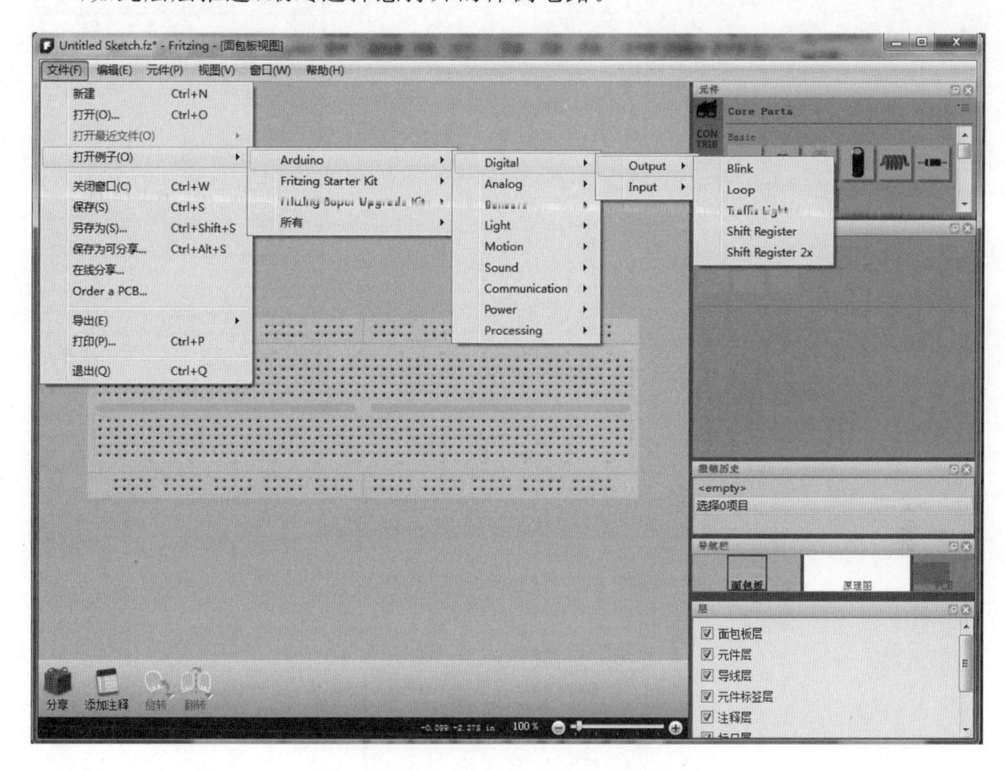

图 1-81　Fritzing 对 Arduino 样例支持

这里将以 Arduino 数字化中的交通灯进行举例说明，选择“元件”→“打开样例”→Arduino→Digital→Output→Traffic→Light 命令，就能在 Fritzing 软件中的编辑视图中得到如图 1-82 所示的 Arduino 样例电路。需要注意的是，不管在哪种视图中进行操作，打开的样例电路都会将编辑视图切换到面包板视图，如果想要获得相应的原理图视图或 PCB 视图，则可以在打开的样例电路中从面包板视图切换到目标视图。

除了对 Arduino 样例的支持外，Fritzing 还将电路设计和编程脚本放在了一起，对于每个设计电路，Fritzing 都提供了一个编程界面，用户可以在编程界面中编写将要下载到微控制器的脚本。具体操作如图 1-83 所示，选择“窗口”→“打开编程窗口”命令，即可进入编程界面，如图 1-84 所示。

从图 1-84 中可以发现，虽然每个设计电路只有一个编程界面，但设计者可以在一个编程界面创造许多窗口来编写不同版本的脚本，从而在其中选择最合适的脚本。单击“新建”按钮即可创建新编程窗口。而且，从编程界面中也可以看出，目前 Fritzing 主要支持 Arduino 和 PICAXE 两种脚本语言，如图 1-85 所示。设计者在选定脚本的编程语言后，就只能编写该语言的脚本，并将脚本保存成相应类型的后缀格式。同理，选定编程语言后，设计者也只能打开同种类型的脚本。

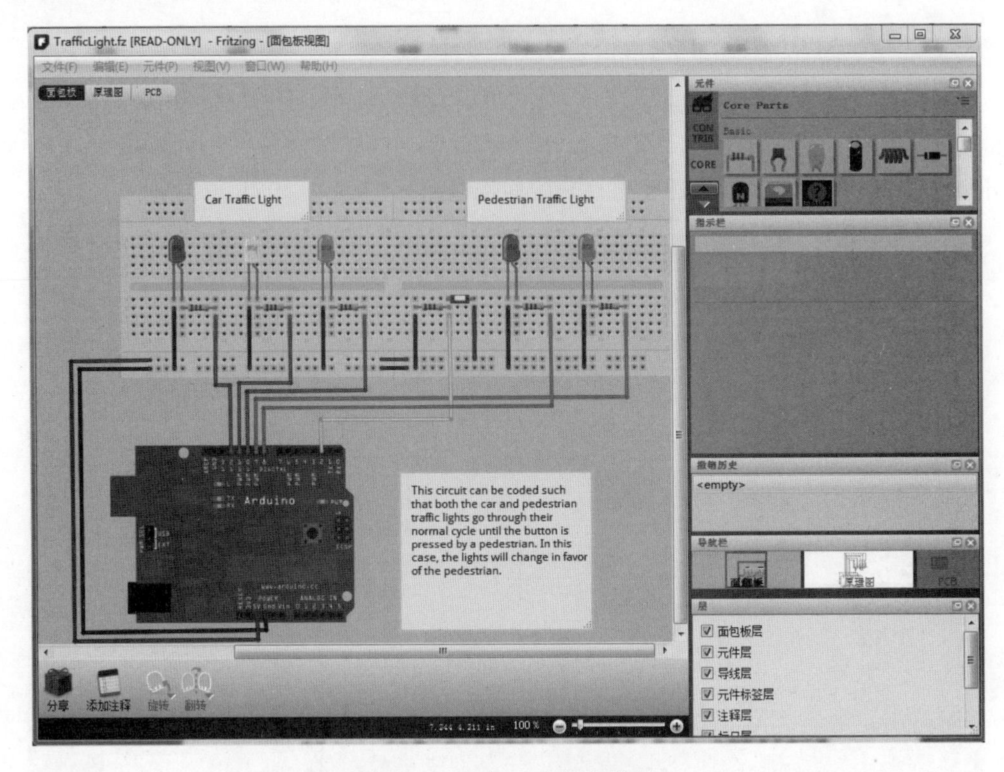

图 1-82　Arduino 交通灯样例

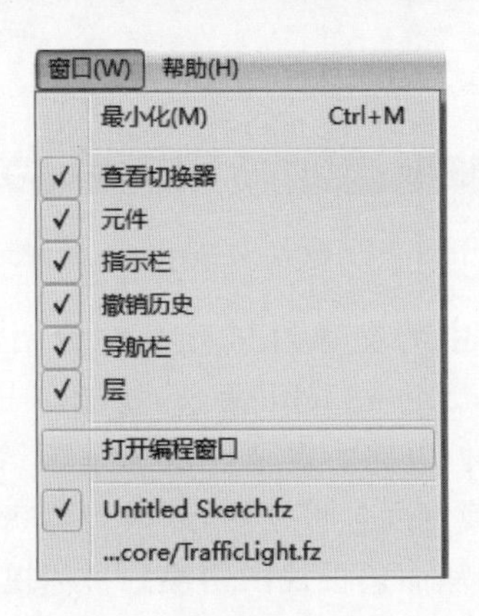

图 1-83　编程界面进入步骤

选定脚本语言后，设计者还应该选择串行端口，从 Fritzing 界面可以看出，该软件一共有两个默认端口，分别是 COM1 和 LPT1，如图 1-86 所示。当设计者将相应的微控制器连接到 USB 端口时，软件里会增加一个新的设备端口，然后根据自己的需求选择相应的端口。

值得注意的是，虽然 Fritzing 提供了脚本编写器，但是它并没有内置编译器，所以设计者必须自行安装额外的编程软件将编写的脚本转换成可执行文件。但是，Fritzing 提供了和编程软件交互的方法，设计者可以通过单击图 1-86 所示的按钮获取相应的可执行文件，所有这些内容都显示在下面的控制端。

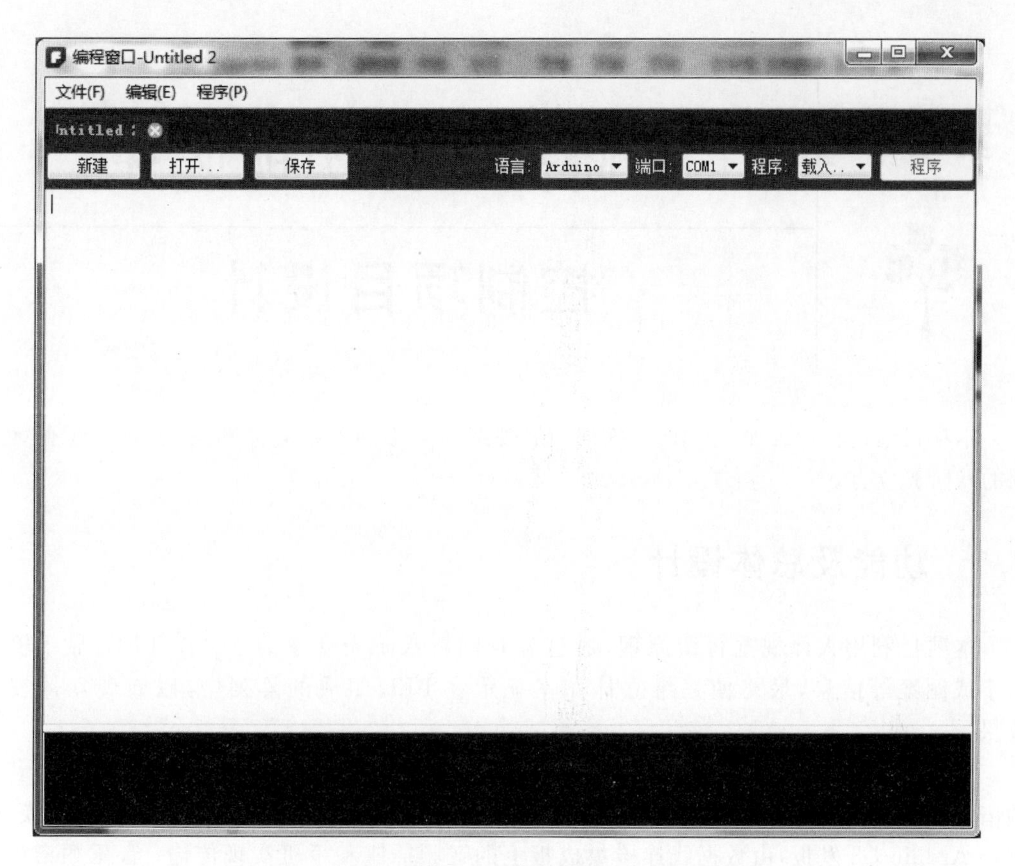

图 1-84　编程界面

图 1-85　支持编程语言

图 1-86　支持端口

第 2 章 八阶光立方实现蓝牙控制项目设计[①]

本项目通过程序控制，在 LED 阵列中展现绚丽多彩的三维立体图案，实现基于蓝牙控制的八阶光立方。

2.1 功能及总体设计

本项目利用人体视觉暂留原理，通过分时刷新八阶光立方的 512 个 LED，显示输出文字或图案等信息，最终使三维立体图案显示在 LED 组成的阵列中，以展现立体视觉效果。

要实现上述功能需将作品分成四部分进行设计，即主程序模块、HC-05 蓝牙模块、音乐频谱模块和输出模块。主程序模块使用手机实现对八阶光立方的控制；HC-05 蓝牙模块，配合 Arduino 开发板，由数据线连接集成板上的音频插座和手机实现传输；音乐频谱模块通过 C++ 程序设计实现；输出模块由 512 个 LED 和集成板实现。

1. 整体框架图

整体框架如图 2-1 所示。

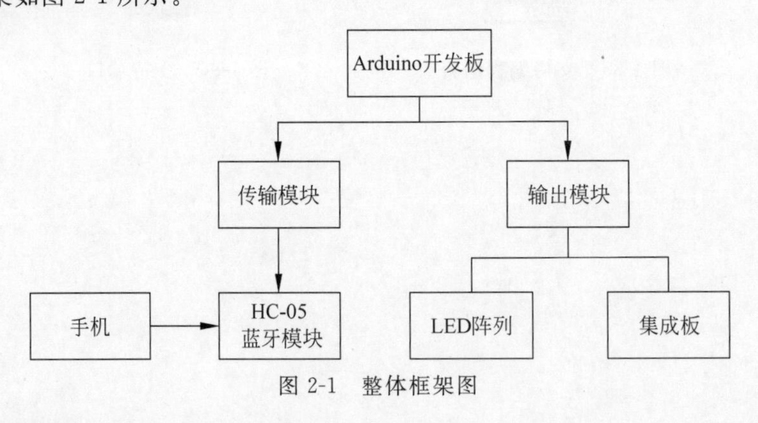

图 2-1　整体框架图

2. 系统流程图

系统流程如图 2-2 所示。

系统流程：指令通过手机发出，经 HC-05 蓝牙模块传输给 Arduino 开发板，Arduino 开

① 本章根据刘青、高梦项目设计整理而成。

发板运行 C++程序，调用相应图案显示函数，通过集成板控制光立方 LED 引脚电平并展示相应图案，最后向手机端返回信息“Over”。

3. 总电路图

总电路如图 2-3 所示，引脚连接如表 2-1 所示。

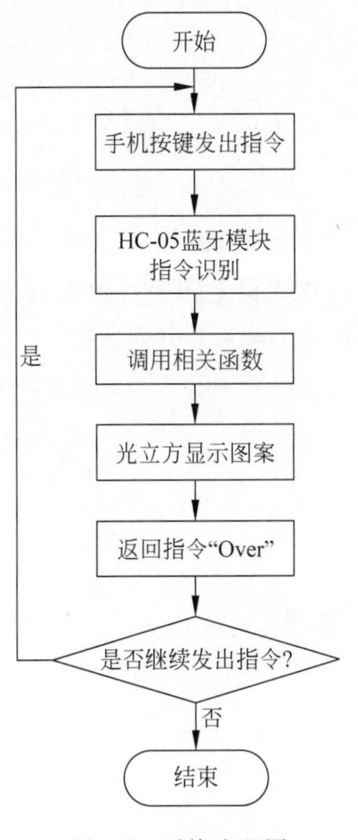

图 2-2　系统流程图

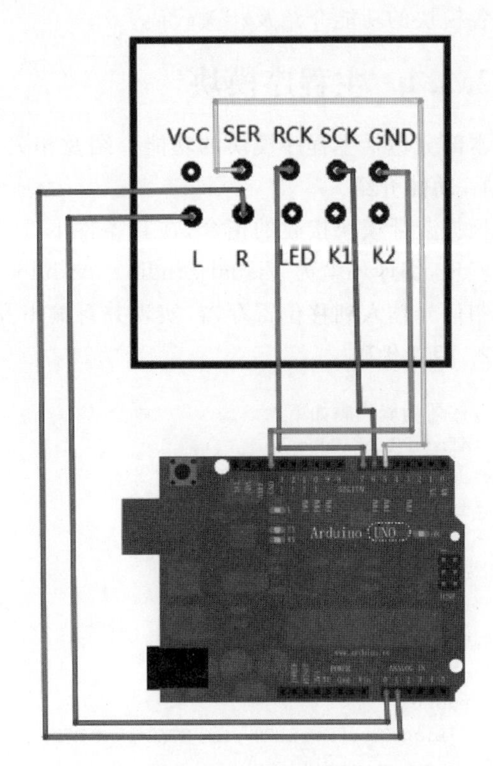

图 2-3　总电路图

表 2-1　引脚连接表

元件及引脚名		Arduino 开发板引脚
HC-05 蓝牙模块	TXD	RX
	RXD	TX
	VCC	5V
	GND	GND
集成板	SER	5
	SCK	6
	RCK	7
	L	A0
	R	A1
	K1	4
	K2	2

2.2 模块介绍

本项目主要包括主程序模块、HC-05 蓝牙模块、音乐频谱模块和输出模块。下面分别给出各模块的功能介绍及相关代码。

2.2.1 主程序模块

本部分包括主程序模块的功能介绍及相关代码。

1. 功能介绍

根据蓝牙模块接收的指令，在 if 条件下选择调用相应图案函数，此部分主要由 C++代码设计实现，编译环境为 Visual Studio。Arduino 开发板通过集成板上的串行数据输入，将电平控制信号输入到移位寄存器，实现并行输出及锁存，从而有效减少了引脚数量。

2. 相关代码

```
//蓝牙功能代码如下
#ifndef LightCube_h
#define LightCube_h
#include "Arduino.h"
#define u8 unsigned char
#define s8 signed char
#define u16 unsigned short
class LightCube
{
  public:
    LightCube(int SER0 ,int SCK0 ,int RCK0 );
    void storey(u8 *a);
    void frame(u8 *a,u8 v);                  //表示一帧，a 是一帧编码起始地址
                                             //v 表示一帧画面扫描的次数
                                             //可以看作这帧显示的时间
    void AllOff(void);                       //光立方 512 个灯全关—清屏
    void AllOn(u8 v);                        //光立方 512 个灯全开
    void LtoRScan(u8 v);                     //侧面从左向右依次点亮
    void RtoLScan(u8 v);                     //侧面从右向左依次点亮
    void FtoBScan(u8 v);                     //从前排向后排依次点亮
    void BtoFScan(u8 v);                     //从后排向前排依次点亮
    void UtoDScan(u8 v);                     //从上向下依次点亮
    void DtoUScan(u8 v);                     //从下向上依次点亮
    void Anticlockwise(s8 num,s8 v);         //Anticlockwise 表示逆时针旋转 num:表示旋转周数，v
                                             //表示速度
    void Clockwise(s8 num,s8 v);      //Clockwise 表示顺时针旋转,num 表示旋转周数，v 表示速度
    void RightClockwise(s8 num,s8 v);        //从右侧看顺时针旋转,num 表示旋转周数，v 表示速度
    void Cube(u8 empty,u8 kind,u8 v);        //立方体动画；empty=0 表示空，empty=1 表示实
   //kind=0 表示左上角，/kind=1 表示右上角，/kind=2 表示左下角，/kind=3 表示右下角，
   //v 表示速度
    void Rain(s8 down, s8 cycle_index, u8 speed);   //下雨效果
                                             //cycle_index 为旋转周数,speed 为速度
    void Up(s8 num,s8 v);                    //上移,num 为旋转周数,v 为速度
```

```
    void RotateFace(s8 empty,s8 Clockwise,s8 turns,u8 speed); //面中心旋转
                                              //empty = 1 表示空心旋转,否则表示实心旋转
                                              //Clockwise = 1 表示顺时针,否则表示逆时针
                                              //turns 为执行次数,speed 为速度
    void RotateFaceC(s8 num,s8 v);            //面侧边旋转,num 执行次数,v 速度
    void RotateHookFace(s8 Clockwise,s8 turns,u8 speed);
                                              //曲面旋转,Clockwise = 1 表示逆时针旋转,否则表示顺时
                                              //针旋转,turns 为执行次数,speed 为速度
    void Sandglass(s8 v);                     //沙漏,v 表示速度
    void WaterOne(s8 x,s8 y,u8 speed);        //一个水滴
    void WaterTwo(s8 x1,s8 y1,s8 x2,s8 y2,u8 speed);                //二个水滴
    void WaterThr(s8 x1,s8 y1,s8 x2,s8 y2,s8 x3,s8 y3,u8 speed);    //三个水滴
    void Animation(const u8 * ARRAY_tab,u8 frame_num,u8 cycle_index,u8 speed);
                                              // * 动画,ARRAY_tab,array.h 中数组;
                               //frame_num 表示帧数,cycle_index 表示循环次数,speed 表示滚动速度
    void PrintOpen(u8 speed);
    void Print(const u8 * ARRAY_tab);
    void FanOne(s8 turns, u8 speed);          //fan 表示扇形
    void FanTwo(s8 turns, u8 speed);
    void ConnectThree(u8 speed);
    void ConnectFour(u8 speed);
    void ConnectFive(u8 speed);
    void ConnectSix(const u8 * ARRAY_tab,u8 frame_num,u8 cycle_index,u8 speed);
                                              //cycle_index 表示循环次数,speed 表示滚动速度
    void ConnectSeven(u8 speed);
  private:
    int _SER0;
    int _SCK0;
    int _RCK0;
};
#endif
#include "Arduino.h"
#include "LightCube.h"
#define u8 unsigned char
#define s8 signed char
#define u16 unsigned short
//初始化函数
LightCube::LightCube(int SER0 ,int SCK0 ,int RCK0 )
{
  pinMode(SER0,OUTPUT);
  _SER0 = SER0;
  pinMode(SCK0,OUTPUT);
  _SCK0 = SCK0;
  pinMode(RCK0,OUTPUT);
  _RCK0 = RCK0;
}
const u8 flash_tab[] =
{
0X03,0X07,0X06,0X08,0X10,0X20,0X40,0X80, //0
0X07,0X07,0X0F,0X1C,0X18,0X20,0X40,0X80,
0X0F,0X0F,0X1F,0X3F,0X3C,0X78,0X60,0X80,
```

```
0X1F,0X1F,0X3F,0X3F,0X7F,0X7C,0X70,0X80,
0X3F,0X3F,0X3F,0X7F,0X7F,0X7F,0XF8,0XC0,
0X7F,0X7F,0X7F,0X7F,0XFF,0XFF,0XFF,0XF0,
0XFF,0XFF,0XFF,0XFF,0XFF,0XFF,0XFF,0XFF  //6
};
void LightCube::storey(u8 *a)            //层填充函数,控制某层灯点亮方式
{
  u8 i,j,num;
  for(i=0;i<8;i++)
  {
    num=a[i];                            //将数组中数输入寄存器
    for(j=0;j<8;j++)                     //串行数据输入
    {
      if(num&0x80)
        digitalWrite(_SER0,HIGH);        // SER 串行输入端口
      else
        digitalWrite(_SER0,LOW);
        digitalWrite(_SCK0,LOW);         //上升沿,输入到移位寄存器
        delayMicroseconds(1);
        digitalWrite(_SCK0,HIGH);
        num<<=1;
    }
  }
}
void LightCube::frame(u8 *a,u8 v)        //表示一帧,a是一帧编码起始地址
                                         //v表示一帧画面扫描的次数
                                         //可以看作这帧显示的时间
{
  s8 i,j,num;                            //s8 有符号定义
  while(v--)
  {
    num=0x01;
    for(i=0;i<8;i++)                     //层数控制
     {
      num<<=i;
      digitalWrite(_RCK0,LOW);
      for(j=0;j<8;j++)                   //串行数据输入
      {
          digitalWrite(_SER0,LOW);
          delayMicroseconds(1);
          digitalWrite(_SCK0,LOW);       //上升沿,输入到移位寄存器
          delayMicroseconds(1);
          digitalWrite(_SCK0,HIGH);
      }
      for(j=0;j<8;j++)                   //串行数据输入
      {
        if(num&0x80)
          digitalWrite(_SER0,HIGH);      //SER 串行输入端口
        else
          digitalWrite(_SER0,LOW);
          digitalWrite(_SCK0,LOW);       //上升沿,输入到移位寄存器
```

```
            delayMicroseconds(1);
            digitalWrite(_SCK0,HIGH);
            num <<= 1;
        }
        storey(a + i * 8);                  //层填充函数,控制某层灯点亮方式
        digitalWrite(_RCK0,HIGH);
        num = 0x01;
        delayMicroseconds(2);               //层显示时间
      }
   }
}
//全局清屏
void LightCube::AllOff(void)
{
   u8 i,j;
   for(i = 0;i < 9;i++)                   //层数控制
   {
     digitalWrite(_RCK0,LOW);
     for(j = 0;j < 8;j++)                 //串行数据输入
     {
       digitalWrite(_SER0,LOW);
       delayMicroseconds(1);
       digitalWrite(_SCK0,LOW);           //上升沿,输入到移位寄存器
       delayMicroseconds(1);
       digitalWrite(_SCK0,HIGH);
       delayMicroseconds(1);
     }
   }
   digitalWrite(_RCK0,HIGH);
   delay(2);
}
//光立方全点亮
void LightCube::AllOn(u8 v)
{
   u8 k[65] = {
     0XFF,0XFF,0XFF,0XFF,0XFF,0XFF,0XFF,0XFF,
     0XFF,0XFF,0XFF,0XFF,0XFF,0XFF,0XFF,0XFF,
     0XFF,0XFF,0XFF,0XFF,0XFF,0XFF,0XFF,0XFF,
     0XFF,0XFF,0XFF,0XFF,0XFF,0XFF,0XFF,0XFF,
     0XFF,0XFF,0XFF,0XFF,0XFF,0XFF,0XFF,0XFF,
     0XFF,0XFF,0XFF,0XFF,0XFF,0XFF,0XFF,0XFF,
     0XFF,0XFF,0XFF,0XFF,0XFF,0XFF,0XFF,0XFF,
     0XFF,0XFF,0XFF,0XFF,0XFF,0XFF,0XFF,0XFF
           };
   frame(k,v);
}
//侧面从左向右依次点亮
void LightCube::LtoRScan(u8 v)
{
   u8 b[64] = {0 };
   s8 x,z;
```

```
    for(z = 0;z < 8;z++)
    {
      b[z * 8] = 0xff;
    }
    frame(b,v);
    for(x = 1;x < 8;x++)
    {
      for(z = 0;z < 8;z++)
      {
        b[z * 8 + x] = 0xff;
        b[z * 8 + (x - 1)] = 0;
      }
      frame(b,v);
    }
}
//侧面从右向左依次点亮
void LightCube::RtoLScan(u8 v)
{
    u8 b[64] = {0};
    s8 x,z;
    for(z = 0;z < 8;z++)
    {
      b[z * 8 + 7] = 0xff;
    }
    frame(b,v);
    for(x = 6;x >= 0;x--)
    {
      for(z = 0;z < 8;z++)
      {
        b[z * 8 + x] = 0xff;
        b[z * 8 + (x + 1)] = 0;
      }
      frame(b,v);
    }
}
//从前排向后排依次点亮
void LightCube::FtoBScan(u8 v)
{
    u8 b[64] = {0};
    s8 i,y;
    for(i = 0;i < 64;i++)
      b[i] = 0x01;
    frame(b,v);
    for(y = 0;y < 7;y++)
    {
      for(i = 0;i < 64;i++)
        b[i] <<= 1;
      frame(b,v);
    }
}
//从后排向前排依次点亮
```

```
void LightCube::BtoFScan(u8 v)
{
  u8 b[64] = {0};
  s8 i,y;
  for(i = 0;i < 64;i++)
    b[i] = 0x80;
  frame(b,v);
  for(y = 0;y < 7;y++)
  {
    for(i = 0;i < 64;i++)
      b[i]>>= 1;
    frame(b,v);
  }
}
//从上向下依次点亮
void LightCube::UtoDScan(u8 v)
{
  u8 b[64] = {0};
  s8 x,z;
  for(x = 0;x < 8;x++)
  {
    b[x] = 0xff;
  }
  frame(b,v);
  for(z = 1;z < 8;z++)
  {
    for(x = 0;x < 8;x++)
    {
      b[z * 8 + x] = 0xff;
      b[(z - 1) * 8 + x] = 0;
    }
    frame(b,v);
  }
}
//从下向上依次点亮
void LightCube::DtoUScan(u8 v)
{
  u8 b[64] = {0};
  s8 x,z;
  for(x = 0;x < 8;x++)
  {
    b[7 * 8 + x] = 0xff;
  }
  frame(b,v);
  for(z = 6;z >= 0;z -- )
  {
    for(x = 0;x < 8;x++)
    {
      b[z * 8 + x] = 0xff;
      b[(z + 1) * 8 + x] = 0;
    }
```

```
    frame(b,v);
  }
}
//Anticlockwise 表示逆时针旋转,num 表示旋转周数,v 表示速度
void LightCube::Anticlockwise(s8 num,s8 v)
{
  s8 i,k;
  u8 b[64] = {0};
  for(i = 0;i < 64;i++) b[i] = 0x80;
  frame(b,v);
  while(num -- )
    for(i = 0;i < 28;i++)
    {
      if(i < 7)
      {
        for(k = 0;k < 8;k++)
        {
          b[k * 8]| = (0x80 >>(i + 1));
          b[k * 8 + 7 - i] = 0;
        }
      }
      else if(i < 14)
      {
        for(k = 0;k < 8;k++)
        {
          b[k * 8 + i - 6] = 0x01;
          b[k * 8]>> = 0x01;
        }
      }
      else if(i < 21)
      {
        for(k = 0;k < 8;k++)
        {
          b[k * 8 + i - 14] = 0;
          b[k * 8 + 7]| = (0x01 <<(i - 13));
        }
      }
      else if(i < 28)
      {
        for(k = 0;k < 8;k++)
        {
          b[k * 8 + 27 - i] = 0x80;
          b[k * 8 + 7]<< = 1;
        }
      }
      frame(b,v);
    }
  AllOff();                                           //清屏
}
//Clockwise 表示顺时针旋转,num 表示旋转周数,v 表示速度
void LightCube::Clockwise(s8 num,s8 v)
```

```
{
  s8 i,k;
  u8 b[64] = {0};
  for(i = 0;i < 64;i++) b[i] = 0x80;
  frame(b,v);
  while(num -- )
    for(i = 0;i < 28;i++)
    {
      if(i < 7)
        for(k = 0;k < 8;k++)
        {
          b[k * 8 + 7]| = (0x80 >>(i + 1));
          b[k * 8 + i] = 0;
        }
      else if(i < 14)
        for(k = 0;k < 8;k++)
        {
          b[k * 8 + 13 - i] = 0x01;
          b[k * 8 + 7]>> = 0x01;
        }
      else if(i < 21)
        for(k = 0;k < 8;k++)
        {
          b[k * 8 + 21 - i] = 0;
          b[k * 8]| = (0x01 <<(i - 13));
        }
      else if(i < 28)
        for(k = 0;k < 8;k++)
        {
          b[k * 8 + i - 20] = 0x80;
          b[k * 8]<< = 1;
        }
      frame(b,v);
    }
  AllOff();                                    //清屏
}
//从右侧看顺时针旋转
void LightCube::RightClockwise(s8 num,s8 v)
{
  s8 i,k;
  u8 a[64] = {0};
  for(i = 0;i < 8;i++)
        a[7 * 8 + i] = 0xff;
  frame(a,v);
  while(num -- )
    for(i = 0;i < 28;i++)
    {
      if(i < 7)
        for(k = 0;k < 8;k++)
        {
          a[(6 - i) * 8 + k] = 0x01;
```

```
                a[7 * 8 + k]>> = 1;
            }
        else if(i < 14)
            for(k = 0;k < 8;k++)
            {
                a[k]| = 0x01 <<(i - 6);
                a[(14 - i) * 8 + k] = 0;
            }
        else if(i < 21)
            for(k = 0;k < 8;k++)
            {
                a[(i - 13) * 8 + k] = 0x80;
                a[k]<< = 1;
            }
        else
            for(k = 0;k < 8;k++)
            {
                a[7 * 8 + k]| = 0x80 >>(i - 20);
                a[(i - 21) * 8 + k] = 0;
            }
        frame(a,v);
    }
    AllOff();
}
//在X、Y、Z轴上任意方向和位数移动
s8 X_AXIS = 0;
s8 Y_AXIS = 1;
s8 Z_AXIS = 2;
s8 MINUS = 0;                                   //负向
s8 PULS = 1;                                    //正向
//kind = 0 表示 x 轴, kind = 1 表示 y 轴, kind = 2 表示 z 轴; direction = 0 表示负向, direction = 1
//表示正向;length 表示移动位数,不能为 8
void moveXYZ(u8 * a, s8 kind, s8 direction, s8 length){
    s8 i,x,z;
    if(kind == 0)                               //x 轴
    {
        if(direction == 1)                      //正向
            for(z = 0;z < 8;z++)
            {
                for(x = 7;x >= length;x--)
                    a[z * 8 + x] = a[z * 8 + (x - length)];
                for(x = 0;x < length;x++)
                    a[z * 8 + x] = 0;
            }
        else                                    //负向
            for(z = 0;z < 8;z++)
            {
                for(x = length;x < 8;x++)
                    a[z * 8 + (x - length)] = a[z * 8 + x];
                for(x = (8 - length);x < 8;x++)
                    a[z * 8 + x] = 0;
```

```
            }
        }
    else if(kind == 1)                     //y 轴
    {
        if(direction == 1)                 //正向
            for(i = 0;i < 64;i++)
                a[i]<<= length;
        else                               //负向
            for(i = 0;i < 64;i++)
                a[i]>>= length;
    }
    else                                   //z 轴
    {
        if(direction == 1)                 //正向
            for(x = 0;x < 8;x++)
            {
                for(z = 7;z >= length;z -- )
                    a[z * 8 + x] = a[(z - length) * 8 + x];
                for(z = 0;z < length;z++)
                    a[z * 8 + x] = 0;
            }
        else                               //负向
        for(x = 0;x < 8;x++)
        {
            for(z = length;z < 8;z++)
                a[(z - length) * 8 + x] = a[z * 8 + x];
            for(z = (8 - length);z < 8;z++)
                a[z * 8 + x] = 0;
        }
    }
}
//正方体轮廓,outline 表示轮廓,length 表示边长,范围为 0 < leng <= 8,注意 n 不能为 0
void cubeLine(u8 * a,s8 n)
{
    s8 i,j;
    for(i = 0;i < 64;i++)
        a[i] = 0;
    j = 0xff >>(8 - n);
    a[0] = j;
    a[n - 1] = j;
    a[(n - 1) * 8] = j;
    a[(n - 1) * 8 + n - 1] = j;
    for(i = 0;i < n;i++)
    {
        j = (0x01 | (0x01 <<(n - 1)));
        a[i * 8] | = j;
        a[i * 8 + n - 1] | = j;
        a[i] | = j;
        a[(n - 1) * 8 + i] | = j;
    }
}
```

```
//实心正方体,fill 表示充满,length 表示边长,范围为 0 < leng <= 8,注意 n 不能为 0
void CubeFill(u8 *a, s8 length)
{
  s8 x, z;
  for(z = 0;z < 8; z++)
    for(x = 0; x < 8; x++)
    {
      if(z < length && x < length)
        a[ z * 8 + x] = 0xff >> (8 - length);
      else
        a[z * 8 + x] = 0;
    }
}
//立方体动画,empty = 0 表示空心, empty = 1 表示实心; kind = 0 表示左上角, kind = 1 表示右上角,
//kind = 2 表示左下角, kind = 3 表示右下角; num 表示旋转周数; v 表示速度
void LightCube::Cube(u8 empty,u8 kind,u8 v)
{
    u8 a[64] = {0};
    s8 i;
    for(i = 1;i <= 8;i++)                    //生成
    {
        if(empty == 0)
            cubeLine(a,i);
        else
            CubeFill(a,i);
        if(kind == 0)
            {;}
        else if(kind == 1)
            moveXYZ(a,0,1,8 - i);
        else if(kind == 2)
            moveXYZ(a,2,1,8 - i);
        else
        {
            moveXYZ(a,0,1,8 - i);
            moveXYZ(a,2,1,8 - i);
        }
        frame(a,v);
    }
    for(i = 7;i > 0;i -- )                   //退出
    {
        if(empty == 0)
            cubeLine(a,i);
        else
            CubeFill(a,i);
        if(kind == 0)
            moveXYZ(a,0,1,8 - i);
        else if(kind == 1)
        {
            moveXYZ(a,0,1,8 - i);
            moveXYZ(a,2,1,8 - i);
        }
```

```
        else if(kind == 2)
            {;}
        else
            moveXYZ(a,2,1,8 - i);
        frame(a,v);
    }
}
const u8 rain_tab[] =
{
  0X00,0X84,0X01,0X00,0X00,0X01,0X02,0X44,
  0X84,0X00,0X24,0X08,0X04,0X20,0X80,0X00,
  0X00,0X20,0X00,0X00,0X20,0X00,0X40,0X00,
  0X00,0X04,0X00,0X40,0X00,0X00,0X08,0X00,
  0X40,0X00,0X10,0X00,0X00,0X04,0X04,0X11,
  0X00,0X41,0X00,0X00,0X80,0X00,0X40,0X00,
  0X00,0X00,0X00,0X24,0X01,0X18,0X00,0X00,
  0X22,0X10,0X02,0X00,0X40,0X00,0X02,0X00
};
//下雨效果
void LightCube::Rain(s8 down, s8 cycle_index, u8 speed)
{
  u8 b[64] = {0};
  s8 x, z;
  if(down == 1)                              //落下
  {
    for(x = 0; x < 8; x++)
      b[x] = rain_tab[x];
    frame(b, speed);
    for(z = 1; z < 8; z++)
    {
      moveXYZ(b, Z_AXIS, PULS, 1);
      for(x = 0; x < 8; x++)
         b[x] = rain_tab[z * 8 + x];
      frame(b, speed);
    }
    while(cycle_index -- )
    {
      for(z = 0; z < 8; z++)
      {
        moveXYZ(b, Z_AXIS, PULS, 1);
        for(x = 0; x < 8; x++)
           b[x] = rain_tab[z * 8 + x];
        frame(b, speed);
      }
    }
  }
  else                                       //上升
  {
    for(x = 0; x < 8; x++)
          b[56 + x] = rain_tab[x];
      frame(b, speed);
```

```
        for(z = 1; z < 8; z++)
        {
           moveXYZ(b, Z_AXIS, MINUS, 1);
           for(x = 0; x < 8; x++)
               b[56 + x] = rain_tab[z * 8 + x];
           frame(b, speed);
         }
        while(cycle_index -- )
        {
           for(z = 0; z < 8; z++)
          {
              moveXYZ(b, Z_AXIS, MINUS, 1);
              for(x = 0; x < 8; x++)
                 b[56 + x] = rain_tab[z * 8 + x];
              frame(b, speed);
          }
        }
     }
  }
//光立方上移
void LightCube::Up(s8 num,s8 v)
{
  u8 a[64] = {0};
  s8 X,Z;
  while(num -- )
  {
    for(X = 0;X < 8;X++)
      a[56 + X] = 0xff;
    frame(a,v);
    for(Z = 1;Z < 8;Z++)
    {
      moveXYZ(a,2,0,1);
      for(X = 0;X < 8;X++)
        a[56 + X] = 0xff;
      frame(a,v);
    }
    for(Z = 0;Z < 8;Z++)
    {
      if(num == 0&&Z == 7)
        continue;                              //结束本次循环,而不是终止整个语句的循环
      moveXYZ(a,2,0,1);
      frame(a,v);
    }
  }
  for(Z = 0;Z < 7;Z++)
  {
    moveXYZ(a,2,1,1);
    frame(a,v + 0);
  }
}
//旋转条
```

```
const u8 rotate_tab[] =
{
  0x01,0x02,0x04,0x08,0x10,0x20,0x40,0x80,       //0
  0x00,0x01,0x06,0x08,0x10,0x60,0x80,0x00,
  0x00,0x00,0x01,0x0e,0x70,0x80,0x00,0x00,
  0x00,0x00,0x00,0x0f,0xf0,0x00,0x00,0x00,
  0x00,0x00,0x00,0xf0,0x0f,0x00,0x00,0x00,
  0x00,0x00,0x80,0x70,0x0e,0x01,0x00,0x00,
  0x00,0x80,0x60,0x10,0x08,0x06,0x01,0x00,
  0x80,0x40,0x20,0x10,0x08,0x04,0x02,0x01,
  0x40,0x20,0x20,0x10,0x08,0x04,0x04,0x02,
  0x20,0x10,0x10,0x10,0x08,0x08,0x08,0x04,
  0x10,0x10,0x10,0x10,0x08,0x08,0x08,0x08,
  0x08,0x08,0x08,0x08,0x10,0x10,0x10,0x10,
  0x04,0x08,0x08,0x08,0x10,0x10,0x10,0x20,
  0x02,0x04,0x04,0x08,0x10,0x20,0x20,0x40        //13
};
//面旋转,empty = 1 表示空心旋转,否则表示实心旋转,Clockwise = 1 表示顺时针旋转,否则表示逆
//时针旋转
void LightCube::RotateFace(s8 empty, s8 Clockwise, s8 turns, u8 speed)
{
  u8 b[64] = {0};
  s8 i, x, z;
  while(turns--)
  {
      if(Clockwise == 1)
        for(i = 13; i >= 0; i--)
        {
          for(z = 0; z < 8; z++)
          {
            for(x = 0; x < 8; x++)
            {
              if(x > 1 && x < 6 && z > 1 && z < 6 && empty == 1)
                 b[z * 8 + x] = rotate_tab[i * 8 + x] & 0xc3;
              else
                 b[z * 8 + x] = rotate_tab[i * 8 + x];
            }
          }
          frame(b, speed);
        }
    else
      for(i = 0; i < 14; i++)
      {
        for(z = 0; z < 8; z++)
        {
          for(x = 0; x < 8; x++)
          {
            if(x > 1 && x < 6 && z > 1 && z < 6 && empty == 1)
              b[z * 8 + x] = rotate_tab[i * 8 + x] & 0xc3;
            else
              b[z * 8 + x] = rotate_tab[ i * 8 + x];
```

```
                }
            }
            frame(b, speed);
        }
    }
}

const u8 tab_xuanzhuantiao[ ] =
{ //旋转条
  0x01,0x02,0x04,0x08,0x10,0x20,0x40,0x80,        //0
  0x00,0x01,0x06,0x08,0x10,0x60,0x80,0x00,
  0x00,0x00,0x01,0x0e,0x70,0x80,0x00,0x00,
  0x00,0x00,0x00,0x0f,0xf0,0x00,0x00,0x00,
  0x00,0x00,0x00,0xf0,0x0f,0x00,0x00,0x00,
  0x00,0x00,0x80,0x70,0x0e,0x01,0x00,0x00,
  0x00,0x80,0x60,0x10,0x08,0x06,0x01,0x00,
  0x80,0x40,0x20,0x10,0x08,0x04,0x02,0x01,
  0x40,0x20,0x20,0x10,0x08,0x04,0x04,0x02,
  0x20,0x10,0x10,0x10,0x08,0x08,0x08,0x04,
  0x10,0x10,0x10,0x10,0x08,0x08,0x08,0x08,
  0x08,0x08,0x08,0x08,0x10,0x10,0x10,0x10,
  0x04,0x08,0x08,0x08,0x10,0x10,0x10,0x20,
  0x02,0x04,0x04,0x08,0x10,0x20,0x20,0x40         //13
};
//旋转条
const u8 tab_xuanzhuantiao2[ ] =
{
0X01,0X02,0X04,0X08,0X10,0X20,0X40,0X80,          //0
0X02,0X04,0X08,0X00,0X10,0X20,0X40,0X80,          //
0X04,0X08,0X00,0X10,0X20,0X20,0X40,0X80,          //
0X08,0X10,0X10,0X20,0X20,0X40,0X40,0X80,          //
0X10,0X10,0X20,0X20,0X20,0X40,0X40,0X80,          //
0X20,0X20,0X40,0X40,0X40,0X80,0X80,0X80,          //
0X40,0X40,0X40,0X40,0X80,0X80,0X80,0X80,          //
0X80,0X80,0X80,0X80,0X80,0X80,0X80,0X80,          //7
0X80,0X80,0X80,0X80,0X40,0X40,0X40,0X40,          //
0X80,0X80,0X00,0X40,0X40,0X40,0X20,0X20,          //9
0X80,0X80,0X40,0X40,0X20,0X20,0X10,0X10,          //
0X80,0X40,0X40,0X20,0X20,0X10,0X10,0X08,          //
0X80,0X40,0X20,0X20,0X10,0X10,0X08,0X04,          //
0X80,0X40,0X20,0X10,0X08,0X08,0X04,0X02,          //
0X80,0X40,0X20,0X10,0X08,0X04,0X02,0X01,          //14
0X80,0X40,0X20,0X10,0X0C,0X02,0X01,0X00,          //15
0X80,0X40,0X30,0X0C,0X02,0X01,0X00,0X00,          //
0X80,0X60,0X18,0X06,0X01,0X00,0X00,0X00,          //17
0XC0,0X30,0X0E,0X01,0X00,0X00,0X00,0X00,          //
0XE0,0X1C,0X03,0X00,0X00,0X00,0X00,0X00,          //19
0XF0,0X0F,0X00,0X00,0X00,0X00,0X00,0X00,          //
0XFF,0X00,0X00,0X00,0X00,0X00,0X00,0X00,          //21
0X0F,0XF0,0X00,0X00,0X00,0X00,0X00,0X00,          //22
0X07,0X38,0XC0,0X00,0X00,0X00,0X00,0X00,
```

```
0X03,0X0C,0X20,0XC0,0X00,0X00,0X00,0X00,
0X01,0X02,0X0C,0X30,0XC0,0X00,0X00,0X00,
0X01,0X02,0X04,0X08,0X30,0XC0,0X00,0X00,
0X01,0X02,0X04,0X08,0X10,0X60,0X80,0X00,
0X01,0X02,0X04,0X08,0X10,0X20,0X40,0X80,
0X01,0X02,0X04,0X08,0X10,0X20,0X20,0X40,
0X01,0X02,0X04,0X08,0X08,0X10,0X20,0X20,
0X01,0X02,0X04,0X04,0X08,0X08,0X10,0X10,
0X01,0X01,0X02,0X02,0X04,0X04,0X08,0X08,
0X01,0X01,0X01,0X02,0X02,0X02,0X04,0X04,
0X01,0X01,0X01,0X01,0X02,0X02,0X02,0X02,
0X01,0X01,0X01,0X01,0X01,0X01,0X01,0X01,        //35
0X02,0X02,0X02,0X02,0X01,0X01,0X01,0X01,        //36
0X04,0X04,0X02,0X02,0X02,0X01,0X01,0X01,
0X08,0X08,0X04,0X04,0X02,0X02,0X01,0X01,
0X10,0X10,0X08,0X08,0X04,0X04,0X02,0X01,
0X20,0X10,0X00,0X08,0X08,0X04,0X02,0X01,
0X40,0X20,0X10,0X08,0X08,0X04,0X02,0X01,
0X80,0X40,0X20,0X10,0X08,0X04,0X02,0X01,
0X00,0X80,0X40,0X20,0X18,0X04,0X02,0X01,
0X00,0X00,0X80,0X40,0X38,0X04,0X02,0X01,
0X00,0X00,0X00,0X80,0X60,0X1C,0X02,0X01,
0X00,0X00,0X00,0X00,0X80,0X70,0X0E,0X01,
0X00,0X00,0X00,0X00,0X00,0XC0,0X3C,0X03,
0X00,0X00,0X00,0X00,0X00,0X00,0XF0,0X0F,
0X00,0X00,0X00,0X00,0X00,0X00,0X00,0XFF,        //49
0X00,0X00,0X00,0X00,0X00,0X00,0X0F,0XF0,        //50
0X00,0X00,0X00,0X00,0X00,0X03,0X1C,0XE0,
0X00,0X00,0X00,0X00,0X03,0X0C,0X30,0XC0,
0X00,0X00,0X00,0X01,0X06,0X18,0X20,0XC0,
0X00,0X00,0X01,0X02,0X0C,0X30,0X40,0X80,
0X00,0X01,0X02,0X04,0X18,0X20,0X40,0X80,        //56
};
//面中心旋转,empty = 1 表示空心旋转,否则表示实心旋转,Clockwise = 1 表示顺时针旋转,否则表
//示逆时针旋转
//turns 执行次数; speed 速度
void LightCube::RotateFaceC(s8 num,s8 v)
{
  u8 a[64] = {0};
  s8 i,j,k;
  while(num -- )
    for(i = 0;i < 56;i++)
    {
      for(j = 0;j < 8;j++)
        for(k = 0;k < 8;k++)
          a[j * 8 + k] = tab_xuanzhuantiao2[i * 8 + k];
      frame(a,v);
    }
}
//曲面旋转;Clockwise = 1 表示逆时针旋转,否则表示顺时针旋转
void LightCube::RotateHookFace(s8 Clockwise, s8 turns, u8 speed)
```

```
{
  u8 b[64] = {0};
  s8 i, x, z;
  for(z = 0;z < 8; z++)
    for(x = 0;x < 8; x++)
      b[z * 8 + x] = rotate_tab[x];
  frame(b, 1);
  while(turns -- )                                    //主循环
  {
    if(Clockwise == 1)
      for(i = 13; i >= 0; i -- )
      {
        moveXYZ(b, Z_AXIS, PULS, 1);
        for(x = 0; x < 8; x++)
          b[x] = rotate_tab[i * 8 + x];
        frame(b, speed);
      }
    else
      for(i = 0; i < 14; i++)
      {
        moveXYZ(b, Z_AXIS, PULS, 1);
        for(x = 0; x < 8; x++)
          b[x] = rotate_tab[i * 8 + x];
        frame(b, speed);
      }
  }
  for(i = 0;i < 7;i++)
  {
    moveXYZ(b, Z_AXIS, PULS, 1);
    for(x = 0; x < 8; x++)
      b[x] = rotate_tab[x];
    frame(b, speed);
  }
}
//沙漏
const s8 sandglass_tab00[] = {                        //从下往上
      0,0,0,0,0,0,0,
      0,1,2,3,4,5,6,
      7,7,7,7,7,7,7,
      7,6,5,4,3,2,1,//28
      1*8+1,1*8+1,1*8+1,1*8+1,1*8+1,
      1*8+1,1*8+2,1*8+3,1*8+4,1*8+5,
      1*8+6,1*8+6,1*8+6,1*8+6,1*8+6,
      1*8+6,1*8+5,1*8+4,1*8+3,1*8+2,  //20
      2*8+2,2*8+2,2*8+2,
      2*8+2,2*8+3,2*8+4,
      2*8+5,2*8+5,2*8+5,
      2*8+5,2*8+4,2*8+3,                              //12
      3*8+3,3*8+3,3*8+4,3*8+4,                        //4+4
      4*8+3,4*8+3,4*8+4,4*8+4,
      5*8+2,5*8+2,5*8+2,
```

```
        5*8+2,5*8+3,5*8+4,
        5*8+5,5*8+5,5*8+5,
        5*8+5,5*8+4,5*8+3,                          //12
        6*8+1,6*8+1,6*8+1,6*8+1,6*8+1,
        6*8+1,6*8+2,6*8+3,6*8+4,6*8+5,
       6*8+6,6*8+6,6*8+6,6*8+6,6*8+6,
       6*8+6,6*8+5,6*8+4,6*8+3,6*8+2,               //20
       56+0,56+0,56+0,56+0,56+0,56+0,56+0,
       56+0,56+1,56+2,56+3,56+4,56+5,56+6,
       56+7,56+7,56+7,56+7,56+7,56+7,56+7,
       56+7,56+6,56+5,56+4,56+3,56+2,56+1,          //28
        };
const s8 sandglass_tab10[] = {                      //从上往下
        56+0,56+0,56+0,56+0,56+0,56+0,56+0,
        56+0,56+1,56+2,56+3,56+4,56+5,56+6,
        56+7,56+7,56+7,56+7,56+7,56+7,56+7,
        56+7,56+6,56+5,56+4,56+3,56+2,56+1,         //28
        6*8+1,6*8+1,6*8+1,6*8+1,6*8+1,
        6*8+1,6*8+2,6*8+3,6*8+4,6*8+5,
        6*8+6,6*8+6,6*8+6,6*8+6,6*8+6,
        6*8+6,6*8+5,6*8+4,6*8+3,6*8+2,              //20
        5*8+2,5*8+2,5*8+2,
        5*8+2,5*8+3,5*8+4,
        5*8+5,5*8+5,5*8+5,
        5*8+5,5*8+4,5*8+3,                          //12
        4*8+3,4*8+3,4*8+4,4*8+4,
        3*8+3,3*8+3,3*8+4,3*8+4,                    //4+4
        2*8+2,2*8+2,2*8+2,
        2*8+2,2*8+3,2*8+4,
        2*8+5,2*8+5,2*8+5,
        2*8+5,2*8+4,2*8+3,                          //12
        1*8+1,1*8+1,1*8+1,1*8+1,1*8+1,
        1*8+1,1*8+2,1*8+3,1*8+4,1*8+5,
        1*8+6,1*8+6,1*8+6,1*8+6,1*8+6,
        1*8+6,1*8+5,1*8+4,1*8+3,1*8+2,              //20
        0,0,0,0,0,0,0,
        0,1,2,3,4,5,6,
        7,7,7,7,7,7,7,
        7,6,5,4,3,2,1,                              //28
         };
//移动距离
const s8 sandglass_tab01[] = {                      //移动距离
        0,1,2,3,4,5,6,
        7,7,7,7,7,7,7,
        7,6,5,4,3,2,1,
        0,0,0,0,0,0,0,                              //28
        1,2,3,4,5,
        6,6,6,6,6,
        6,5,4,3,2,
        1,1,1,1,1,                                  //20
        2,3,4,
```

```
        5,5,5,
        5,4,3,
        2,2,2,                                    //12
        3,4,4,3,
        3,4,4,3,                                  //4 + 4
        2,3,4,
        5,5,5,
        5,4,3,
        2,2,2,                                    //12
        1,2,3,4,5,
        6,6,6,6,6,
        6,5,4,3,2,
        1,1,1,1,1,                                //20
        0,1,2,3,4,5,6,
        7,7,7,7,7,7,7,
        7,6,5,4,3,2,1,
        0,0,0,0,0,0,0,                            //28
            };
//沙漏
void LightCube::Sandglass(s8 v)
{
  u8 b[64] = {0};
  u16 i;
  for(i = 0;i < 128;i++)                          //点
  {
    b[sandglass_tab00[i]] = (0x01 << sandglass_tab01[i]);
    frame(b,v);
    b[sandglass_tab00[i]] = 0;
  }
  for(i = 0;i < 128;i++)                          //8 点
  {
    b[sandglass_tab10[i]] |= (0x01 << sandglass_tab01[i]);
    if(i >= 8)
      b[sandglass_tab10[i - 8]]^ = (0x01 << sandglass_tab01[i - 8]);      //^表示异或
    frame(b,v);
  }
  b[7] |= 0x01;
  b[0] = 0x01;
  frame(b,v);
  for(i = 1;i < 128;i++)                          //线
  {
    if(i < 8)
      b[8 - i] = 0;
    b[sandglass_tab00[i]] |= (0x01 << sandglass_tab01[i]);
    frame(b,v);
  }
  frame(b,100);
  for(i = 0;i < 128;i++)                          //线
  {
    b[sandglass_tab10[i]]^ = (0x01 << sandglass_tab01[i]);               //^表示异或
    frame(b,v);
```

```
    }
}
const u16 water_tab[] =
{
0x0000, 0x0000, 0x0000, 0x0000, 0x0000, 0x0000, 0x0080, 0x0140, 0x0080, 0x0000, 0x0000, 0x0000,
0x0000,0x0000,0x0000,0x0000,
0x0000, 0x0000, 0x0000, 0x0000, 0x0000, 0x0080, 0x0140, 0x0220, 0x0140, 0x0080, 0x0000, 0x0000,
0x0000,0x0000,0x0000,0x0000,
0x0000, 0x0000, 0x0000, 0x0000, 0x01c0, 0x0220, 0x0410, 0x0410, 0x0410, 0x0220, 0x01c0, 0x0000,
0x0000,0x0000,0x0000,0x0000,
0x0000, 0x0000, 0x0000, 0x03e0, 0x0410, 0x0808, 0x0808, 0x0808, 0x0808, 0x0808, 0x0410, 0x03e0,
0x0000,0x0000,0x0000,0x0000,
0x0000, 0x0000, 0x07f0, 0x0808, 0x1004, 0x1004, 0x1004, 0x1004, 0x1004, 0x1004, 0x1004, 0x0808,
0x07f0,0x0000,0x0000,0x0000,
0x0000, 0x0ff8, 0x1004, 0x2002, 0x2002, 0x2002, 0x2002, 0x2002, 0x2002, 0x2002, 0x2002, 0x2002,
0x1004,0x0ff8,0x0000,0x0000,
0x1ffc, 0x2002, 0x4001, 0x4001, 0x4001, 0x4001, 0x4001, 0x4001, 0x4001, 0x4001, 0x4001, 0x4001,
0x4001,0x2002,0x1ffc,0x0000
};
//一个水滴
void LightCube::WaterOne(s8 x, s8 y, u8 speed)
{
    u8 b[64] = {0};
    s8 i, r;
    b[0 * 8 + x] = 0x01 << y;
    frame(b, speed);
    for(i = 0; i < 7; i++)                              //下落
    {
        b[(i + 1) * 8 + x] = b[i * 8 + x];
        b[i * 8 + x] = 0;
        frame(b, speed);
    }
    for(r = 0; r < 7; r++)
    {
        for(i = 0; i < 8; i++)
            b[ 7 * 8 + i] = water_tab[r * 16 + 7 - x + i] >> (7 - y);
        frame(b, speed + 5);
    }//扩散
}
//两个水滴
void LightCube::WaterTwo(s8 x1, s8 y1, s8 x2, s8 y2, u8 speed)
{
    u8 b[64] = {0};
    s8 i, r;
    b[0 * 8 + x1] = 0x01 << y1;
    frame(b, speed);
    for(i = 0; i < 7; i++)
    {
        moveXYZ(b, Z_AXIS, PULS, 1);
        if(i == 1)
        {
```

```
            b[0 * 8 + x2] = 0x01 << y2;
        }
        frame(b, speed);
    }
    for(r = 0; r < 9; r++)
    {
        if(r < 2)
            moveXYZ(b, Z_AXIS, PULS,1);
        else
            for(i = 0; i < 8; i++)
                b[7 * 8 + i] = water_tab[(r - 2) * 16 + 7 - x2 + i] >> (7 - y2);
        if(r < 7)
            for(i = 0; i < 8; i++)
                b[7 * 8 + i]| = (water_tab[r * 16 + 7 - x1 + i] >> (7 - y1));
        frame(b, speed + 5);
    }
}
//三个水滴
void LightCube::WaterThr(s8 x1, s8 y1, s8 x2, s8 y2, s8 x3, s8 y3, u8 speed)
{
    u8 b[64] = {0};
    s8 i, r;
    b[0 * 8 + x1] = 0x01 << y1;
    frame(b, speed);
    for(i = 0;i < 7; i++)
    {
        moveXYZ(b, Z_AXIS, PULS, 1);
        if(i == 1)                                          //第二点
            b[0 * 8 + x2] = 0x01 << y2;
        if(i == 3)
            b[0 * 8 + x3] = 0x01 << y3;                     //第三点
        frame(b, speed);
    }
    for(r = 0; r < 11; r++)                                 //扩散
    {
        if(r < 4)
            moveXYZ(b, Z_AXIS, PULS, 1);
        if(r < 11 && r >= 4)
            for(i = 0; i < 8; i++)
                b[7 * 8 + i] = water_tab[(r - 4) * 16 + 7 - x3 + i] >> (7 - y3);
        if(r<9 && r>=2)
            for(i = 0; i<8; i++)
                b[7 * 8 + i] | = water_tab[(r - 2) * 16 + 7 - x2 + i] >> (7 - y2);
        if(r < 7)
            for(i = 0; i<8; i++)
                b[7 * 8 + i] | = (water_tab[r * 16 + 7 - x1 + i] >> (7 - y1));
        frame(b, speed + 5);
    }
}
//动画驱动函数 Animation                                    //num 表示帧数,n 表示循环次数
void LightCube::Animation(const u8 *ARRAY_tab,u8 frame_num,u8 cycle_index,u8 speed)
```

```
{
  s8 i, j;
  u8 b[64] = {0};
  for(j = 0; j<64; j++)
    b[j] = ARRAY_tab[j] ;
  frame(b,speed);
  while(cycle_index -- )
  {
    for(i = 1;i<frame_num;i++)
    {
      for(j = 0; j<64; j++)
          b[j] = ARRAY_tab[i * 64 + j] ;
      frame(b,speed);
    }
  }
}
void LightCube::PrintOpen(u8 speed)
{
    u8 x, y;
  u8 b[64] = {0};
  for(y = 0; y<8; y++)
  {
      b[0] |= 0x01 << y;
    frame(b,speed - 3);
  }
  for(x = 1; x<8;x++)
  {
      b[x] = 0xff;
    frame(b,speed);
  }
}
//从上向下打印
void LightCube::Print(const u8 * ARRAY_tab)
{
  u8 p;
  s8 x, y, z;
  u8 b[64] = {0}, c[8] = {0};
  for(x = 0; x<8; x++)
      b[x] = 0xff;
  for(x = 0; x<8; x++)                                    //行切换
  {
      c[x] = ARRAY_tab[x];
    for(y = 0; y<8; y++)                                  //点的确定
    {
      p = c[x] & (0x01 << y);
      if(p)
      {
        for(z = 1; z<7; z++)
        {
          if(z == 1)
          {
```

```
            b[8 * z + x] = p;
            frame(b, 1);
          }
          else
          {
             b[8 * (z - 1) + x] = 0;
            b[8 * z + x] = p;
            frame(b, 1);
          }
        }
        b[48 + x] = 0;
        b[56 + x] |= p;
          frame(b, 4);
      }
    }
  }
  frame(b, 40);
  for(y = 0; y<8; y++)
  {
    for(x = 0; x<8; x++)
      b[56 + x] = b[56 + x]>>1;
    frame(b, 10);
    }
}
const u8 fan_tab[] =
{
  0x80,0x80,0x80,0x80,0x80,0x80,0x80,0x80,              //0
  0x40,0x40,0x40,0x40,0x80,0x80,0x80,0x80,
  0x20,0x20,0x40,0x40,0x40,0x40,0x80,0x80,
  0x10,0x10,0x20,0x20,0x40,0x40,0x80,0x80,
  0x08,0x08,0x10,0x20,0x20,0x40,0x80,0x80,
  0x04,0x08,0x08,0x10,0x20,0x40,0x40,0x80,
  0x02,0x04,0x08,0x10,0x10,0x20,0x40,0x80,
  0x01,0x02,0x04,0x08,0x10,0x20,0x40,0x80,              //7
  0x00,0x01,0x02,0x04,0x18,0x20,0x40,0x80,
  0x00,0x00,0x01,0x06,0x08,0x10,0x60,0x80,
  0x00,0x00,0x00,0x01,0x06,0x18,0x60,0x80,
  0x00,0x00,0x00,0x00,0x03,0x0c,0x30,0xc0,
  0x00,0x00,0x00,0x00,0x00,0x03,0x3c,0xc0,
  0x00,0x00,0x00,0x00,0x00,0x00,0x0f,0xf0,
  0x00,0x00,0x00,0x00,0x00,0x00,0x00,0xff,              //14
};
const u8 connect_one_tab[] =
{
    0XFF,0X81,0X81,0X81,0X81,0X81,0X81,0XFF,
  0XFF,0XFF,0Xc3,0Xc3,0Xc3,0Xc3,0XFF,0XFF,
  0XFF,0XFF,0XFF,0XE7,0XE7,0XFF,0XFF,0XFF,
  0XFF,0XFF,0XFF,0XFF,0XFF,0XFF,0XFF,0XFF,
  0X7F,0XFF,0XFF,0XFF,0XFF,0XFF,0XFF,0XFE,
  0X3F,0X7F,0XFF,0XFF,0XFF,0XFF,0XFE,0XFC,
  0X1F,0X3F,0X7F,0XFF,0XFF,0XFE,0XFC,0XF8,
```

```
    0X0F,0X1F,0X3F,0X7E,0XFE,0XFC,0XF8,0XF0,
    0X07,0X0F,0X1F,0X3E,0X7C,0XF8,0XF0,0XE0,
    0X03,0X07,0X0E,0X1C,0X38,0X70,0XE0,0XC0,
    0X01,0X02,0X04,0X08,0X10,0X20,0X40,0X80,               //10
};
void LightCube::ConnectThree(u8 speed)
{
      u8 b[64] = {0};
    u8 i, x, z;
    for(z = 0; z < 8; z++)
        for(x = 0; x < 8; x++)
        b[z * 8 + x] = 0X80;
    frame(b, 2);
    for(i = 0; i<3; i++)
    {
        for(x = 0; x < 8; x++)
      {
        b[i * 8 + x] = 0X00;
        b[(7 - i) * 8 + x] = 0X00;
      }
      frame(b, speed);
    }
    for(x = 0; x < 8; x++)
        b[4 * 8 + x] = 0X00;
    frame(b, speed);
    for(x = 0; x < 3; x++)
    {
        b[3 * 8 + x] = 0X00;
      b[3 * 8 + (7 - x)] = 0X00;
        frame(b, speed);
    }
    b[3 * 8 + 3] = 0X00;
        frame(b, speed);
    b[3 * 8 + 4] = 0X00;
        frame(b, speed + 10);
}
void LightCube::ConnectFour(u8 speed)
{
      u8 b[64] = {0};
    u8 x, z;
    s8 i = 7, j;
    for(z = 0; z < 8; z++)
        for(x = 0; x < 8; x++)
        b[z * 8 + x] = rain_tab[z * 8 + x];
    frame(b, 1);
    while(i--)
    {
        for(x = 0; x < 8; x++)
          b[x] = (b[x] | b[8 + x]);
      for(z = 1; z < 8; z++)
            for(x = 0; x < 8; x++)
```

```
            b[z * 8 + x] = b[(z + 1) * 8 + x];
      for(x = 0; x < 8; x++)
          b[56 + x] = 0x00;
      frame(b, speed);
    }
    for(j = 0; j < 8; j++)
    {
        for(x = 0; x < 8; x++)
            b[x] |= 0x01 << j;
        frame(b, speed);
    }
    for(j = 0 ;j < 13; j++)
    {
        if(j < 7)
        for(x = 0;x < 8; x++)
      {
        b[(j + 1) * 8 + x] = 0x80;
        b[x] <<= 1;
      }
      else
      for(x = 0 ; x < 8 ; x++)
      {
        b[ 7 * 8 + x] |= 0x80 >>(j - 6);
        b[( j - 7 ) * 8 + x] = 0;
      }
      frame(b, speed);
    }
}
void LightCube::ConnectFive(u8 speed)
{
    u8 b[64] = {0};
    u8 i;
    s8 x;
    for(x = 0;x < 8; x++)
      b[7 * 8 + x] = 0xFF;
      for(i = 0 ;i < 7; i++)
    {
        for(x = 0;x < 8; x++)
      {
        b[(6 - i) * 8 + x] = 0x80;
        b[56 + x] <<= 1;
      }
        frame(b, speed);
    }
}
//frame_num 表示帧数,cycle_index 表示循环次数,speed 表示速度
void LightCube::ConnectSix(const u8 * ARRAY_tab,u8 frame_num,u8 cycle_index,u8 speed)
{
    s8 i, j;
    u8 b[64] = {0};
    for(j = 0; j < 64; j++)
```

```
    b[j] = 0x00 ;
  while(cycle_index -- )
  {
    for(i = (frame_num - 1);i >= 0;i -- )
    {
      for(j = 0; j<64; j++)
          b[j] = ARRAY_tab[i * 64 + j] ;
      frame(b,speed);
    }
  }
  for(i = 0; i<7;i++)
  {
      moveXYZ(b, X_AXIS, MINUS, 1);
      moveXYZ(b, Y_AXIS, MINUS, 1);
      moveXYZ(b, Z_AXIS, MINUS, 1);
      frame(b,5);
  }
}
void LightCube::ConnectSeven(u8 speed)
{
    u8 b[64] = {0};
  s8 i, x;
  for(x = 0; x<8; x++)
      b[x] = fan_tab[56 + x];
  for(i = 6; i>= 0; i-- )
  {
      moveXYZ(b, Z_AXIS, PULS, 1);
    for(x = 0; x<8; x++)
      b[x] = fan_tab[i * 8 + x];
    frame(b, speed);
  }
  for(i = 0; i<7; i++)
  {
      moveXYZ(b, Z_AXIS, PULS, 1);
    for(x = 0; x<8; x++)
      b[x] = fan_tab[x];
    frame(b, speed);
  }
}
#include "Array.h"                                  //动画数组
#include "LightCube.h"
LightCube lightCube(5, 6, 7);
void setup() {
  Serial.begin(9600);
  lightCube.AllOff();                               //全部关闭
}
void loop() {
  while(Serial.available())
  {
    char c = Serial.read();
    if(c == 'c')                                    //面旋转
```

```
    {
        lightCube.ConnectSeven(6);          //连接动画 7,参数: 速度
        lightCube.FanOne(2, 5);             //参数: 速度
        lightCube.FanTwo(2, 5);             //参数: 速度
        lightCube.RotateFace(1, 1, 4, 8);   //面中心旋转,参数: 第一个参数可为 1/0,表示空心/
                                            //实心、第二个参数可为 1/0 表示正转/反转、第三个参
                                            //数表示旋转次数、第四个参数表示速度
        lightCube.RotateHookFace(0, 4, 5); //曲面中心旋转,参数: 第一个参数可为 1/0,表示顺时
                                            //针旋转/逆时针旋转、第三个参数表示旋转次数、第四
                                            //个参数表示速度
        lightCube.RotateHookFace(1, 4, 5); //曲面旋转
        lightCube.RotateFaceC(1, 10);       //面侧边旋转,参数: 第一个是旋转次数、第二个是速度
        lightCube.AllOff();                 //全部关闭
        Serial.print(" Over");
    }
    else if(c == 'b')                       //沙漏
    {
        lightCube.Sandglass(2);             //沙漏,参数: 速度
        lightCube.PrintOpen(10);
        Serial.print(" Over");
    }
  else if(c == 'g')
  {
      for (int num = 0; num < 4; num++)
      {
          lightCube.Print(print_tab + 8 * num);
      }
      Serial.print(" Over");
  }
  else if(c == 'e')                         //面扫描
  {
      lightCube.UtoDScan(10);               //由上至下依次点亮,参数: 速度
      lightCube.Up(1, 10);                  //由上而下扫描,由下而上依次点亮,参数: 第一个参数
                                            //表示循环次数、第二个参数表示速度
      lightCube.DtoUScan(10);               //从下向上依次点亮,参数: 速度
      lightCube.LtoRScan(10);               //侧面从左向右依次点亮,参数: 速度
      lightCube.RtoLScan(10);               //侧面从右向左依次点亮,参数: 速度
      lightCube.FtoBScan(10);               //从前排向后排依次点亮,参数: 速度
      lightCube.BtoFScan(10);               //从后排向前排依次点亮,参数: 速度
      lightCube.AllOff();                   //全部关闭
      Serial.print(" Over");
  }
  else if(c == 'a')                         //烟花
  {
      lightCube.WaterOne(4, 5, 10);         //第一、第二个参数表示烟花 1 的 x 轴、y 轴坐标值,第
                                            //三个参数表示速度
      lightCube.WaterTwo(2, 3, 6, 4, 10);   //第一、第二个参数表示烟花 1 的 x 轴、y 轴坐标值,第
                                            //三、第四个参数表示烟花 2 的 x 轴、y 轴坐标值,第五
                                            //个参数表示速度
      lightCube.WaterThr(1, 4, 2, 6, 5, 7, 10); //第一、第二个参数表示烟花 1 的 x 轴、y 轴坐标值,
                                                //第三、第四个参数表示烟花 2 的 x 轴、y 轴坐标值,
```

```
                                        //第五、第六个参数表示烟花3的x轴、y轴坐标值,
                                        //第七个参数表示速度
      lightCube.AllOff();               // 全部关闭
      Serial.print(" Over");
   }
   else if(c == 'd')//雨水
   {
      lightCube.Rain(0, 5, 6);          //雨水动画,参数: 第一个参数可为0/1表示上/下、第
                                        //二个参数表示循环次数、第三个参数表示速度
      lightCube.Rain(1, 5, 6);          //雨水动画
      lightCube.AllOff();               //全部关闭
      Serial.print(" Over");
   }
   else if(c == 'h')                    //周旋
   {
      lightCube.ConnectFour(7);         //连接动画4,参数: 速度
      lightCube.RightClockwise(1, 5);   //从右侧看顺时针旋转,参数: 第一个参数表示旋转周
                                        //数、第二个参数表示速度
      lightCube.ConnectFive(10);        //连接动画5,参数: 速度
      lightCube.Anticlockwise(1, 5);    //anticlockwise逆时针旋转,参数: 第一个参数表示旋
                                        //转周数、第二个参数表示速度
      lightCube.Clockwise(2, 5);        //clockwise表示顺时针旋转,参数: 第一个参数表示
                                        //旋转周数、第二个参数表示速度
     Serial.print(" Over");
   }
   else if(c == 'f')                    //立方收缩
   {
      lightCube.ConnectThree(5);        //连接动画3 ,参数: 速度
      lightCube.Cube(0, 0, 6);          //立方体动画,参数: 第一个参数可为0/1实/空,第二
                                        //个参数可为0 /1/2/3,分别表示左上角/右上角/左
                                        //下角/右下角,第三个参数表示速度
      lightCube.Cube(1, 3, 10);         //立方体动画
      lightCube.Cube(0, 2, 10);         //立方体动画
      Serial.print(" Over");
   }
   else
   {
      lightCube.AllOn(50);              //全部打开,参数: 速度
      lightCube.AllOff();               //全部关闭
      Serial.print(" Over");
   }
}
}
```

2.2.2 HC-05 蓝牙模块

本部分包括HC-05蓝牙模块的功能介绍及相关代码。

1. 功能介绍

将输入到手机移动终端的指令,通过HC-05蓝牙模块传输到Arduino开发板,程序执行完

毕后，Arduino 开发板将指令通过 HC-05 蓝牙模块传回手机，从而实现手机与 Arduino 开发板的无线通信。元件包括 HC-05 蓝牙模块、Arduino 开发板和导线若干，电路如图 2-4 所示。

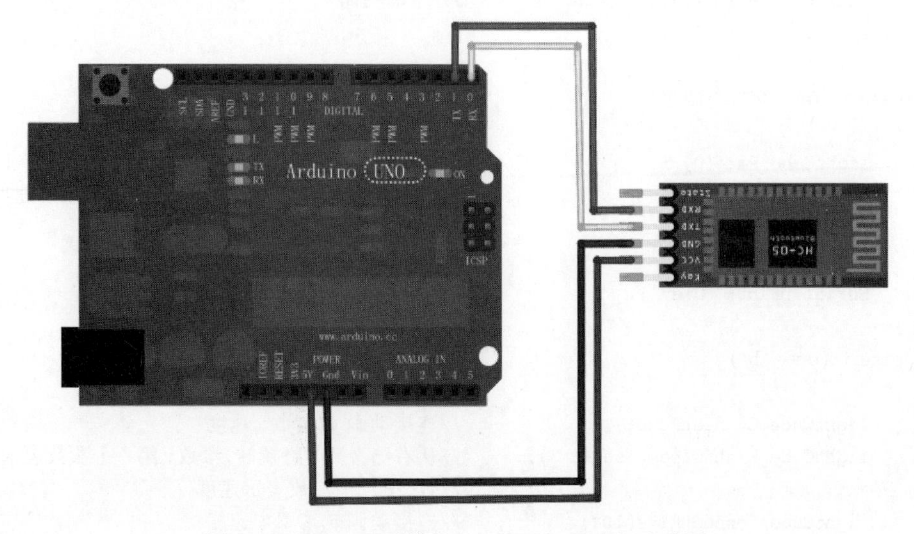

图 2-4 HC-05 蓝牙模块与 Arduino 开发板连线图

2. 相关代码

```
//HC-05 蓝牙模块进入 AT 模式,代码如下:
#include <SoftwareSerial.h>
//引脚 10 为 RX,接 HC-05 模块的 TXD
//引脚 11 为 TX,接 HC-05 模块的 RXD
SoftwareSerial BT(10, 11);
char val;
void setup() {
  Serial.begin(38400);
  Serial.println("BT is ready!");
  //HC-05 默认,38400
  BT.begin(38400);
}
void loop() {
  if (Serial.available()) {
    val = Serial.read();
    BT.print(val);
  }
  if (BT.available()) {
    val = BT.read();
    Serial.print(val);
  }
}
/
```

2.2.3 音乐频谱模块

本部分包括音乐频谱模块的功能介绍及相关代码。

1. 功能介绍

手机播放音乐,集成板在 Arduino 开发板驱动下,利用音频插座通过双头音频线与手机音频输出端口相连,采集音频,光立方利用 FFT 算法通过模数转换随音乐律动显示相应频谱。元件包括：音频插座、双头音频线、音频分流线、Arduino 开发板和导线若干。

2. 相关代码

```
#define u8 unsigned char
#define s8 signed char
#define u16 unsigned short
#define DEBUG 0                              //调试参数
#define DEBUG_OUTFFT 1                       //调试参数
#define LOG_OUT 1                            //使用日志输出函数
#define FFT_N 256                            //设置 FFT 点数为 256
#define COU4 4                               //FFT 取值
#define SHOW_MODE 0                          //显示模式
#include<FFT.h>
const int latchPin = 7;                      //RCK
const int clockPin = 6;                      //SCK
const int dataPin = 5;                       //SER
const int LightCube_col = 8;                 //显示列数量
const int LightCube_row = 8;                 //每列显示分辨率
const int samples = 1;                       //采样次
int allOn[64] = {};                          //每帧画面数据
u8 al[64] = {0};
int fft_data[8] = {};
const int fftData_noise[8] = {24, 10, 9, 7, 9, 8, 8, 5};
//根据 DEBUG_OUTFFT 参数调试输出的噪声值(无音频输入时的值)
void setup()
{
  pinMode(latchPin, OUTPUT);
  pinMode(clockPin, OUTPUT);
  pinMode(dataPin, OUTPUT);
  TIMSK0 = 0;
  ADCSRA = 0xe5;                             //设置模数转换为自由模式
  ADMUX = 0x40;                              //使用模数转换
  DIDR0 = 0x01;                              //关掉模数转换的数字输入
#if FASTADC
  sbi(ADCSRA, ADPS2)
  cbi(ADCSRA, ADPS1)
  cbi(ADCSRA, ADPS0)
#endif
  Serial.begin(115200);
  if (DEBUG)
     Serial.println("Begin...");
  delay(100);
}
void loop()
{
```

```
    switch (SHOW_MODE) {
      case 0:
        cube0(al, getFFT() , COU4);
        break;
      case 1:
        cube1(al, getFFT() , COU4);
        break;
      case 2:
        cub1(al, getFFT() , COU4);
        break;
      case 3:
        all(al, getFFT() , COU4);
        break;
    }
  }
  void storey(u8 * a)                         //层填充函数,控制某层灯点亮方式
  {
    u8 i, j, num;
    for (i = 0; i < 8; i++)
    {
      num = a[i];                             //将数组中数输入寄存器
      for (j = 0; j < 8; j++)                 //串行数据输入
      {
        if (num & 0x80)
          digitalWrite(dataPin, HIGH);        //SER 串行输入端口
        else
          digitalWrite(dataPin, LOW);
        digitalWrite(clockPin, LOW);          //上升沿,输入到移位寄存器
        delayMicroseconds(1);
        digitalWrite(clockPin, HIGH);
        num <<= 1;
      }
    }
  }
  void frame(u8 * a)                          //表示一帧,a 是一帧编码起始地址
              //v 表示一帧画面扫描的次数
              //可以看作这帧显示的时间
  {
    s8 i, j, num;                             //s8 有符号定义
    num = 0x01;
    for (i = 0; i < 8; i++)                   //层数控制
    {
      num <<= i;
      digitalWrite(latchPin, LOW);
      for (j = 0; j < 8; j++) {               //串行数据输入
        digitalWrite(dataPin, LOW);
        delayMicroseconds(1);
        digitalWrite(clockPin, LOW);          //上升沿,输入到移位寄存器
        delayMicroseconds(1);
        digitalWrite(clockPin, HIGH);
      }
```

```
        for (j = 0; j < 8; j++)                 //串行数据输入
        {
          if (num & 0x80)
            digitalWrite(dataPin, HIGH);        //SER 串行输入端口
          else
            digitalWrite(dataPin, LOW);
          digitalWrite(clockPin, LOW);          //上升沿,输入到移位寄存器
          delayMicroseconds(1);
          digitalWrite(clockPin, HIGH);
          num <<= 1;
        }
        storey(a + i * 8);                      //层填充函数,控制某层灯点亮方式
        digitalWrite(latchPin, HIGH);
        num = 0x01;
        delayMicroseconds(5);                   //层显示时间
    }
}
void frame(u8 * a, s8 v)                        //表示一帧,a 是一帧编码起始地址
              //v 表示一帧画面扫描的次数
              //可以看作这帧显示的时间
{
  s8 i, j, num;                                 //s8 有符号定义
  while (v-- )
{
    num = 0x01;
for (i = 0; i < 8; i++)                         //层数控制
  {
      num <<= i;
      digitalWrite(latchPin, LOW);
      for (j = 0; j < 8; j++)                   //串行数据输入
       {
        digitalWrite(dataPin, LOW);
        delayMicroseconds(1);
        digitalWrite(clockPin, LOW);            //上升沿,输入到移位寄存器
        delayMicroseconds(1);
        digitalWrite(clockPin, HIGH);
      }
      for (j = 0; j < 8; j++)                   //串行数据输入
      {
        if (num & 0x80)
          digitalWrite(dataPin, HIGH);          //SER 串行输入端口
        else
          digitalWrite(dataPin, LOW);
        digitalWrite(clockPin, LOW);            //上升沿,输入到移位寄存器
        delayMicroseconds(1);
        digitalWrite(clockPin, HIGH);
        num <<= 1;
      }
      storey(a + i * 8);                        //层填充函数,控制某层灯点亮方式
      digitalWrite(latchPin, HIGH);
      num = 0x01;
```

```
        delayMicroseconds(5);                    //层显示时间
      }
    }
}
void cube0(u8 *a, s8 n[8] , int c)            //正方体,外轮廓 0<n<=8,注意 n 不能为 0
{
  s8 i, j , k;
  n[c] /= samples;                             //采样取平均
  n[c] -= fftData_noise[c];                    //去噪声
  k = n[c];
  Serial.print(k);
  Serial.print("/");
  if (k > LightCube_row)                       //大于最大分辨率
  {
    k = LightCube_row;
  }
  if (!(k>0))                                  //值小
  {
    k = 0;
  }
  Serial.print(k);
  Serial.println(" ");
  for (i = 0; i<64; i++)
    a[i] = 0;
  j = 0xff >> (8 - k);
  a[0] = j;
  a[k - 1] = j;
  a[(k - 1) * 8] = j;
  a[(k - 1) * 8 + k - 1] = j;
  for (i = 0; i<k; i++)
  {
    j = (0x01 | (0x01 << (k - 1)));
    a[i * 8] |= j;
    a[i * 8 + k - 1] |= j;
    a[i] |= j;
    a[(k - 1) * 8 + i] |= j;
  }
  frame(a);
}
void cube1(u8 *a , s8 n[8] , int c)           //实心正方体 0<=n<=8
{
  s8 x, z, k;
  n[c] /= samples;                             //采样取平均
  n[c] -= fftData_noise[c];                    //去噪声
  k = n[c];
  Serial.print(k);
  Serial.print("/");
  if (k > LightCube_row)                       //大于最大分辨率
  {
    k = LightCube_row;
  }
```

```
  if (!(k > 0))                                  //值小
  {
    k = 0;
  }
  Serial.print(k);
  Serial.println(" ");
  for (z = 0; z < 8; z++)
    for (x = 0; x < 8; x++)
    {
      if (z < k && x < k)
        a[z * 8 + x ] = 0xff >> (8 - k);
      else
        a[z * 8 + x ] = 0;
    }
  frame(a);
}
void cub1(u8 *a , s8 n[8] , int c)           //实心正方体由下向上 0<=n<=8
{
  s8 x, z, k;
  n[c] /= samples;                               //采样取平均
  n[c] -= fftData_noise[c];                      //去噪声
  k = n[c];
  Serial.print(k);
  Serial.print("/");
  if (k > LightCube_row)                         //大于最大分辨率
{
    k = LightCube_row;
  }
  if (!(k > 0))                                  //值小
  {
    k = 0;
  }
  Serial.print(k);
  Serial.println(" ");
  for (z = 0; z < 8; z++)
  {
    for (x = 8 - k; x < 8; x++) {
      a[x * 8 + z] = 0xff;
   }
    for (x = 0; x < 8 - k; x++)
   {
      a[x * 8 + z] = 0x0;
    }
  }
  frame(a, 3);
}
void all(u8 *a , s8 n[8] , int c)            //0<=n<=8
{
  s8 x, z, k;

  n[c] /= samples;                               //采样取平均
```

```
  n[c] -= fftData_noise[c];                    //去噪声
  k = n[c];
  Serial.print(k);
  Serial.print("/");
  if (k > LightCube_row)                       //大于最大分辨率
  {
    k = LightCube_row;
  }
  if (!(k > 0))                                //值小
  {
    k = 0;
  }
  Serial.print(k);
  Serial.println(" ");
  for (z = 0; z < 8; z++)
  {
    for (x = 8 - k; x < 8; x++)
    {
      a[x * 8 + z] = 0xff;
    }
    for (x = 0; x < 8 - k; x++)
    {
      a[x * 8 + z] = 0x0;
    }
  }
  frame(a);
}
int getFFT()
{
  memset(fft_data, 0, sizeof(fft_data) / sizeof(int));
  for (int c = 0; c < samples; c++)            //频率采集
  {
    cli();
    for (int i = 0 ; i < FFT_N * 2 ; i += 2)
    {
      while (!(ADCSRA & 0x10));                //等待 ADC 做好准备
      ADCSRA = 0xf5;                           //重启 ADC
      byte m = ADCL;                           //获取 ADC 数据
      byte j = ADCH;
      int k = (j << 8) | m;
      k -= 0x0200;
      k <<= 6;
      fft_input[i] = k;                        //将真实数据放入偶数箱
      fft_input[i + 1] = 0;                    //将奇数箱设置为 0
    }
    fft_window();                              //窗口数据更好的频率响应
    fft_reorder();                             //在执行 FFT 之前重新排序数据
    fft_run();                                 //处理 FFT 中的数据
    fft_mag_log();                             //取 FFT 的输出
    sei();
    if (DEBUG)
```

```
    {
      Serial.println("start");
      for (byte f = 0 ; f < FFT_N / 2 ; f++)
     {
        Serial.print(fft_log_out[f]);     //输出数据
        Serial.print(" ");
      }
      Serial.println();
    }
    for (int n = 0; n < LightCube_col; n++)
    {
      int a val = 0;
      for (byte i = n * 16 ; i < (n + 1) * 16 , i++)  //128 个数据,8 个输出灯柱
                                          //故(128/8)16 个数据取平均值
      {
        a_val += fft_log_out[i];
      }
      a_val /= 16;                        //取平均值 ave/16
      a_val /= 2.5;                       //根据得到的值或显示效果,适当更改该值为 3
      fft_data[n] += a_val; //为消除噪声取平均值,将本次的数据放入平均值数组中对应的位置
    }
  }
  return fft_data;
}
```

2.2.4 输出模块

本部分包括输出模块的功能介绍及相关代码。

1. 功能介绍

LED 阵列作为屏幕,显示各种图案,通过 Arduino 开发板控制集成板的串行输入、寄存器、锁存器等实现信号的串入并出,用较少的串口来实现对八阶光立方的 64 个正极引脚和 8 个负极引脚的独立控制,其中 64 个正极引脚对应 64 列 LED,8 个负极引脚对应 8 层。元件包括:512 个 LED、1 个集成板、3 个开关、1 个电源座、1 个音频插座、排针若干、Arduino 开发板和导线若干,电路如图 2-5 所示。

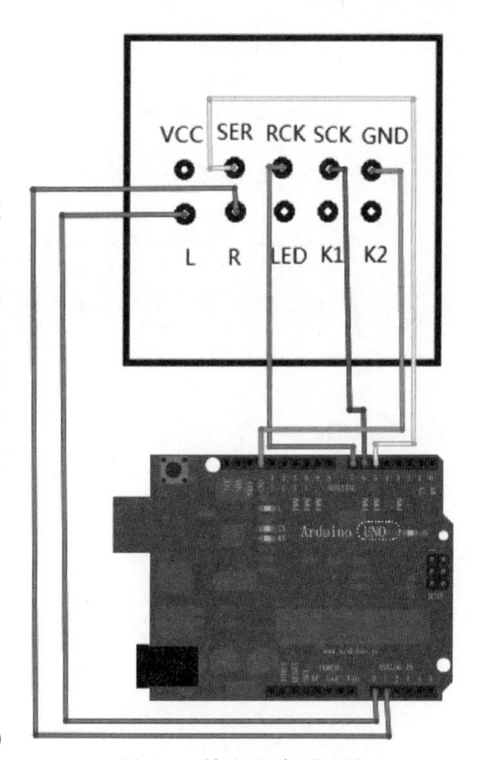

图 2-5 输出电路原理图

2. 相关代码

```
//蓝牙功能输出相关代码如下:
#include "Array.h"              //动画数组
#include "LightCube.h"
LightCube lightCube(5, 6, 7); //SER0 , SCK0 , RCK0
void setup() {
  Serial.begin(9600);
```

```
    lightCube.AllOff();                      //全部关闭
  }
  void loop() {
    while(Serial.available())
    {
      char c = Serial.read();
      if(c == 'c')                           //面旋转
      {
          lightCube.ConnectSeven(6);         //连接动画 7,参数: 速度
          lightCube.FanOne(2, 5);            //参数: 速度
          lightCube.FanTwo(2, 5);            //参数: 速度
          lightCube.RotateFace(1, 1, 4, 8);  //面中心旋转,参数: 第一个参数可为 1/0 表示空心/
                                             //实心,第二个参数可为 1/0 表示正转/反转,第三个参
                                             //数表示旋转次数,第四个参数表示速度
          lightCube.RotateHookFace(0, 4, 5); //曲面中心旋转,参数: 第一个参数可为 1/0 表示顺时
                                             //针旋转/逆时针旋转,第二个参数表示旋转次数,第
                                             //三个参数表示速度
          lightCube.RotateHookFace(1, 4, 5); //曲面旋转
          lightCube.RotateFaceC(1, 10);      //面侧边旋转,参数: 第一个参数表示旋转次数,第二个
                                             //参数表示速度
          lightCube.AllOff();                //全部关闭
          Serial.print(" Over");
      }
     else if(c == 'b')                       //沙漏
     {
          lightCube.Sandglass(2);            //沙漏,参数: 速度
          lightCube.PrintOpen(10);
          Serial.print(" Over");
     }
    else if(c == 'g')//I Love You
    {
      for (int num = 0; num < 4; num++)
      {
          lightCube.Print(print_tab + 8 * num);
      }
      Serial.print(" Over");
    }
    else if(c == 'e')                        //面扫描
    {
      lightCube.UtoDScan(10);                //由上至下依次点亮,参数: 速度
      lightCube.Up(1, 10);                   //由上而下扫描,由下而上一次点亮,参数: 第一个参数
                                             //表示旋转次数,第二个参数表示速度
      lightCube.DtoUScan(10);                //从下向上依次点亮,参数: 速度
      lightCube.LtoRScan(10);                //侧面从左向右依次点亮,参数: 速度
      lightCube.RtoLScan(10);                //侧面从右向左依次点亮,参数: 速度
      lightCube.FtoBScan(10);                //从前排向后排依次点亮,参数: 速度
      lightCube.BtoFScan(10);                //从后排向前排依次点亮,参数: 速度
      lightCube.AllOff();                    //全部关闭
      Serial.print(" Over");
    }
    else if(c == 'a')                        //烟花
```

```
    {
      lightCube.WaterOne(4, 5, 10);          //烟花 1,参数: 第一、第二个参数表示烟花 1 的 x 轴、y
                                             //轴坐标值,第三个参数表示速度
      lightCube.WaterTwo(2, 3, 6, 4, 10);    //烟花 2,参数: 第一、第二个参数表示烟花 1 的 x 轴、
                                             //y 轴坐标值,第三、第四个参数表示烟花 2 的 x 轴、y
                                             //轴坐标值,第五个参数表示速度
      lightCube.WaterThr(1, 4, 2, 6, 5, 7, 10); //烟花 3,参数: 第一、第二个参数表示烟花 1 的 x
                                                //轴、y 轴坐标值,第三、第四个参数表示烟花 2 的
                                                //x 轴、y 轴坐标值,第五、第六个参数表示烟花 3 的
                                                //x 轴、y 轴坐标值,第七个参数表示速度
      lightCube.AllOff();                    //全部关闭
      Serial.print(" Over");
    }
    else if(c == 'd')                        //雨水
    {
      lightCube.Rain(0, 5, 6);               //雨水动画,参数: 第一个参数可为 0/1 表示上/下,第
                                             //二个参数可为循环次数,第三个参数表示速度
      lightCube.Rain(1, 5, 6);               //雨水动画
      lightCube.AllOff();                    //全部关闭
      Serial.print(" Over");
    }
    else if(c == 'h')                        //周旋
    {
      lightCube.ConnectFour(7);              //连接动画 4,参数: 速度
      lightCube.RightClockwise(1, 5);        //右侧边顺时针旋转 参数: 第二个参数表示旋转周
                                             //数,第三个参数表示速度
      lightCube.ConnectFive(10);             //连接动画 5,参数: 速度
      lightCube.Anticlockwise(1, 5);         //anticlockwise 表示逆时针旋转,参数: 第二个参数
                                             //表示旋转周数,第三个参数表示速度
      lightCube.Clockwise(2, 5);             //clockwise 表示顺时针旋转,参数: 第二个参数表示
                                             //旋转周数,第三个参数表示速度
      Serial.print(" Over");
    }
    else if(c == 'f')                        //立方收缩
    {
      lightCube.ConnectThree(5);             //连接动画 3,参数: 速度
      lightCube.Cube(0, 0, 6);               //立方体动画,参数: 第一个参数可为 0/1 表示实/
                                             //空,第二个参数可为 0 /1 /2 /3,表示左上角/右上
                                             //角/左下角/右下角,第三个参数表示速度
      lightCube.Cube(1, 3, 10);              //立方体动画
      lightCube.Cube(0, 2, 10);              //立方体动画
      Serial.print(" Over");
    }
    else
    {
      lightCube.AllOn(50);                   //全部打开,参数: 速度
      lightCube.AllOff();                    //全部关闭
      Serial.print(" Over");
    }
  }
}
```

2.3 产品展示

整体外观如图 2-6 所示，左侧为光立方和集成板，右侧为 Arduino 开发板和 HC-05 蓝牙模块。

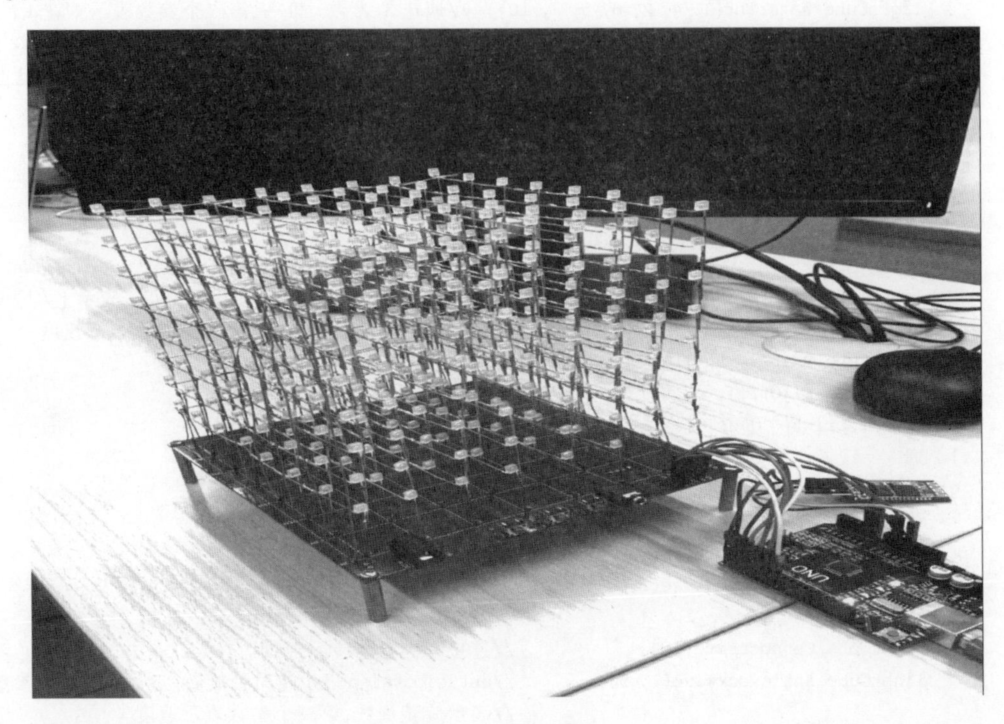

图 2-6 整体外观图

2.4 元件清单

完成本项目所用到的元件及数量如表 2-2 所示。

表 2-2 元件清单

元件/测试仪表	数 量
Arduino 开发板	1 个
HC-05 蓝牙模块	1 个
导线	若干
雾面 LED	512 个
开关	3 个
电源座	1 个
集成板	1 个
音频插座	1 个
排针	若干

第 3 章

乐光宝盒项目设计[①]

本项目基于 Arduino 开发平台，通过手机控制播放既定音乐，实现蓝牙音响的功能。

3.1 功能及总体设计

本项目利用超声波和蓝牙模块，通过改变障碍物与传感器之间的距离，形成虚拟琴键，完成乐器的基本功能。并与手机蓝牙相连，使用手机控制设备播放固定音乐，实现发光蓝牙音响功能。主要是将手机与蓝牙模块相连：手机下载串口助手，与蓝牙配对并成功连接，利用“蓝牙串口 SPP”发送指令。控制乐光宝盒的状态：手动演奏，遥控播放既定曲目，或者待机。当传感器探测到一个范围内，扬声器就发出一个相应的音调；探测到另一个范围内，扬声器就会发出另一个音调。同时，利用不同的 RGB 颜色配比，使不同的 LED 发出不同颜色的光。光线在镜子(底板)与单透膜(贴在外壳上)之间无限反射，实现“时空隧道”。同时，设备与手机蓝牙相连，通过手机控制设备放出固定音乐，伴随 LED 发出不同颜色的光。

要实现上述功能需将作品分成四部分进行设计，即输入部分、处理部分、传输部分和输出部分。输入部分选用了一个简易实用的超声波测距模块，固定在面包板上。用传感器测量超声波碰到障碍物再返回的时间。处理部分主要通过 C++ 程序实现，将时间数据转化为距离数据。Arduino 主芯片收到信息后，用公式计算出障碍物与传感器之间的距离(公式：距离＝时间×音速(340m/s)/2)。信号传输部分利用 Arduino 开发板按照不同的距离，主芯片发出不同频率的脉冲，使扬声器发出不同的音调、不同的 LED 发出不同颜色的光。输出部分使用 LED 和扬声器实现。

1. 整体框架图

整体框架如图 3-1 所示。

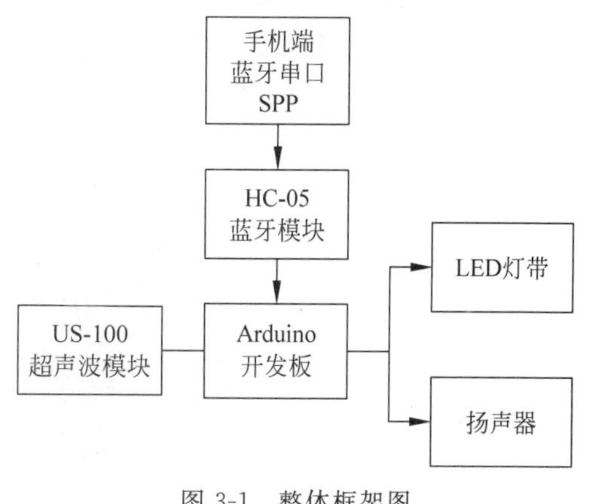

图 3-1　整体框架图

2. 系统流程图

系统流程如图 3-2 所示。

通过手机端发送数据，控制设备的状态。当从手机端输入“a”时，启动手动演奏模式，利用超声波模块测距，改变障碍物与模块间的距

---

① 本章根据刘禹汐、孙宜悦项目设计整理而成。

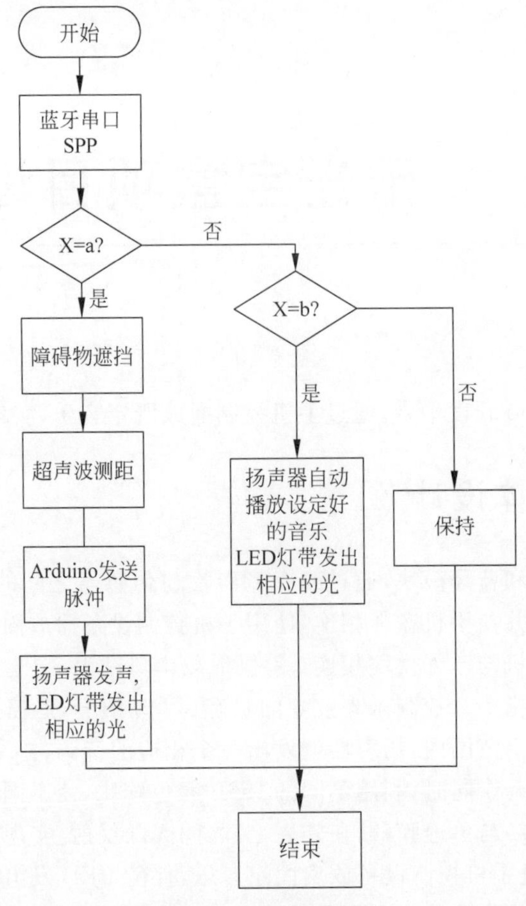

图 3-2 系统流程图

离,控制扬声器、LED 分别发出不同的音调和颜色；当从手机端输入"b"时,设备进入自动播放模式,播放既定曲目,伴随 LED 闪烁；当输入其他指令时,设备进入待机状态,不启动。

3. 总电路图

总电路如图 3-3 所示,引脚连接如表 3-1 所示。

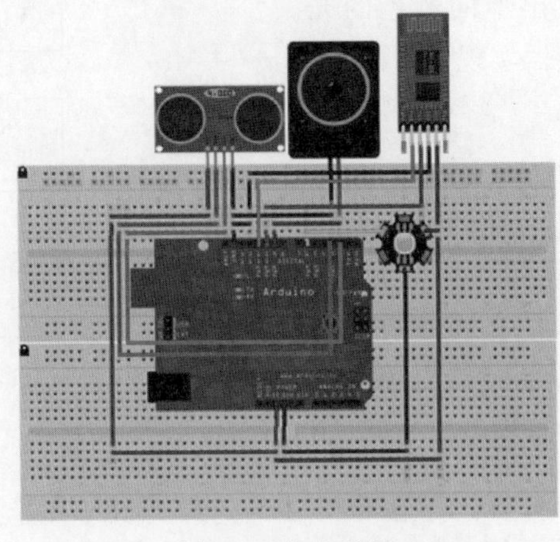

图 3-3 总电路图

表 3-1 引脚连接表

元件及引脚名		Arduino 开发板引脚
HC-05 蓝牙模块	TXD	10
	RXD	11
	VCC	5V
	GND	GND
超声波模块	VCC	5V
	GND	GND
	Trig	3
	Echo	2
扬声器	+	9
	−	GND
LED 灯带	VCC	5V
	GND	GND
	控制引脚	6

3.2 模块介绍

本项目主要包括主程序模块、US-100 模块、HC-05 模块和输出模块。下面分别给出各模块的功能介绍及相关代码。

3.2.1 主程序模块

本部分包括主程序模块的功能介绍及相关代码。

1. 功能介绍

此部分主要由 C++代码实现，进行了多次试验，改变距离变化范围，使其能较为准确清晰地改变音调。

2. 相关代码

```
#include <SoftwareSerial.h>
#include <Adafruit_NeoPixel.h>          //彩色 LED 库
https://download.csdn.net/download/u014313945/9653501
#define PIN 6                           //设置 LED 引脚
#define MAX_LED 60                      //特定的程序，最后一个数字是 LED 光带中数量
//Adafruit_NeoPixel strip = Adafruit_NeoPixel( MAX_LED, PIN, NEO_RGB + NEO_KHZ800 );
                                        //彩色 LED 库的内部设置
int a = 2;                              //将 Arduino 开发板的引脚 2 连接至 US-100 的 Echo/RX
int b = 3;                              //将 Arduino 开发板的引脚 3 连接至 US-100 的 Trig/TX
#include"shining.h"
#include"tone.h"
#include"sky.h"
#include"superwave.h"
//引脚 10 为 RX，接 HC-05 的 TXD
//引脚 11 为 TX，接 HC-05 的 RXD
SoftwareSerial BT(10, 11);              //R 接蓝牙 T，T 接蓝牙 R
```

```
char val;
void setup()
{
pinMode(a,INPUT);                    //设置 a 为输入模式
pinMode(b,OUTPUT);                   //设置 b 为输出模式
strip.begin();                       //启动 LED 函数库
strip.show();                        //使全部 LED 灭
void ledz();                         //使全部 LED 灭
void leda();                         //使全部 LED 亮,并发出大红色和红色的光
void ledb();                         //使全部 LED 发出淡蓝色和蓝绿色的光
void ledc();                         //使全部 LED 发出金黄色的光
void ledd();                         //使全部 LED 发出绿色的光
void lede();                         //使全部 LED 发出大红色的光
void ledf();                         //使全部 LED 发出湖蓝色和淡蓝的光
void ledg();                         //使全部 LED 发出绿色和橘黄色的光
void ledh();                         //使全部 LED 发出淡蓝色的光
void ledi();                         //使全部 LED 发出湖蓝色和浅蓝色的光
void ledj();                         //使全部 LED 发出红色和大红色的光
ledy();                  //使全部 LED 发出深蓝色、淡紫色、红色、橘黄色、金黄色、绿色、蓝绿色、
                         //天蓝色、紫色、大红色、橘红色、湖蓝色、淡蓝色、蓝色、浅蓝色的光
Serial.begin(38400);                 //设置波特率为 38400
pinMode(9, OUTPUT);
BT.begin(38400);
}
void loop()
{
   while (Serial.available()) {
   val = Serial.read();
   BT.write(val);
   Serial.print(val);
 }
 while (BT.available()) {
   val = BT.read();
   Serial.print(val);
 }
if(val == 'b')
{
   for (int thisNote = 0; thisNote < 80; thisNote++) {
    int noteDuration = 1000 / noteDurations[thisNote];
    tone(9, melody[thisNote], noteDuration);
    int pauseBetweenNotes = noteDuration * 1.30;
    delay(pauseBetweenNotes);
    noTone(9);
{
if(melody[thisNote] == NOTE_A3)      //当扬声器发出 A3 声调时,执行以下程序
{
ledz();                              //使全部 LED 灭
leda();                              //使全部 LED 亮,并发出大红色和红色的光
}
if(melody[thisNote] == NOTE_B3)
{
```

```
ledz();                         //使全部 LED 灭
ledb();                         //使全部 LED 发出淡蓝色和蓝绿色的光
}
if(melody[thisNote] == NOTE_C3)
{
ledz();                         //使全部 LED 灭
ledc();                         //使全部 LED 发出金黄色的光
}
if(melody[thisNote] == NOTE_D4)
{
ledz();                         //使全部 LED 灭
ledd();                         //使全部 LED 发出绿色的光
}
if(melody[thisNote] == NOTE_E3)
{
ledz();                         //使全部 LED 灭
lede();                         //使全部 LED 发出大红色的光
}
if(melody[thisNote] == NOTE_E4)
{
ledz();                         //使全部 LED 灭
ledf();                         //使全部 LED 发出湖蓝色和淡蓝色的光
}
if(melody[thisNote] == NOTE_F3)
{
ledz();                         //使全部 LED 灭
ledg();                         //使全部 LED 发出绿色和橘黄色的光
}
if(melody[thisNote] == NOTE_G3)
{
ledz();                         //使全部 LED 灭
ledh();                         //使全部 LED 发出淡蓝色的光
}
if(melody[thisNote] == NOTE_FS3)
{
ledz();                         //使全部 LED 灭
ledi();                         //使全部 LED 发出湖蓝色和浅蓝色的光
}
if(melody[thisNote] == NOTE_GS3)
{
ledz();                         //使全部 LED 灭
ledj();                         //使全部 LED 发出红色和大红色的光
}
          }
      }
  }
if(val == 'a')
{
  long c = 0;                   //脉冲时间
long d = 0;                     //脉冲距离
//通过 Trig/Pin 发送脉冲,触发 US - 100 测距
```

```
digitalWrite(b,LOW);                    //先拉低,以确保脉冲识别正确
delayMicroseconds(2);                   //等待 2μs
digitalWrite(b,HIGH);                   //开始通过 Trig/Pin 发送脉冲
delayMicroseconds(12);                  //设置脉冲宽度为 12μs (>10μs)
digitalWrite(b,LOW);                    //结束脉冲
c = pulseIn(a,HIGH);                    //计算 US-100 返回的脉冲时间
d = c*0.34/2;                           //距离 = 脉冲时间 * 声波的速度(340m/s)/2
if(d>50&&d<=150)                        //当脉冲距离>50mm 并且<=150 的时候,执行以下程序
{
ala();                                  //扬声器发出 A4 的音调
ledz();                                 //使全部 LED 灭
leda();                                 //使全部 LED 亮,并发出大红色和红色的光
}
if(d>150&&d<=200)
{
asi();                                  //扬声器发出 B4 的音调
ledz();                                 //使全部 LED 灭
ledb();                                 //使全部 LED 发出淡蓝色和蓝绿色的光
}
if(d>200&&d<=250)
{
bdo();                                  //扬声器发出 C5 的音调
ledz();                                 //使全部 LED 灭
ledc();                                 //使全部 LED 发出金黄色的光
}
if(d>250&&d<=300)
{
bre();                                  //扬声器发出 D5 的音调
ledz();                                 //使全部 LED 灭
ledd();                                 //使全部 LED 发出绿色的光
}
if(d>300&&d<=350)
{
bmi();                                  //扬声器发出 E6 的音调
ledz();                                 //使全部 LED 灭
lede();                                 //使全部 LED 发出大红色的光
}
if(d>350&&d<=400)
{
bfa();                                  //扬声器发出 F5 的音调
ledz();                                 //使全部 LED 灯灭
ledf();                                 //使全部 LED 发出湖蓝色和淡蓝色的光
}
if(d>400&&d<=450)
{
bso();                                  //扬声器发出 G5 的音调
ledz();                                 //使全部 LED 灭
ledg();                                 //使全部 LED 发出绿色和橘黄色的光
}
if(d>450&&d<=500)
{
```

```
bla();                          //扬声器发出 A5 的音调
ledz();                         //使全部 LED 灭
ledh();                         //使全部 LED 发出淡蓝色的光
}
if(d>500&&d<=550)
{
bsi();                          //扬声器发出 B5 的音调
ledz();                         //使全部 LED 灭
ledi();                         //使全部 LED 发出湖蓝色和浅蓝色的光
}
if(d>550&&d<=600)
{
cdo();                          //扬声器发出 C6 的音调
ledz();                         //使全部 LED 灭
ledj();                         //使全部 LED 发出红色和大红色的光
}
if(d>600&&d<=800)
{
cre();                          //扬声器发出 D6 的音调
ledz();                         //使全部 LED 灭
ledk();                         //使全部 LED 发出大红色和金黄色的光
}
if(d<=50)
{
noTone(9);
ledz();                         //使全部 LED 灭
ledy();                         //使全部 LED 发出深蓝色、淡紫色、红色、橘黄色、金黄色、
                                //绿色、蓝绿色、天蓝色、紫色、大红色、橘红色、湖蓝色、淡蓝
                                //色、蓝色、浅蓝色的光
}
if(d>800)
{
noTone(9);
ledz();                         //使全部 LED 灭
ledy();                         //使全部 LED 发出深蓝色、淡紫色、红色、橘黄色、金黄色、
                                //绿色、蓝绿色、天蓝色、紫色、大红色、橘红色、湖蓝色、淡蓝
                                //色、蓝色、浅蓝色的光
}
delay(400);                     // 每秒测量 2.5 次
  }
  }
```

3.2.2 US-100 模块

本部分包括 US-100 模块的功能介绍及相关代码。

1. 功能介绍

该模块测量超声波到障碍物返回的时间，传输到 Arduino 开发板处理，转化为距离数据，实现控制信号的功能。元件包括 US-100 模块、Arduino 开发板和导线若干，电路如图 3-4 所示。

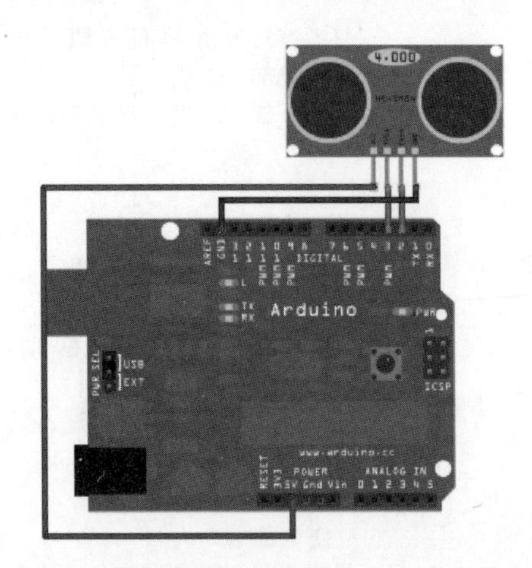

图 3-4　US-100 模块与 Arduino 开发板连线图

2. 相关代码

```
int a = 2;                       //将 Arduino 开发板引脚 2 连接至 US-100 的 Echo/RX
int b = 3;                       //将 Arduino 开发板引脚 3 连接至 US-100 的 Trig/TX
void setup() {
pinMode(a,INPUT);                //设置 a 为输入模式
pinMode(b,OUTPUT);               //设置 b 为输出模式
Serial.begin(9600);
}
void loop() {
long c = 0;                      //脉冲时间
long d = 0;                      //脉冲距离
//通过 Trig/Pin 发送脉冲,触发 US-100 测距
digitalWrite(b,LOW);             //先拉低,以确保脉冲识别正确
delayMicroseconds(2);            //等待 2μs
digitalWrite(b,HIGH);            //开始通过 Trig/Pin 发送脉冲
delayMicroseconds(12);           //设置脉冲宽度为 12μs (>10μs)
digitalWrite(b,LOW);             //结束脉冲
c = pulseIn(a,HIGH);             //计算 US-100 返回的脉冲时间
d = c*0.34/2;                    //距离 = 脉冲时间×声波的速度(340m/s)/2
delay(300);
Serial.print(d);
Serial.println("mm");
}
```

3.2.3 HC-05 模块

本部分包括 HC-05 模块的功能介绍及相关代码。

1. 功能介绍

设置进入 AT 模式后与手机相连,实现对设备功能的控制。

2. 相关代码

```
#include <SoftwareSerial.h>
//开发板引脚 10 为 RX,接 HC-05 的 TXD
```

```
//开发板引脚 11 为 TX,接 HC - 05 的 RXD
SoftwareSerial BT(8, 9);              //R 接蓝牙 T,T 接蓝牙 R
char val;
void setup() {
  Serial.begin(38400);
  Serial.println("BT is ready!");
  //HC - 05 默认,38400
  BT.begin(38400);
}
void loop() {
  while (Serial.available()) {
    val = Serial.read();
    BT.write(val);
    Serial.print(val);
  }
  while (BT.available()) {
    val = BT.read();
    Serial.print(val);
  }
}
```

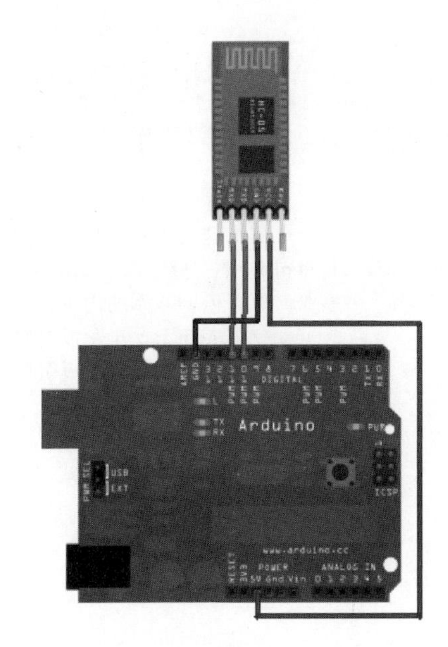

图 3-5　HC-05 模块与 Arduino 开发板连线图

3.2.4　输出模块

本部分包括输出模块的功能介绍及相关代码。

1. 功能介绍

输出声信号和光信号的步骤,通过 Arduino 开发板控制扬声器发出声调,LED 发出相应的光。元件包括 60 个 LED、US-100 模块、HC-05 模块、扬声器、面包板、Arduino 开发板和导线若干,电路连接如图 3-6 所示。

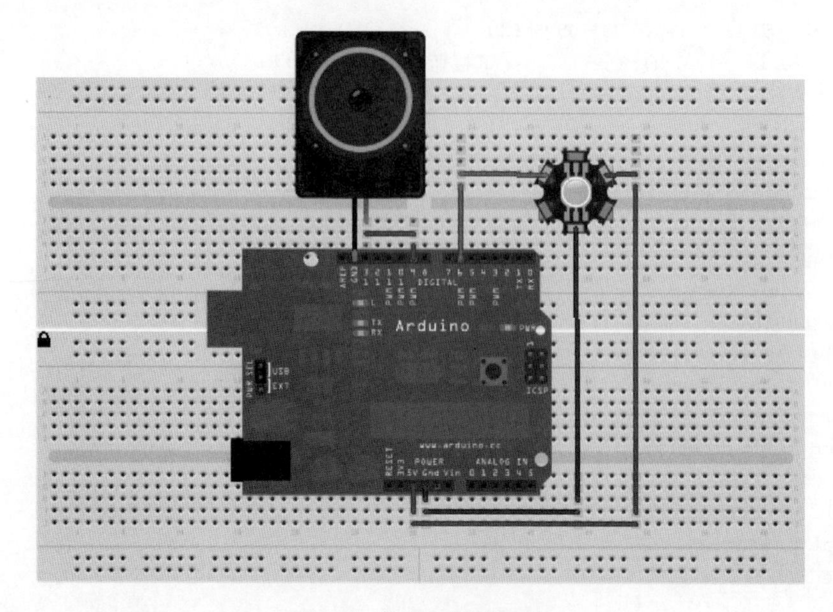

图 3-6 输出电路原理图

2. 相关代码

1）手动演奏模式

```
#include <Adafruit_NeoPixel.h>          //彩色 LED 库
#include"shining.h"
# define PIN 6                          //设置 LED 引脚
# define MAX_LED 60                     //特定的程序,最后一个数字是 LED 光带中 LED 的数量
Adafruit_NeoPixel strip = Adafruit_NeoPixel( MAX_LED, PIN, NEO_RGB + NEO_KHZ800 );
                                        //彩色 LED 库的内部设置
int a = 2;                              //将 Arduino 开发板引脚 2 连接至 US-100 的 Echo/RX
int b = 3;                              //将 Arduino 开发板引脚 3 连接至 US-100 的 Trig/TX
void setup() {
pinMode(a,INPUT);                       //设置 a 为输入模式
pinMode(b,OUTPUT);                      //设置 b 为输出模式
strip.begin();                          //启动 LED 函数库
strip.show();                           //将全部的 LED 灭掉
}
void loop() {
long c = 0;                             //脉冲时间
long d = 0;                             //脉冲距离
//通过 Trig/Pin 发送脉冲,触发 US-100 测距
digitalWrite(b,LOW);                    //先拉低,以确保脉冲识别正确
delayMicroseconds(2);                   //等待 2μs
digitalWrite(b,HIGH);                   //通过 Trig/Pin 发送脉冲
delayMicroseconds(12);                  //设置脉冲宽度为 12μs (>10μs)
digitalWrite(b,LOW);                    //结束脉冲
c = pulseIn(a,HIGH);                    //计算 US-100 返回的脉冲时间
d = c*0.34/2;                           //距离 = 脉冲时间 × 声波的速度(340m/s)/2
if(d>50&&d<=150)                        //当脉冲距离>50mm 并且<=150 的时候,执行以下程序
{
```

```
ala();                                  //扬声器发出 A4 的音调
ledz();                                 //使全部 LED 灭
leda();                                 //使全部 LED 发出红色和大红色的光
}
if(d>150&&d<=200)
{
asi();                                  //扬声器发出 B4 的音调
ledz();                                 //使全部 LED 灭
ledb();                                 //使全部 LED 发出淡蓝色和蓝绿色的光
}
if(d>200&&d<=250)
{
bdo();                                  //扬声器发出 C5 的音调
ledz();                                 //使全部 LED 灭
ledc();                                 //使全部 LED 发出金黄色的光
}
if(d>250&&d<=300)
{
bre();                                  //扬声器发出 D5 的音调
ledz();                                 //使全部 LED 灭
ledd();                                 //使全部 LED 发出绿色的光
}
if(d>300&&d<=350)
{
bmi();                                  //扬声器发出 E5 的音调
ledz();                                 //使全部 LED 灭
lede();                                 //使全部 LED 发出大红色的光
}
if(d>350&&d<=400)
{
bfa();                                  //扬声器发出 F5 的音调
ledz();                                 //使全部 LED 灭
ledf();                                 //使全部 LED 发出湖蓝色和淡蓝色的光
}
if(d>400&&d<=450)
{
bso();                                  //扬声器发出 G5 的音调
ledz();                                 //使全部 LED 灭
ledg();                                 //使全部 LED 发出绿色和橘黄色的光
}
if(d>450&&d<=500)
{
bla();                                  //扬声器发出 A5 的音调
ledz();                                 //使全部 LED 灭
ledh();                                 //使全部 LED 发出淡蓝色的光
}
if(d>500&&d<=550)
{
bsi();                                  //扬声器发出 B5 的音调
ledz();                                 //使全部 LED 灭
ledi();                                 //使全部 LED 发出湖蓝色和浅蓝色的光
```

```
}
if(d>550&&d<=600)
{
cdo();                    //扬声器发出 C6 的音调
ledz();                   //使全部 LED 灭
ledj();                   //使全部 LED 发出红色和大红色的光
}
if(d>600&&d<=800)
{
cre();                    //扬声器发出 D6 的音调
ledz();                   //使全部 LED 灭
ledk();                   //使全部 LED 发出大红色和金黄色的光
}
if(d<=50)
{
noTone(9);
ledz();                   //使全部 LED 灭
ledy();                   //使全部 LED 发出深蓝色、淡紫色、红色、橘黄色、金黄色、绿色、蓝绿色、天蓝色、
                          //紫色、大红色、橘红色、湖蓝色、淡蓝色、蓝色、浅蓝色的光
}
if(d>800)
{
noTone(9);
ledz();                   //使全部 LED 灭
ledy();                   //使全部 LED 发出深蓝色、淡紫色、红色、橘黄色、金黄色、绿色、蓝绿色、天蓝
                          //色、紫色、大红色、橘红色、湖蓝色、淡蓝色、蓝色、浅蓝色的光
}
delay(400);               //每秒测量 2.5 次
}
void ala()                //设置一个函数:以后想要使用{ }里程序的话,可以直接打函数名,如:ala
{
tone(9,440);              //声音函数(LED 引脚频率)发出 A4 的音调
}
void asi()
{
tone(9,493);              //发出 B4 的音调
}
void bdo()
{
tone(9,523);              //发出 C5 的音调
}
void bre()
{
tone(9,587);              //发出 D5 的音调
}
void bmi()
{
tone(9,659);              //发出 E5 的音调
}
void bfa()
{
```

```
tone(9,698);                    //发出 F5 的音调
}
void bso()
{
tone(9,784);                    //发出 G5 的音调
}
void bla()
{
tone(9,880);                    //发出 A5 的音调
}
void bsi()
{
tone(9,988);                    //发出 D5 的音调
}
void cdo()
{
tone(9,1046);                   //发出 C6 的音调
}
void cre()
{
tone(9,1175);                   //发出 D6 的音调
}
```

2)自动播放模式

```
#include"shining.h"
#define NOTE_B0 31              //....7
#define NOTE_C1 33              //...1
#define NOTE_CS1 35
#define NOTE_D1 37              //...2
#define NOTE_DS1 39
#define NOTE_E1 41              //...3
#define NOTE_F1 44              //...4
#define NOTE_FS1 46
#define NOTE_G1 49              //...5
#define NOTE_GS1 52
#define NOTE_A1 55              //...6
#define NOTE_AS1 58
#define NOTE_B1 62              //...7
#define NOTE_C2 65              //..1
#define NOTE_CS2 69
#define NOTE_D2 73              //..2
#define NOTE_DS2 78
#define NOTE_E2 82              //..3
#define NOTE_F2 87              //..4
#define NOTE_FS2 93
#define NOTE_G2 98              //..5
#define NOTE_GS2 104
#define NOTE_A2 110             //..6
#define NOTE_AS2 117
#define NOTE_B2 123             //..7
```

```
#define NOTE_C3 131              //.1
#define NOTE_CS3 139
#define NOTE_D3 147              //.2
#define NOTE_DS3 156
#define NOTE_E3 165              //.3
#define NOTE_F3 175              //.4
#define NOTE_FS3 185
#define NOTE_G3 196              //.5
#define NOTE_GS3 208
#define NOTE_A3 220              //.6
#define NOTE_AS3 233
#define NOTE_B3 247              //.7
#define NOTE_C4 262              //1
#define NOTE_CS4 277
#define NOTE_D4 294              //2
#define NOTE_DS4 311
#define NOTE_E4 330              //3
#define NOTE_F4 349              //4
#define NOTE_FS4 370
#define NOTE_G4 392              //5
#define NOTE_GS4 415
#define NOTE_A4 440              //6
#define NOTE_AS4 466
#define NOTE_B4 494              //7
#define NOTE_C5 523              //1.
#define NOTE_CS5 554
#define NOTE_D5 587              //2.
#define NOTE_DS5 622
#define NOTE_E5 659              //3.
#define NOTE_F5 698              //4.
#define NOTE_FS5 740
#define NOTE_G5 784              //5.
#define NOTE_GS5 831
#define NOTE_A5 880              //6.
#define NOTE_AS5 932
#define NOTE_B5 988              //7.
#define NOTE_C6 1047             //1..
#define NOTE_CS6 1109
#define NOTE_D6 1175             //2..
#define NOTE_DS6 1245
#define NOTE_E6 1319             //3..
#define NOTE_F6 1397             //4..
#define NOTE_FS6 1480
#define NOTE_G6 1568             //5..
#define NOTE_GS6 1661
#define NOTE_A6 1760             //6..
#define NOTE_AS6 1865
#define NOTE_B6 1976             //7..
#define NOTE_C7 2093             //1...
#define NOTE_CS7 2217
#define NOTE_D7 2349             //2...
```

```
#define NOTE_DS7 2489
#define NOTE_E7 2637                        //3...
#define NOTE_F7 2794                        //4...
#define NOTE_FS7 2960
#define NOTE_G7 3136                        //5...
#define NOTE_GS7 3322
#define NOTE_A7 3520                        //6...
#define NOTE_AS7 3729
#define NOTE_B7 3951                        //7...
#define NOTE_C8 4186                        //1....
#define NOTE_CS8 4435
#define NOTE_D8 4699                        //2....
#define NOTE_DS8 4978
int melody[] = {
  NOTE_A3,                                  //.6
  NOTE_B3,                                  //.7
  NOTE_C4,                                  //1
  NOTE_C4,                                  //1
  NOTE_B3,                                  //.7
  NOTE_C4,                                  //1
  NOTE_E4,                                  //3
  NOTE_B3,                                  //.7
  NOTE_B3,                                  //.7
  NOTE_B3,                                  //.7
  NOTE_E3,                                  //.3
  NOTE_A3,                                  //.6
  NOTE_A3,                                  //.6
  NOTE_G3,                                  //.5
  NOTE_A3,                                  //.6
  NOTE_C4,                                  //1
  NOTE_G3,                                  //.5
  NOTE_G3,                                  //.5
  NOTE_G3,                                  //.5
  NOTE_E3,                                  //.3
  NOTE_F3,                                  //.4
  NOTE_F3,                                  //.4
  NOTE_E3,                                  //.3
  NOTE_F3,                                  //.4
  NOTE_C4,                                  //1
  NOTE_C4,                                  //1
  NOTE_E3,                                  //.3
  NOTE_E3,                                  //.3
  NOTE_E3,                                  //.3
  NOTE_C4,                                  //1
  NOTE_B3,                                  //.7
  NOTE_B3,                                  //.7
  NOTE_FS3,                                 //.4#
  NOTE_FS3,                                 //.4#
  NOTE_B3,                                  //.7
  NOTE_B3,                                  //.7
  NOTE_B3,                                  //.7
```

```
  0,
  NOTE_A3,                              //.6
  NOTE_B3,                              //.7
  NOTE_C4,                              //1
  NOTE_C4,                              //1
  NOTE_B3,                              //.7
  NOTE_C4,                              //1
  NOTE_E4,                              //3
  NOTE_B3,                              //.7
  NOTE_B3,                              //.7
  NOTE_B3,                              //.7
  NOTE_E3,                              //.3
  NOTE_E3,                              //.3
  NOTE_A3,                              //.6
  NOTE_C4,                              //1
  NOTE_G3,                              //.5
  NOTE_A3,                              //.6
  NOTE_C4,                              //1
  NOTE_G3,                              //.5
  NOTE_G3,                              //.5
  NOTE_G3,                              //.5
  NOTE_E3,                              //.3
  NOTE_F3,                              //.4
  NOTE_C4,                              //1
  NOTE_B3,                              //.7
  NOTE_B3,                              //.7
  NOTE_C4,                              //1
  NOTE_D4,                              //2
  NOTE_E4,                              //3
  NOTE_C4,                              //1
  NOTE_C4,                              //1
  0,
  NOTE_C4,                              //1
  NOTE_B3,                              //.7
  NOTE_A3,                              //.6
  NOTE_B3,                              //.7
  NOTE_GS3,                             //.5#
  NOTE_A3,                              //.6
  NOTE_A3,                              //.6
  0,
  NOTE_C4,                              //1
  NOTE_D4,                              //2;
int noteDurations[79] = {
 8,8,
  4,8,8,4,4,
  4,4,4,4,
  4,8,8,4,4,
  4,4,4,4,
  4,8,8,8,8,4,
  4,4,4,4,
  4,8,8,4,4,
```

```
  4,4,4,8,8,
  4,8,8,4,4,
  4,4,4,8,8,
  4,8,8,4,4,
  4,4,4,4,
  4,8,8,4,4,
  4,8,4,4,8,
  8,8,4,4,4,
  4,4,4,8,8, };
void setup() {
   for (int thisNote = 0; thisNote < 79; thisNote++)
 {
    int noteDuration = 1000/noteDurations[thisNote];
    tone(9, melody[thisNote],noteDuration);
    int pauseBetweenNotes = noteDuration * 1.30;
    delay(pauseBetweenNotes);
    noTone(9);
{
if(melody[thisNote] == NOTE_A3)          //当扬声器发出 A3 声调时,执行以下程序
{
ledz();                                  //使全部 LED 灭
leda();                                  //使全部 LED 亮,并发出大红色和红色的光
}
if(melody[thisNote] == NOTE_B3)
{
ledz();                                  //使全部 LED 灭
ledb();                                  //使全部 LED 发出淡蓝色和蓝绿色的光
}
if(melody[thisNote] == NOTE_C3)
{
ledz();                                  //使全部 LED 灭
ledc();                                  //使全部 LED 发出金黄色的光
}
if(melody[thisNote] == NOTE_D4)
{
ledz();                                  //使全部 LED 灭
ledd();                                  //使全部 LED 发出绿色的光
}
if(melody[thisNote] == NOTE_E3)
{
ledz();                                  //使全部 LED 灭
lede();                                  //使全部 LED 发出大红色的光
}
if(melody[thisNote] == NOTE_E4)
{
ledz();                                  //使全部 LED 灭
ledf();                                  //使全部 LED 发出湖蓝色和淡蓝色的光
}
if(melody[thisNote] == NOTE_F3)
{
ledz();                                  //使全部 LED 灭
```

```
ledg();                         //使全部 LED 发出绿色和橘黄色的光
}
if(melody[thisNote] == NOTE_G3)
{
ledz();                         //使全部 LED 灭
ledh();                         //使全部 LED 发出淡蓝色的光
}
if(melody[thisNote] == NOTE_FS3)
{
ledz();                         //使全部 LED 灭
ledi();                         //使全部 LED 发出湖蓝和浅蓝的光
}
if(melody[thisNote] == NOTE_GS3)
{
ledz();                         //使全部 LED 灭
ledj();                         //使全部 LED 发出红色和大红色的光
}
}
  }
}
```

3）引用的 shining.h 文件

```
#include <Adafruit_NeoPixel.h>        //彩色 LED 库
#include"tone.h"
# define PIN 6                        //设置 LED 引脚
# define MAX_LED 60                   //特定的程序,最后一个数字是 LED 光带中的数量
Adafruit_NeoPixel strip = Adafruit_NeoPixel( MAX_LED, PIN, NEO_RGB + NEO_KHZ800 );
                                      //彩色 LED 库的内部设置
void ledj()                           //使全部 LED 发出红色和大红色的光
{
//颜色变量设置
uint32_t a = strip.Color(191,0,255);   //深蓝色
uint32_t b = strip.Color(112,218,214); //淡紫色
uint32_t m = strip.Color(0,120,0);     //红色色
uint32_t n = strip.Color(69,255,0);    //橘黄色
uint32_t e = strip.Color(255,255,0);   //金黄色
uint32_t f = strip.Color(139,34,34);   //绿色色
uint32_t g = strip.Color(255,0,255);   //蓝绿色
uint32_t h = strip.Color(0,0,255);     //天蓝色
uint32_t i = strip.Color(0,128,128);   //紫色
uint32_t j = strip.Color(0,255,0);     //大红色
uint32_t k = strip.Color(165,255,0);   //橘红色
uint32_t o = strip.Color(111,0,175);   //湖蓝色
uint32_t p = strip.Color(31,0,95);     //淡蓝色
uint32_t q = strip.Color(85,85,0);     //蓝色
uint32_t r = strip.Color(25,25,0);     //浅蓝色
//设置 LED 发出的颜色
strip.setPixelColor(0, j);
strip.setPixelColor(1, m);
strip.setPixelColor(2, j);
```

```
strip.setPixelColor(3, m);
strip.setPixelColor(4, j);
strip.setPixelColor(5, m);
strip.setPixelColor(6, j);
strip.setPixelColor(7, m);
strip.setPixelColor(8, j);
strip.setPixelColor(9, m);
strip.setPixelColor(10, j);
strip.setPixelColor(11, m);
strip.setPixelColor(12, j);
strip.setPixelColor(13, m);
strip.setPixelColor(14, j);
strip.setPixelColor(15, m);
strip.setPixelColor(16, j);
strip.setPixelColor(17, m);
strip.setPixelColor(18, j);
strip.setPixelColor(19, m);
strip.setPixelColor(20, j);
strip.setPixelColor(21, m);
strip.setPixelColor(22, j);
strip.setPixelColor(23, m);
strip.setPixelColor(24, j);
strip.setPixelColor(25, m);
strip.setPixelColor(26, j);
strip.setPixelColor(27, m);
strip.setPixelColor(28, j);
strip.setPixelColor(29, m);
strip.setPixelColor(30, j);
strip.setPixelColor(31, m);
strip.setPixelColor(32, j);
strip.setPixelColor(33, m);
strip.setPixelColor(34, j);
strip.setPixelColor(35, m);
strip.setPixelColor(36, j);
strip.setPixelColor(37, m);
strip.setPixelColor(38, j);
strip.setPixelColor(39, m);
strip.setPixelColor(40, j);
strip.setPixelColor(41, m);
strip.setPixelColor(42, j);
strip.setPixelColor(43, m);
strip.setPixelColor(44, j);
strip.setPixelColor(45, m);
strip.setPixelColor(46, j);
strip.setPixelColor(47, m);
strip.setPixelColor(48, j);
strip.setPixelColor(49, m);
strip.setPixelColor(50, j);
strip.setPixelColor(51, m);
strip.setPixelColor(52, j);
strip.setPixelColor(53, m);
```

```
strip.setPixelColor(54, j);
strip.setPixelColor(55, m);
strip.setPixelColor(56, j);
strip.setPixelColor(57, m);
strip.setPixelColor(58, j);
strip.setPixelColor(59, m);
strip.show();
}
void ledi()                                         //使全部 LED 发出湖蓝色和浅蓝色的光
{
//颜色变量设置:
uint32_t a = strip.Color(191,0,255);                //深蓝色
uint32_t b = strip.Color(112,218,214);              //淡紫色
uint32_t m = strip.Color(0,120,0);                  //红色
uint32_t n = strip.Color(69,255,0);                 //橘黄色
uint32_t e = strip.Color(255,255,0);                //金黄色
uint32_t f = strip.Color(139,34,34);                //绿色
uint32_t g = strip.Color(255,0,255);                //蓝绿色
uint32_t h = strip.Color(0,0,255);                  //天蓝色
uint32_t i = strip.Color(0,128,128);                //紫色
uint32_t j = strip.Color(0,255,0);                  //大红色
uint32_t k = strip.Color(165,255,0);                //橘红色
uint32_t o = strip.Color(111,0,175);                //湖蓝色
uint32_t p = strip.Color(31,0,95);                  //淡蓝色
uint32_t q = strip.Color(85,85,0);                  //蓝色
uint32_t r = strip.Color(25,25,0);                  //浅蓝色
strip.setPixelColor(0, o);
strip.setPixelColor(1, r);
strip.setPixelColor(2, o);
strip.setPixelColor(3, r);
strip.setPixelColor(4, o);
strip.setPixelColor(5, r);
strip.setPixelColor(6, o);
strip.setPixelColor(7, r);
strip.setPixelColor(8, o);
strip.setPixelColor(9, r);
strip.setPixelColor(10, o);
strip.setPixelColor(11, r);
strip.setPixelColor(12, o);
strip.setPixelColor(13, r);
strip.setPixelColor(14, o);
strip.setPixelColor(15, r);
strip.setPixelColor(16, o);
strip.setPixelColor(17, r);
strip.setPixelColor(18, o);
strip.setPixelColor(19, r);
strip.setPixelColor(20, o);
strip.setPixelColor(21, r);
strip.setPixelColor(22, o);
strip.setPixelColor(23, r);
strip.setPixelColor(24, o);
```

```
strip.setPixelColor(25, r);
strip.setPixelColor(26, o);
strip.setPixelColor(27, r);
strip.setPixelColor(28, o);
strip.setPixelColor(29, r);
strip.setPixelColor(30, o);
strip.setPixelColor(31, r);
strip.setPixelColor(32, o);
strip.setPixelColor(33, r);
strip.setPixelColor(34, o);
strip.setPixelColor(35, r);
strip.setPixelColor(36, o);
strip.setPixelColor(37, r);
strip.setPixelColor(38, o);
strip.setPixelColor(39, r);
strip.setPixelColor(40, o);
strip.setPixelColor(41, r);
strip.setPixelColor(42, o);
strip.setPixelColor(43, r);
strip.setPixelColor(44, o);
strip.setPixelColor(45, r);
strip.setPixelColor(46, o);
strip.setPixelColor(47, r);
strip.setPixelColor(48, o);
strip.setPixelColor(49, r);
strip.setPixelColor(50, o);
strip.setPixelColor(51, r);
strip.setPixelColor(52, o);
strip.setPixelColor(53, r);
strip.setPixelColor(54, o);
strip.setPixelColor(55, r);
strip.setPixelColor(56, o);
strip.setPixelColor(57, r);
strip.setPixelColor(58, o);
strip.setPixelColor(59, r);
strip.show();
}
void ledh()                                   //使全部LED发出淡蓝色的光
{
//颜色变量设置:
uint32_t a = strip.Color(191,0,255);          //深蓝色
uint32_t b = strip.Color(112,218,214);        //淡紫色
uint32_t m = strip.Color(0,120,0);            //红色
uint32_t n = strip.Color(69,255,0);           //橘黄色
uint32_t e = strip.Color(255,255,0);          //金黄色
uint32_t f = strip.Color(139,34,34);          //绿色
uint32_t g = strip.Color(255,0,255);          //蓝绿色
uint32_t h = strip.Color(0,0,255);            //天蓝色
uint32_t i = strip.Color(0,128,128);          //紫色
uint32_t j = strip.Color(0,255,0);            //大红色
uint32_t k = strip.Color(165,255,0);          //橘红色
```

```
uint32_t o = strip.Color(111,0,175);                  //湖蓝色
uint32_t p = strip.Color(31,0,95);                    //淡蓝色
uint32_t q = strip.Color(85,85,0);                    //蓝色
uint32_t r = strip.Color(25,25,0);                    //浅蓝色
strip.setPixelColor(0, p);
strip.setPixelColor(1, p);
strip.setPixelColor(2, p);
strip.setPixelColor(3, p);
strip.setPixelColor(4, p);
strip.setPixelColor(5, p);
strip.setPixelColor(6, p);
strip.setPixelColor(7, p);
strip.setPixelColor(8, p);
strip.setPixelColor(9, p);
strip.setPixelColor(10, p);
strip.setPixelColor(11, p);
strip.setPixelColor(12, p);
strip.setPixelColor(13, p);
strip.setPixelColor(14, p);
strip.setPixelColor(15, p);
strip.setPixelColor(16, p);
strip.setPixelColor(17, p);
strip.setPixelColor(18, p);
strip.setPixelColor(19, p);
strip.setPixelColor(20, p);
strip.setPixelColor(21, p);
strip.setPixelColor(22, p);
strip.setPixelColor(23, p);
strip.setPixelColor(24, p);
strip.setPixelColor(25, p);
strip.setPixelColor(26, p);
strip.setPixelColor(27, p);
strip.setPixelColor(28, p);
strip.setPixelColor(29, p);
strip.setPixelColor(30, p);
strip.setPixelColor(31, p);
strip.setPixelColor(32, p);
strip.setPixelColor(33, p);
strip.setPixelColor(34, p);
strip.setPixelColor(35, p);
strip.setPixelColor(36, p);
strip.setPixelColor(37, p);
strip.setPixelColor(38, p);
strip.setPixelColor(39, p);
strip.setPixelColor(40, p);
strip.setPixelColor(41, p);
strip.setPixelColor(42, p);
strip.setPixelColor(43, p);
strip.setPixelColor(44, p);
strip.setPixelColor(45, p);
strip.setPixelColor(46, p);
```

```
strip.setPixelColor(47, p);
strip.setPixelColor(48, p);
strip.setPixelColor(49, p);
strip.setPixelColor(50, p);
strip.setPixelColor(51, p);
strip.setPixelColor(52, p);
strip.setPixelColor(53, p);
strip.setPixelColor(54, p);
strip.setPixelColor(55, p);
strip.setPixelColor(56, p);
strip.setPixelColor(57, p);
strip.setPixelColor(58, p);
strip.setPixelColor(59, p);
strip.show();
}
void ledg()                                          //使全部 LED 发出绿色和橘黄色的光
{
//颜色变量设置:
uint32_t a = strip.Color(191,0,255);                 //深蓝色
uint32_t b = strip.Color(112,218,214);               //淡紫色
uint32_t m = strip.Color(0,120,0);                   //红色
uint32_t n = strip.Color(69,255,0);                  //橘黄色
uint32_t e = strip.Color(255,255,0);                 //金黄色
uint32_t f = strip.Color(139,34,34);                 //绿色
uint32_t g = strip.Color(255,0,255);                 //蓝绿色
uint32_t h = strip.Color(0,0,255);                   //天蓝色
uint32_t i = strip.Color(0,128,128);                 //紫色
uint32_t j = strip.Color(0,255,0);                   //大红色
uint32_t k = strip.Color(165,255,0);                 //橘红色
uint32_t o = strip.Color(111,0,175);                 //湖蓝色
uint32_t p = strip.Color(31,0,95);                   //淡蓝色
uint32_t q = strip.Color(85,85,0);                   //蓝色
uint32_t r = strip.Color(25,25,0);                   //浅蓝色
strip.setPixelColor(0, n);
strip.setPixelColor(1, f);
strip.setPixelColor(2, n);
strip.setPixelColor(3, f);
strip.setPixelColor(4, n);
strip.setPixelColor(5, f);
strip.setPixelColor(6, n);
strip.setPixelColor(7, f);
strip.setPixelColor(8, n);
strip.setPixelColor(9, f);
strip.setPixelColor(10, n);
strip.setPixelColor(11, f);
strip.setPixelColor(12, n);
strip.setPixelColor(13, f);
strip.setPixelColor(14, n);
strip.setPixelColor(15, f);
strip.setPixelColor(16, n);
strip.setPixelColor(17, f);
```

```
strip.setPixelColor(18, n);
strip.setPixelColor(19, f);
strip.setPixelColor(20, n);
strip.setPixelColor(21, f);
strip.setPixelColor(22, n);
strip.setPixelColor(23, f);
strip.setPixelColor(24, n);
strip.setPixelColor(25, f);
strip.setPixelColor(26, n);
strip.setPixelColor(27, f);
strip.setPixelColor(28, n);
strip.setPixelColor(29, f);
strip.setPixelColor(30, n);
strip.setPixelColor(31, f);
strip.setPixelColor(32, n);
strip.setPixelColor(33, f);
strip.setPixelColor(34, n);
strip.setPixelColor(35, f);
strip.setPixelColor(36, n);
strip.setPixelColor(37, f);
strip.setPixelColor(38, n);
strip.setPixelColor(39, f);
strip.setPixelColor(40, n);
strip.setPixelColor(41, f);
strip.setPixelColor(42, n);
strip.setPixelColor(43, f);
strip.setPixelColor(44, n);
strip.setPixelColor(45, f);
strip.setPixelColor(46, n);
strip.setPixelColor(47, f);
strip.setPixelColor(48, n);
strip.setPixelColor(49, f);
strip.setPixelColor(50, n);
strip.setPixelColor(51, f);
strip.setPixelColor(52, n);
strip.setPixelColor(53, f);
strip.setPixelColor(54, n);
strip.setPixelColor(55, f);
strip.setPixelColor(56, n);
strip.setPixelColor(57, f);
strip.setPixelColor(58, n);
strip.setPixelColor(59, f);
strip.show();
}
void ledf()                                   //使全部LED发出湖蓝色和淡蓝色的光
{
//颜色变量设置:
uint32_t a = strip.Color(191,0,255);          //深蓝色
uint32_t b = strip.Color(112,218,214);        //淡紫色
uint32_t m = strip.Color(0,120,0);            //红色
uint32_t n = strip.Color(69,255,0);           //橘黄色
```

```
uint32_t e = strip.Color(255,255,0);                //金黄色
uint32_t f = strip.Color(139,34,34);                //绿色
uint32_t g = strip.Color(255,0,255);                //蓝绿色
uint32_t h = strip.Color(0,0,255);                  //天蓝色
uint32_t i = strip.Color(0,128,128);                //紫色
uint32_t j = strip.Color(0,255,0);                  //大红色
uint32_t k = strip.Color(165,255,0);                //橘红色
uint32_t o = strip.Color(111,0,175);                //湖蓝色
uint32_t p = strip.Color(31,0,95);                  //淡蓝色
uint32_t q = strip.Color(85,85,0);                  //蓝色
uint32_t r = strip.Color(25,25,0);                  //浅蓝色
strip.setPixelColor(0, o);
strip.setPixelColor(1, p);
strip.setPixelColor(2, o);
strip.setPixelColor(3, p);
strip.setPixelColor(4, o);
strip.setPixelColor(5, p);
strip.setPixelColor(6, o);
strip.setPixelColor(7, p);
strip.setPixelColor(8, o);
strip.setPixelColor(9, p);
strip.setPixelColor(10, o);
strip.setPixelColor(11, p);
strip.setPixelColor(12, o);
strip.setPixelColor(13, p);
strip.setPixelColor(14, o);
strip.setPixelColor(15, p);
strip.setPixelColor(16, o);
strip.setPixelColor(17, p);
strip.setPixelColor(18, o);
strip.setPixelColor(19, p);
strip.setPixelColor(20, o);
strip.setPixelColor(21, p);
strip.setPixelColor(22, o);
strip.setPixelColor(23, p);
strip.setPixelColor(24, o);
strip.setPixelColor(25, p);
strip.setPixelColor(26, o);
strip.setPixelColor(27, p);
strip.setPixelColor(28, o);
strip.setPixelColor(29, p);
strip.setPixelColor(30, o);
strip.setPixelColor(31, p);
strip.setPixelColor(32, o);
strip.setPixelColor(33, p);
strip.setPixelColor(34, o);
strip.setPixelColor(35, p);
strip.setPixelColor(36, o);
strip.setPixelColor(37, p);
strip.setPixelColor(38, o);
strip.setPixelColor(39, p);
```

```
strip.setPixelColor(40, o);
strip.setPixelColor(41, p);
strip.setPixelColor(42, o);
strip.setPixelColor(43, p);
strip.setPixelColor(44, o);
strip.setPixelColor(45, p);
strip.setPixelColor(46, o);
strip.setPixelColor(47, p);
strip.setPixelColor(48, o);
strip.setPixelColor(49, p);
strip.setPixelColor(50, o);
strip.setPixelColor(51, p);
strip.setPixelColor(52, o);
strip.setPixelColor(53, p);
strip.setPixelColor(54, o);
strip.setPixelColor(55, p);
strip.setPixelColor(56, o);
strip.setPixelColor(57, p);
strip.setPixelColor(58, o);
strip.setPixelColor(59, p);
strip.show();
}
void lede()                                        //使全部LED发出大红色的光
{
//颜色变量设置:
uint32_t a = strip.Color(191,0,255);               //深蓝色
uint32_t b = strip.Color(112,218,214);             //淡紫色
uint32_t m = strip.Color(0,120,0);                 //红色
uint32_t n = strip.Color(69,255,0);                //橘黄色
uint32_t e = strip.Color(255,255,0);               //金黄色
uint32_t f = strip.Color(139,34,34);               //绿色
uint32_t g = strip.Color(255,0,255);               //蓝绿色
uint32_t h = strip.Color(0,0,255);                 //天蓝色
uint32_t i = strip.Color(0,128,128);               //紫色
uint32_t j = strip.Color(0,255,0);                 //大红色
uint32_t k = strip.Color(165,255,0);               //橘红色
uint32_t o = strip.Color(111,0,175);               //湖蓝色
uint32_t p = strip.Color(31,0,95);                 //淡蓝色
uint32_t q = strip.Color(85,85,0);                 //蓝色
uint32_t r = strip.Color(25,25,0);                 //浅蓝色
strip.setPixelColor(0, j);
strip.setPixelColor(1, j);
strip.setPixelColor(2, j);
strip.setPixelColor(3, j);
strip.setPixelColor(4, j);
strip.setPixelColor(5, j);
strip.setPixelColor(6, j);
strip.setPixelColor(7, j);
strip.setPixelColor(8, j);
strip.setPixelColor(9, j);
strip.setPixelColor(10, j);
```

```
strip.setPixelColor(11, j);
strip.setPixelColor(12, j);
strip.setPixelColor(13, j);
strip.setPixelColor(14, j);
strip.setPixelColor(15, j);
strip.setPixelColor(16, j);
strip.setPixelColor(17, j);
strip.setPixelColor(18, j);
strip.setPixelColor(19, j);
strip.setPixelColor(20, j);
strip.setPixelColor(21, j);
strip.setPixelColor(22, j);
strip.setPixelColor(23, j);
strip.setPixelColor(24, j);
strip.setPixelColor(25, j);
strip.setPixelColor(26, j);
strip.setPixelColor(27, j);
strip.setPixelColor(28, j);
strip.setPixelColor(29, j);
strip.setPixelColor(30, j);
strip.setPixelColor(31, j);
strip.setPixelColor(32, j);
strip.setPixelColor(33, j);
strip.setPixelColor(34, j);
strip.setPixelColor(35, j);
strip.setPixelColor(36, j);
strip.setPixelColor(37, j);
strip.setPixelColor(38, j);
strip.setPixelColor(39, j);
strip.setPixelColor(40, j);
strip.setPixelColor(41, j);
strip.setPixelColor(42, j);
strip.setPixelColor(43, j);
strip.setPixelColor(44, j);
strip.setPixelColor(45, j);
strip.setPixelColor(46, j);
strip.setPixelColor(47, j);
strip.setPixelColor(48, j);
strip.setPixelColor(49, j);
strip.setPixelColor(50, j);
strip.setPixelColor(51, j);
strip.setPixelColor(52, j);
strip.setPixelColor(53, j);
strip.setPixelColor(54, j);
strip.setPixelColor(55, j);
strip.setPixelColor(56, j);
strip.setPixelColor(57, j);
strip.setPixelColor(58, j);
strip.setPixelColor(59, j);
strip.show();
}
```

```
void ledd()                                        //使全部 LED 发出绿色的光
{
//颜色变量设置:
uint32_t a = strip.Color(191,0,255);               //深蓝色
uint32_t b = strip.Color(112,218,214);             //淡紫色
uint32_t m = strip.Color(0,120,0);                 //红色
uint32_t n = strip.Color(69,255,0);                //橘黄色
uint32_t e = strip.Color(255,255,0);               //金黄色
uint32_t f = strip.Color(139,34,34);               //绿色
uint32_t g = strip.Color(255,0,255);               //蓝绿色
uint32_t h = strip.Color(0,0,255);                 //天蓝色
uint32_t i = strip.Color(0,128,128);               //紫色
uint32_t j = strip.Color(0,255,0);                 //大红色
uint32_t k = strip.Color(165,255,0);               //橘红色
uint32_t o = strip.Color(111,0,175);               //湖蓝色
uint32_t p = strip.Color(31,0,95);                 //淡蓝色
uint32_t q = strip.Color(85,85,0);                 //蓝色
uint32_t r = strip.Color(25,25,0);                 //浅蓝色
strip.setPixelColor(0, f);
strip.setPixelColor(1, f);
strip.setPixelColor(2, f);
strip.setPixelColor(3, f);
strip.setPixelColor(4, f);
strip.setPixelColor(5, f);
strip.setPixelColor(6, f);
strip.setPixelColor(7, f);
strip.setPixelColor(8, f);
strip.setPixelColor(9, f);
strip.setPixelColor(10, f);
strip.setPixelColor(11, f);
strip.setPixelColor(12, f);
strip.setPixelColor(13, f);
strip.setPixelColor(14, f);
strip.setPixelColor(15, f);
strip.setPixelColor(16, f);
strip.setPixelColor(17, f);
strip.setPixelColor(18, f);
strip.setPixelColor(19, f);
strip.setPixelColor(20, f);
strip.setPixelColor(21, f);
strip.setPixelColor(22, f);
strip.setPixelColor(23, f);
strip.setPixelColor(24, f);
strip.setPixelColor(25, f);
strip.setPixelColor(26, f);
strip.setPixelColor(27, f);
strip.setPixelColor(28, f);
strip.setPixelColor(29, f);
strip.setPixelColor(30, f);
strip.setPixelColor(31, f);
strip.setPixelColor(32, f);
```

```
strip.setPixelColor(33, f);
strip.setPixelColor(34, f);
strip.setPixelColor(35, f);
strip.setPixelColor(36, f);
strip.setPixelColor(37, f);
strip.setPixelColor(38, f);
strip.setPixelColor(39, f);
strip.setPixelColor(40, f);
strip.setPixelColor(41, f);
strip.setPixelColor(42, f);
strip.setPixelColor(43, f);
strip.setPixelColor(44, f);
strip.setPixelColor(45, f);
strip.setPixelColor(46, f);
strip.setPixelColor(47, f);
strip.setPixelColor(48, f);
strip.setPixelColor(49, f);
strip.setPixelColor(50, f);
strip.setPixelColor(51, f);
strip.setPixelColor(52, f);
strip.setPixelColor(53, f);
strip.setPixelColor(54, f);
strip.setPixelColor(55, f);
strip.setPixelColor(56, f);
strip.setPixelColor(57, f);
strip.setPixelColor(58, f);
strip.setPixelColor(59, f);
strip.show();
}
void ledc()                                     //使全部 LED 发出金黄色的光
{
//颜色变量设置:
uint32_t a = strip.Color(191,0,255);            //深蓝色
uint32_t b = strip.Color(112,218,214);          //淡紫色
uint32_t m = strip.Color(0,120,0);              //红色
uint32_t n = strip.Color(69,255,0);             //橘黄色
uint32_t e = strip.Color(255,255,0);            //金黄色
uint32_t f = strip.Color(139,34,34);            //绿色
uint32_t g = strip.Color(255,0,255);            //蓝绿色
uint32_t h = strip.Color(0,0,255);              //天蓝色
uint32_t i = strip.Color(0,128,128);            //紫色
uint32_t j = strip.Color(0,255,0);              //大红色
uint32_t k = strip.Color(165,255,0);            //橘红色
uint32_t o = strip.Color(111,0,175);            //湖蓝色
uint32_t p = strip.Color(31,0,95);              //淡蓝色
uint32_t q = strip.Color(85,85,0);              //蓝色
uint32_t r = strip.Color(25,25,0);              //浅蓝色
strip.setPixelColor(0, e);
strip.setPixelColor(1, e);
strip.setPixelColor(2, e);
strip.setPixelColor(3, e);
```

```
strip.setPixelColor(4, e);
strip.setPixelColor(5, e);
strip.setPixelColor(6, e);
strip.setPixelColor(7, e);
strip.setPixelColor(8, e);
strip.setPixelColor(9, e);
strip.setPixelColor(10,e);
strip.setPixelColor(11, e);
strip.setPixelColor(12, e);
strip.setPixelColor(13, e);
strip.setPixelColor(14, e);
strip.setPixelColor(15, e);
strip.setPixelColor(16, e);
strip.setPixelColor(17, e);
strip.setPixelColor(18, e);
strip.setPixelColor(19, e);
strip.setPixelColor(20, e);
strip.setPixelColor(21, e);
strip.setPixelColor(22, e);
strip.setPixelColor(23, e);
strip.setPixelColor(24, e);
strip.setPixelColor(25, e);
strip.setPixelColor(26, e);
strip.setPixelColor(27, e);
strip.setPixelColor(28, e);
strip.setPixelColor(29, e);
strip.setPixelColor(30, e);
strip.setPixelColor(31, e);
strip.setPixelColor(32, e);
strip.setPixelColor(33, e);
strip.setPixelColor(34, e);
strip.setPixelColor(35, e);
strip.setPixelColor(36, e);
strip.setPixelColor(37, e);
strip.setPixelColor(38, e);
strip.setPixelColor(39, e);
strip.setPixelColor(40, e);
strip.setPixelColor(41, e);
strip.setPixelColor(42, e);
strip.setPixelColor(43, e);
strip.setPixelColor(44, e);
strip.setPixelColor(45, e);
strip.setPixelColor(46, e);
strip.setPixelColor(47, e);
strip.setPixelColor(48, e);
strip.setPixelColor(49, e);
strip.setPixelColor(50, e);
strip.setPixelColor(51, e);
strip.setPixelColor(52, e);
strip.setPixelColor(53, e);
strip.setPixelColor(54, e);
```

```
strip.setPixelColor(55, e);
strip.setPixelColor(56, e);
strip.setPixelColor(57, e);
strip.setPixelColor(58, e);
strip.setPixelColor(59, e);
strip.show();
}
void ledb()                                         //使全部 LED 发出淡蓝色和蓝绿色的光
{
//颜色变量设置:
uint32_t a = strip.Color(191,0,255);                //深蓝色
uint32_t b = strip.Color(112,218,214);              //淡紫色
uint32_t m = strip.Color(0,120,0);                  //红色
uint32_t n = strip.Color(69,255,0);                 //橘黄色
uint32_t e = strip.Color(255,255,0);                //金黄色
uint32_t f = strip.Color(139,34,34);                //绿色
uint32_t g = strip.Color(255,0,255);                //蓝绿色
uint32_t h = strip.Color(0,0,255);                  //天蓝色
uint32_t i = strip.Color(0,128,128);                //紫色
uint32_t j = strip.Color(0,255,0);                  //大红色
uint32_t k = strip.Color(165,255,0);                //橘红色
uint32_t o = strip.Color(111,0,175);                //湖蓝色
uint32_t p = strip.Color(31,0,95);                  //淡蓝色
uint32_t q = strip.Color(85,85,0);                  //蓝色
uint32_t r = strip.Color(25,25,0);                  //浅蓝色
strip.setPixelColor(0, p);
strip.setPixelColor(1, g);
strip.setPixelColor(2, p);
strip.setPixelColor(3, g);
strip.setPixelColor(4, p);
strip.setPixelColor(5, g);
strip.setPixelColor(6, p);
strip.setPixelColor(7, g);
strip.setPixelColor(8, p);
strip.setPixelColor(9, g);
strip.setPixelColor(10,p);
strip.setPixelColor(11, g);
strip.setPixelColor(12, p);
strip.setPixelColor(13, g);
strip.setPixelColor(14, p);
strip.setPixelColor(15, g);
strip.setPixelColor(16, p);
strip.setPixelColor(17, g);
strip.setPixelColor(18, p);
strip.setPixelColor(19, g);
strip.setPixelColor(20, p);
strip.setPixelColor(21, g);
strip.setPixelColor(22, p);
strip.setPixelColor(23, g);
strip.setPixelColor(24, p);
strip.setPixelColor(25, g);
```

```
strip.setPixelColor(26, p);
strip.setPixelColor(27, g);
strip.setPixelColor(28, p);
strip.setPixelColor(29, g);
strip.setPixelColor(30, p);
strip.setPixelColor(31, g);
strip.setPixelColor(32, p);
strip.setPixelColor(33, g);
strip.setPixelColor(34, p);
strip.setPixelColor(35, g);
strip.setPixelColor(36, p);
strip.setPixelColor(37, g);
strip.setPixelColor(38, p);
strip.setPixelColor(39, g);
strip.setPixelColor(40, p);
strip.setPixelColor(41, g);
strip.setPixelColor(42, p);
strip.setPixelColor(43, g);
strip.setPixelColor(44, p);
strip.setPixelColor(45, g);
strip.setPixelColor(46, p);
strip.setPixelColor(47, g);
strip.setPixelColor(48, p);
strip.setPixelColor(49, g);
strip.setPixelColor(50, p);
strip.setPixelColor(51, g);
strip.setPixelColor(52, p);
strip.setPixelColor(53, g);
strip.setPixelColor(54, p);
strip.setPixelColor(55, g);
strip.setPixelColor(56, p);
strip.setPixelColor(57, g);
strip.setPixelColor(58, p);
strip.setPixelColor(59, g);
strip.show();
}
void leda()                                    //使全部 LED 亮,并发出大红色和红色的光
{
//颜色变量设置:
uint32_t a = strip.Color(191,0,255);           //深蓝色
uint32_t b = strip.Color(112,218,214);         //淡紫色
uint32_t m = strip.Color(0,120,0);             //红色
uint32_t n = strip.Color(69,255,0);            //橘黄色
uint32_t e = strip.Color(255,255,0);           //金黄色
uint32_t f = strip.Color(139,34,34);           //绿色
uint32_t g = strip.Color(255,0,255);           //蓝绿色
uint32_t h = strip.Color(0,0,255);             //天蓝色
uint32_t i = strip.Color(0,128,128);           //紫色
uint32_t j = strip.Color(0,255,0);             //大红色
uint32_t k = strip.Color(165,255,0);           //橘红色
uint32_t o = strip.Color(111,0,175);           //湖蓝色
```

```
uint32_t p = strip.Color(31,0,95);              //淡蓝色
uint32_t q = strip.Color(85,85,0);              //蓝色
uint32_t r = strip.Color(25,25,0);              //浅蓝色
strip.setPixelColor(0, j);
strip.setPixelColor(1, m);
strip.setPixelColor(2, j);
strip.setPixelColor(3, m);
strip.setPixelColor(4, j);
strip.setPixelColor(5, m);
strip.setPixelColor(6, j);
strip.setPixelColor(7, m);
strip.setPixelColor(8, j);
strip.setPixelColor(9, m);
strip.setPixelColor(10, j);
strip.setPixelColor(11, m);
strip.setPixelColor(12, j);
strip.setPixelColor(13, m);
strip.setPixelColor(14, j);
strip.setPixelColor(15, m);
strip.setPixelColor(16, j);
strip.setPixelColor(17, m);
strip.setPixelColor(18, j);
strip.setPixelColor(19, m);
strip.setPixelColor(20, j);
strip.setPixelColor(21, m);
strip.setPixelColor(22, j);
strip.setPixelColor(23, m);
strip.setPixelColor(24, j);
strip.setPixelColor(25, m);
strip.setPixelColor(26, j);
strip.setPixelColor(27, m);
strip.setPixelColor(28, j);
strip.setPixelColor(29, m);
strip.setPixelColor(30, j);
strip.setPixelColor(31, m);
strip.setPixelColor(32, j);
strip.setPixelColor(33, m);
strip.setPixelColor(34, j);
strip.setPixelColor(35, m);
strip.setPixelColor(36, j);
strip.setPixelColor(37, m);
strip.setPixelColor(38, j);
strip.setPixelColor(39, m);
strip.setPixelColor(40, j);
strip.setPixelColor(41, m);
strip.setPixelColor(42, j);
strip.setPixelColor(43, m);
strip.setPixelColor(44, j);
strip.setPixelColor(45, m);
strip.setPixelColor(46, j);
strip.setPixelColor(47, m);
```

```
strip.setPixelColor(48, j);
strip.setPixelColor(49, m);
strip.setPixelColor(50, j);
strip.setPixelColor(51, m);
strip.setPixelColor(52, j);
strip.setPixelColor(53, m);
strip.setPixelColor(54, j);
strip.setPixelColor(55, m);
strip.setPixelColor(56, j);
strip.setPixelColor(57, m);
strip.setPixelColor(58, j);
strip.setPixelColor(59, m);
strip.show();
}
void ledz()                                  //使全部 LED 灭
{
//颜色变量设置:
uint32_t u = strip.Color(0,0,0);             //灭
strip.setPixelColor(0, u);
strip.setPixelColor(1, u);
strip.setPixelColor(2, u);
strip.setPixelColor(3, u);
strip.setPixelColor(4, u);
strip.setPixelColor(5, u);
strip.setPixelColor(6, u);
strip.setPixelColor(7, u);
strip.setPixelColor(8, u);
strip.setPixelColor(9, u);
strip.setPixelColor(10, u);
strip.setPixelColor(11, u);
strip.setPixelColor(12, u);
strip.setPixelColor(13, u);
strip.setPixelColor(14, u);
strip.setPixelColor(15, u);
strip.setPixelColor(16, u);
strip.setPixelColor(17, u);
strip.setPixelColor(18, u);
strip.setPixelColor(19, u);
strip.setPixelColor(20, u);
strip.setPixelColor(21, u);
strip.setPixelColor(22, u);
strip.setPixelColor(23, u);
strip.setPixelColor(24, u);
strip.setPixelColor(25, u);
strip.setPixelColor(26, u);
strip.setPixelColor(27, u);
strip.setPixelColor(28, u);
strip.setPixelColor(29, u);
strip.setPixelColor(30, u);
strip.setPixelColor(31, u);
strip.setPixelColor(32, u);
```

```
strip.setPixelColor(33, u);
strip.setPixelColor(34, u);
strip.setPixelColor(35, u);
strip.setPixelColor(36, u);
strip.setPixelColor(37, u);
strip.setPixelColor(38, u);
strip.setPixelColor(39, u);
strip.setPixelColor(40, u);
strip.setPixelColor(41, u);
strip.setPixelColor(42, u);
strip.setPixelColor(43, u);
strip.setPixelColor(44, u);
strip.setPixelColor(45, u);
strip.setPixelColor(46, u);
strip.setPixelColor(47, u);
strip.setPixelColor(48, u);
strip.setPixelColor(49, u);
strip.setPixelColor(50, u);
strip.setPixelColor(51, u);
strip.setPixelColor(52, u);
strip.setPixelColor(53, u);
strip.setPixelColor(54, u);
strip.setPixelColor(55, u);
strip.setPixelColor(56, u);
strip.setPixelColor(57, u);
strip.setPixelColor(58, u);
strip.setPixelColor(59, u);
}
void ledk()                                     //使全部 LED 发出大红色和金黄色的光
{
//颜色变量设置:
uint32_t a = strip.Color(191,0,255);            //深蓝色
uint32_t b = strip.Color(112,218,214);          //淡紫色
uint32_t m = strip.Color(0,120,0);              //红色
uint32_t n = strip.Color(69,255,0);             //橘黄色
uint32_t e = strip.Color(255,255,0);            //金黄色
uint32_t f = strip.Color(139,34,34);            //绿色
uint32_t g = strip.Color(255,0,255);            //蓝绿色
uint32_t h = strip.Color(0,0,255);              //天蓝色
uint32_t i = strip.Color(0,128,128);            //紫色
uint32_t j = strip.Color(0,255,0);              //大红色
uint32_t k = strip.Color(165,255,0);            //橘红色
uint32_t o = strip.Color(111,0,175);            //湖蓝色
uint32_t p = strip.Color(31,0,95);              //淡蓝色
uint32_t q = strip.Color(85,85,0);              //蓝色
uint32_t r = strip.Color(25,25,0);              //浅蓝色
strip.setPixelColor(0, j);
strip.setPixelColor(1, e);
strip.setPixelColor(2, j);
strip.setPixelColor(3, e);
strip.setPixelColor(4, j);
```

```
strip.setPixelColor(5, e);
strip.setPixelColor(6, j);
strip.setPixelColor(7, e);
strip.setPixelColor(8, j);
strip.setPixelColor(9, e);
strip.setPixelColor(10, j);
strip.setPixelColor(11, e);
strip.setPixelColor(12, j);
strip.setPixelColor(13, e);
strip.setPixelColor(14, j);
strip.setPixelColor(15, e);
strip.setPixelColor(16, j);
strip.setPixelColor(17, e);
strip.setPixelColor(18, j);
strip.setPixelColor(19, e);
strip.setPixelColor(20, j);
strip.setPixelColor(21, e);
strip.setPixelColor(22, j);
strip.setPixelColor(23, e);
strip.setPixelColor(24, j);
strip.setPixelColor(25, e);
strip.setPixelColor(26, j);
strip.setPixelColor(27, e);
strip.setPixelColor(28, j);
strip.setPixelColor(29, e);
strip.setPixelColor(30, j);
strip.setPixelColor(31, e);
strip.setPixelColor(32, j);
strip.setPixelColor(33, e);
strip.setPixelColor(34, j);
strip.setPixelColor(35, e);
strip.setPixelColor(36, j);
strip.setPixelColor(37, e);
strip.setPixelColor(38, j);
strip.setPixelColor(39, e);
strip.setPixelColor(40, j);
strip.setPixelColor(41, e);
strip.setPixelColor(42, j);
strip.setPixelColor(43, e);
strip.setPixelColor(44, j);
strip.setPixelColor(45, e);
strip.setPixelColor(46, j);
strip.setPixelColor(47, e);
strip.setPixelColor(48, j);
strip.setPixelColor(49, e);
strip.setPixelColor(50, j);
strip.setPixelColor(51, e);
strip.setPixelColor(52, j);
strip.setPixelColor(53, e);
strip.setPixelColor(54, j);
strip.setPixelColor(55, e);
```

```
strip.setPixelColor(56, j);
strip.setPixelColor(57, e);
strip.setPixelColor(58, j);
strip.setPixelColor(59, e);
strip.show();
}
void ledy()     //使全部 LED 发出深蓝色、淡紫色、红色、橘黄色、金黄色、绿色、蓝绿色、天蓝色、
                //紫色、大红色、橘红色、湖蓝色、淡蓝色、蓝色、浅蓝色的光
{
//颜色变量设置:
uint32_t a = strip.Color(191,0,255);          //深蓝色
uint32_t b = strip.Color(112,218,214);        //淡紫色
uint32_t m = strip.Color(0,120,0);            //红色
uint32_t n = strip.Color(69,255,0);           //橘黄色
uint32_t e = strip.Color(255,255,0);          //金黄色
uint32_t f = strip.Color(139,34,34);          //绿色色
uint32_t g = strip.Color(255,0,255);          //蓝绿色
uint32_t h = strip.Color(0,0,255);            //天蓝色
uint32_t i = strip.Color(0,128,128);          //紫色
uint32_t j = strip.Color(0,255,0);            //大红色
uint32_t k = strip.Color(165,255,0);          //橘红色
uint32_t o = strip.Color(111,0,175);          //湖蓝色
uint32_t p = strip.Color(31,0,95);            //淡蓝色
uint32_t q = strip.Color(85,85,0);            //蓝色
uint32_t r = strip.Color(25,25,0);            //浅蓝色
strip.setPixelColor(0, h);
strip.setPixelColor(1, b);
strip.setPixelColor(2, m);
strip.setPixelColor(3, n);
strip.setPixelColor(4, f);
strip.setPixelColor(5, q);
strip.setPixelColor(6, a);
strip.setPixelColor(7, o);
strip.setPixelColor(8, i);
strip.setPixelColor(9, j);
strip.setPixelColor(10, k);
strip.setPixelColor(11, g);
strip.setPixelColor(12, r);
strip.setPixelColor(13, e);
strip.setPixelColor(14, h);
strip.setPixelColor(15, b);
strip.setPixelColor(16, m);
strip.setPixelColor(17, n);
strip.setPixelColor(18, f);
strip.setPixelColor(19, q);
strip.setPixelColor(20, o);
strip.setPixelColor(21, i);
strip.setPixelColor(22, j);
strip.setPixelColor(23, k);
strip.setPixelColor(24, g);
strip.setPixelColor(25, r);
```

```
strip.setPixelColor(26, p);
strip.setPixelColor(27, e);
strip.setPixelColor(28, h);
strip.setPixelColor(29, b);
strip.setPixelColor(30, m);
strip.setPixelColor(31, n);
strip.setPixelColor(32, f);
strip.setPixelColor(33, q);
strip.setPixelColor(34, a);
strip.setPixelColor(35, o);
strip.setPixelColor(36, i);
strip.setPixelColor(37, j);
strip.setPixelColor(38, k);
strip.setPixelColor(39, g);
strip.setPixelColor(40, r);
strip.setPixelColor(41, p);
strip.setPixelColor(42, e);
strip.setPixelColor(43, h);
strip.setPixelColor(44, b);
strip.setPixelColor(45, m);
strip.setPixelColor(46, f);
strip.setPixelColor(47, q);
strip.setPixelColor(48, a);
strip.setPixelColor(49, o);
strip.setPixelColor(50, i);
strip.setPixelColor(51, j);
strip.setPixelColor(52, k);
strip.setPixelColor(53, g);
strip.setPixelColor(54, r);
strip.setPixelColor(55, p);
strip.setPixelColor(56, e);
strip.setPixelColor(57, h);
strip.setPixelColor(58, b);
strip.setPixelColor(59, m);
strip.show();
}
```

3.3 产品展示

整体外观如图 3-7 所示，电路连接如图 3-8 所示，实物如图 3-9 所示。

图 3-7　整体外观图

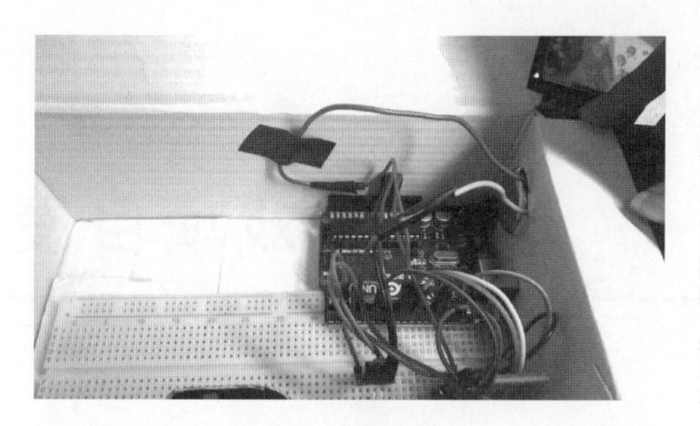

图 3-8　电路连线图

图 3-9　实物图

3.4　元件清单

完成本项目所用到的元件及数量如表 3-2 所示。

表 3-2　元件清单

元件/测试仪表	数　量
超声波模块	1个
Arduino 开发板	1个
HC-05 蓝牙模块	1个
杜邦线	若干
LED 彩色灯带	1个
扬声器	1个
面包板	1个

第 4 章

音乐游戏项目设计①

本项目基于 Arduino 开发板和 Processing 平台搭建一个音乐游戏，使游戏按键距离在合理范围内调整，优化游戏体验。

4.1 功能及总体设计

本项目通过计算机按键选择不同的级别和背景音乐，利用 Arduino 开发板和 Processing 的结合，使用 FSR402 薄膜压力传感器和蓝牙模块计算机发送信息，进行游戏互动。

要实现上述功能需将作品分成四部分进行设计，即输入部分、传输部分、处理部分和输出部分。输入部分选用了 FSR 压力传感器；传输部分选用了蓝牙模块配合 Arduino 开发板实现；处理部分在 Processing 中对接收的信息进行处理；输出部分使用 Processing 设计界面实现。

1. 整体框架图

整体框架如图 4-1 所示。

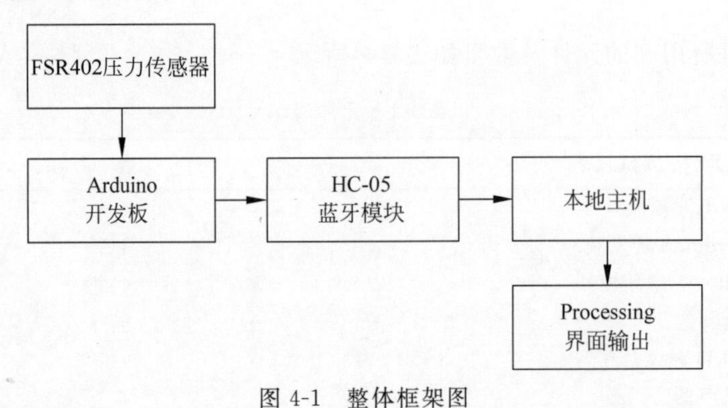

图 4-1　整体框架图

2. 系统流程图

系统流程如图 4-2 所示，游戏模块流程如图 4-3 所示。

传感器感受到压力后，通过 Arduino 开发板和 Processing 的串口通信传输信号，利用 Processing 搭建的界面进行游戏显示，选择菜单的选项，进入不同的游戏及选择不同的关卡、难度等。玩家根据界面的图标显示对压力传感器 FSR402 进行操作，Processing 收到感应信号后，界面做出相应显示，并判断操作有效性及计分存档的功能。

① 本章根据陈怡如、张乔茜项目设计整理而成。

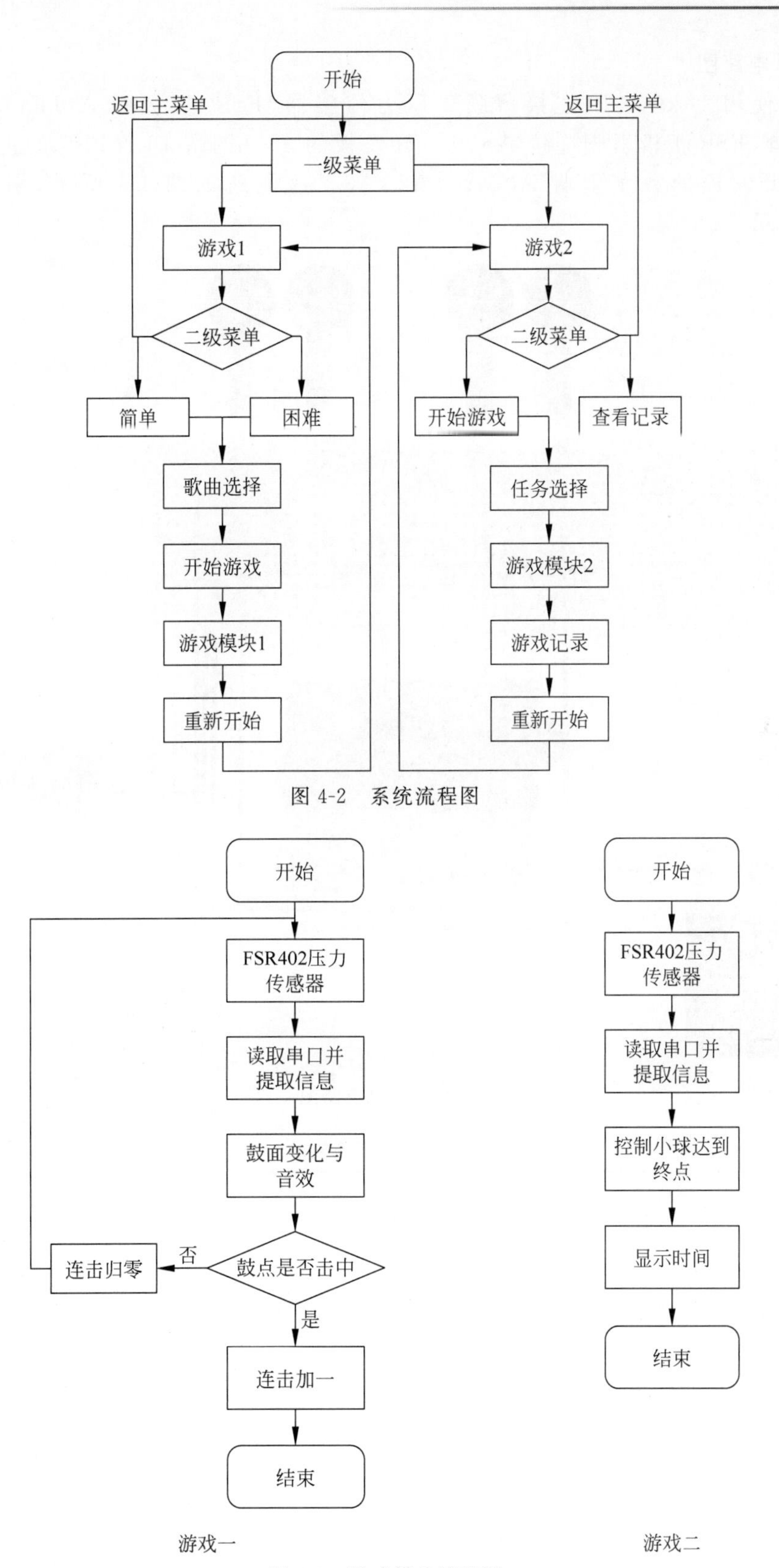

图 4-2　系统流程图

图 4-3　游戏模块流程图

3. 总电路图

电路使用 10kΩ 电阻连接薄膜式压力传感器(FSR)负极到 Arduino 开发板的 GND 引脚,FSR 正极引脚连接 Arduino 开发板的 5V 引脚;四个 FSR 的正极分别接 Arduino 开发板的数字引脚 A0、A1、A2、A3。总电路如图 4-4 所示,引脚连接如表 4-1 所示。

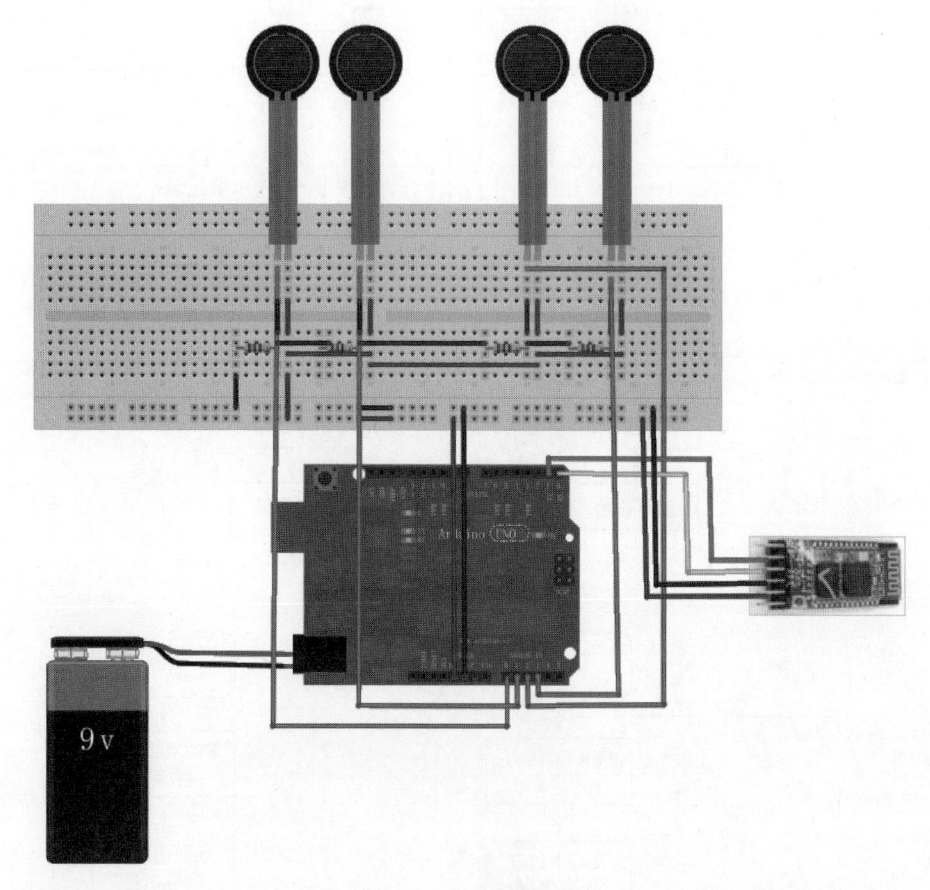

图 4-4 总电路图

表 4-1 引脚连接表

元件及引脚名			Arduino 开发板引脚
FSR402 压力传感器	1	VCC	5V
		GND	A0+10kΩ 电阻接 GND
	2	VCC	5V
		GND	A1+10kΩ 电阻接 GND
	3	VCC	5V
		GND	A2+10kΩ 电阻接 GND
	4	VCC	5V
		GND	A3+10kΩ 电阻接 GND
HC-05 蓝牙模块	VCC		5V
	GND		GND
	TXD		RX
	RXD		TX

4.2 模块介绍

本项目主要包括输入模块(FSR402 薄膜压力传感器与蓝牙)和 Processing 界面显示模块。下面分别给出各模块的功能介绍及相关代码。

4.2.1 输入模块

本部分包括输入模块(FSR402 薄膜压力传感器和蓝牙)的功能介绍及相关代码。

1. 功能介绍

1) FSR402 薄膜压力传感器

薄膜压力传感器将感受到的压力大小转化为电信号,通过 Arduino 开发板的串口传输至 PC 端,显示感应结果。元件包括 4 个 FSR402 薄膜压力传感器模块、Arduino 开发板和导线若干,电路如图 4-5 所示。

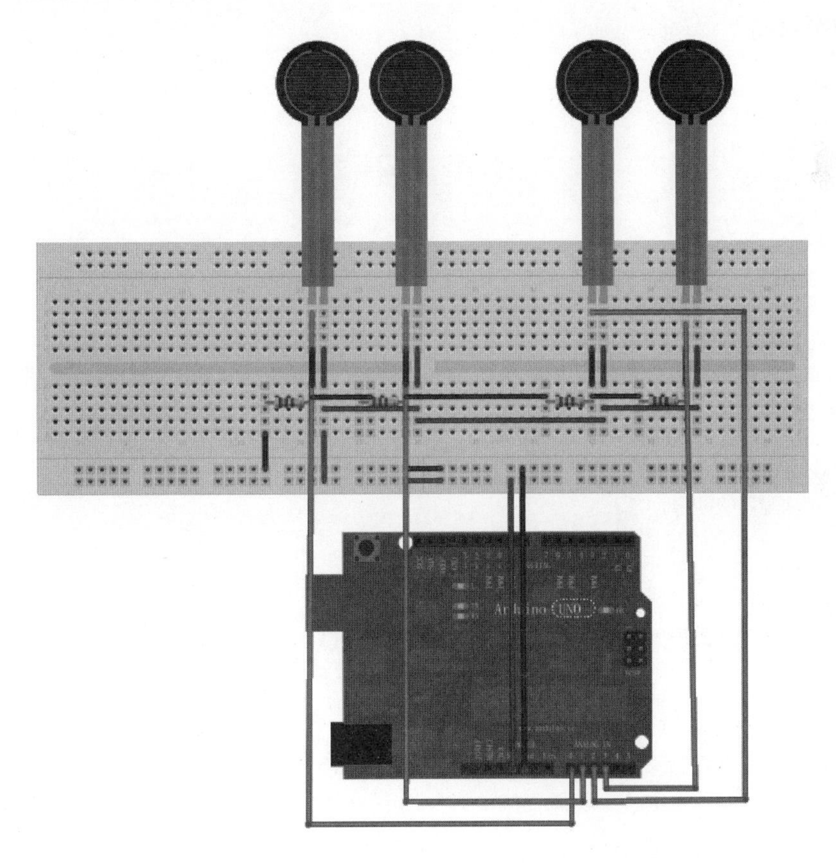

图 4-5　FSR402 薄膜压力传感器与 Arduino 开发板连线图

2) 蓝牙模块

将压力信号通过蓝牙传输到接收端。元件包括蓝牙模块、Arduino 开发板和导线若干,电路如图 4-6 所示。

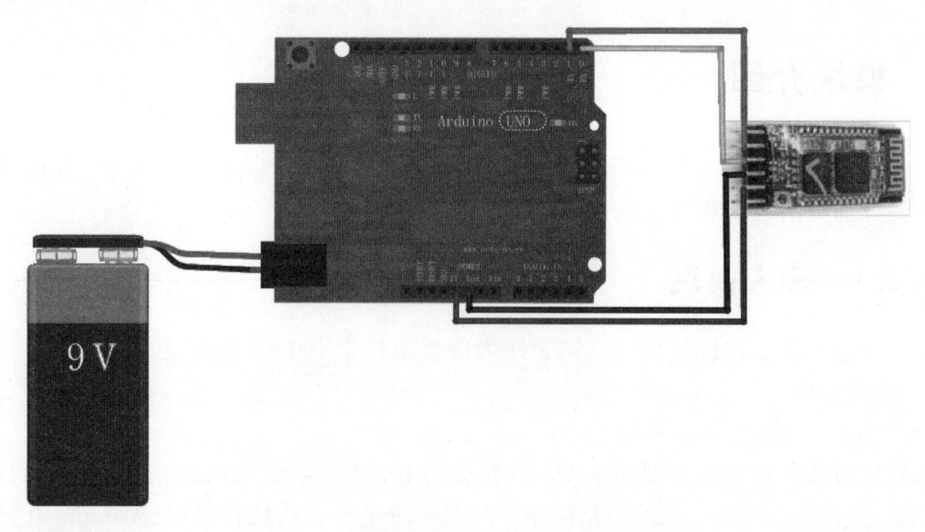

图 4-6 蓝牙模块与 Arduino 开发板连线图

2. 相关代码

```
int fsrPin0 = A0;                              //A0 引脚
int fsrPin1 = A1;
int fsrPin2 = A2;
int fsrPin3 = A3;
int fsrReading0;
int fsrReading1;
int fsrReading2;
int fsrReading3;
void setup(void) {
  pinMode(fsrPin0,INPUT);
  pinMode(fsrPin1,INPUT);
  pinMode(fsrPin2,INPUT);
  pinMode(fsrPin3,INPUT);
  Serial.begin(9600);
}
void loop(void) {
  fsrReading0 = analogRead(fsrPin0);
  fsrReading1 = analogRead(fsrPin1);
  fsrReading2 = analogRead(fsrPin2);
  fsrReading3 = analogRead(fsrPin3);
  if (fsrReading0 > 5) {
    Serial.print(1);
    delay(500);
    }
    if (fsrReading1 > 5) {
    Serial.print(2);
    delay(500);
    }
    if (fsrReading2 > 5) {
    Serial.print(3);
    delay(500);
```

```
    }
    if (fsrReading3 > 5) {
    Serial.print(4);
    delay(500);
    }
}
```

4.2.2 Processing界面显示模块

本部分包括Processing界面显示模块的功能介绍及相关代码。

1. 功能介绍

通过Processing程序显示游戏界面，包括菜单选择及游戏具体关卡等。

第一个游戏是"音乐打击"，在选择完毕后开始游戏，出现前进按键并同时播放音乐，在合适的时间轻按FSR402进行互动，若击中则计combo值，若未击中，则combo值清零，与此同时统计总击中数(即得分)。第二个游戏是"音乐小球"，伴随背景音乐用按压FSR402的方式引导小球穿过迷宫到达终点，记录通关时间并存档。

2. 相关代码

```
/*本程序需要在Processing内添加库文件Minim，选择速写本→引用库文件→添加库文件，在Libraries中搜索Minim并下载.*/
import ddf.minim.*;                          //minim库文件
import Processing.serial.*;                  //串口库文件
PImage backimg;                              //背景图
int keystate1 = 0;                           //4个按键状态
int keystate2 = 0;
int keystate3 = 0;
int keystate4 = 0;
int imageframe = 8;                          //击中图片显示的帧数
int imagestate = 0;                          //击中图片状态
int bcount = 0;                              //鼓点计数器
int gamechoose = 0;
int bgmstate = 0;                            //音乐状态
int score = 0;                               //总分统计
int combo = 0;                               //连击统计
int df = 1;                                  //难度
int songnum;                                 //歌曲编号
int sa;                                      //串口读数
int menu = 1;
int menu1 = 0;                               //菜单状态
int menu2 = 0;
int menu3 = 0;
int menu4 = 0;
int menu5 = 0;
int playstate = 0;                           //游戏状态
int serialstate = 1;                         //串口状态
int frame1 = 0;                              //串口敲击时鼓面变化的帧数
int frame2 = 0;
int frame3 = 0;
```

```
int frame4 = 0;
int bcolor;                                          //连击统计颜色判断
AudioPlayer bgm;                                     //音乐播放器
Minim mbgm;                                          //文件接口
BufferedReader reader;                               //鼓点时间文件读取
Minim minim1;                                        //鼓点音效文件接口
Minim minim2;
AudioSample inside;                                  //鼓点音效播放接口
AudioSample outside;
String line;                                         //鼓点时间文件读取行数
Timer timer;                                         //计时器
Drumbeat[ ] db = new Drumbeat[40];                   //实例化多个鼓点类
Mybutlisten mybut;                                   //按键监听与鼓面变化类
Drum mydrum;                                         //大鼓类
PImage img;                                          //击中时的图片接口
int mykey;                                           //储存当前按键
Serial serial;                                       //串口初始化
int stime, bstyle, nstime, nbstyle;                  //储存 map 中某行的数据
int[ ] st;                                           //储存对应编号鼓点类的出现时间
String song;                                         //歌曲文件名
String songmap;                                      //鼓点时间文件名
int beginX = 746;                                    //小球起始位置
int beginY = 50;
color borderColor = color (50, 50, 50);              //迷宫边界颜色
float x, y;                                          //运动中小球坐标
int posx_timer,posy_timer;                           //读取小球坐标、半径
float radius_timer;
int startTime;                                       //计时开始时间
float endTime;                                       //计时结束时间
Mission1 mission1;                                   //第一关地图
Mission2 mission2;                                   //第二关地图
CURRENTRecord currentRecord1;                        //第一关记录
CURRENTRecord currentRecord2;                        //第二关记录
int missionNo = 0;                                   //选择的关卡号
Ball ball;                                           //小球相关参数
Timer1 timer_record;                                 //记录存档
int n = 0;                                           //判断选择记录显示内容
int m1 = 0,m2 = 0;
AudioPlayer bgm2;                                    //音乐播放器
String song2;
int bgmstate2 = 0;
Minim mbgm2;
void setup()
  {
    println(Serial.list());
      try {
          serial = new Serial(this, "COM5", 9600);
            //设置串口，在 Arduino 开发板对应的引脚
      }
      catch (Exception e) {
          println("没有连接到 Arduino 开发板设备");
```

```
        serialstate = 0;                                //不启用串口判断
    }
    PFont font = createFont("黑体", 25);                //字体设置
    textFont(font);
    backimg = loadImage("background.png");              //背景图片
    backimg.resize(800,800);
    mbgm = new Minim(this);                             //实例化背景音乐 minim 类
    imageMode(CENTER);                                  //图片绘制起点设置为中心
    img = loadImage("taiko - hit300.png");              //读取击中图片
    minim1 = new Minim(this);                           //实例化鼓点音效 minim 类
    minim2 = new Minim(this);
    mybut = new Mybutlisten('c', 'b', 'd', 'h');
      //定义键盘按键, c、b 为鼓面(红), d、h 为鼓边(蓝)
    mydrum = new Drum(100, 225, 100, 100);              //鼓面
    st = new int[50];                                   //数组实例化
    for (int k = 0; k < 40; k++)
        db[k] = new Drumbeat();                         //实例化 40 个鼓点
    frameRate(120);
    size(800, 800);
    timer = new Timer();
    inside = minim1.loadSample("in.wav", 512);          //读取鼓点音效
    outside = minim2.loadSample("out.wav", 512);
    ball = new Ball(beginX, beginY, 20, borderColor);
    currentRecord1 = new CURRENTRecord();
    currentRecord2 = new CURRENTRecord();
    timer_record = new Timer1();
    mbgm2 = new Minim(this);
    bgm2 = mbgm2.loadFile("5.mp3");
}
void draw()
{
    background(backimg);                                //背景
   if(menu == 1)
    {   fill(0, 102, 153);
        textSize(25);
        text("游戏选择", 620, 120);
        text("A.音乐打击", 600,170);
        text("B.音乐小球", 600,220);
                    if  (keyPressed)
            if  (key == 'a'||key == 'A')
            {
                gamechoose = 1;
                menu = 0;
                menu1 = 1;
            }
        if  (key == 'b'||key == 'B')
        {
            gamechoose = 2;
            menu = 0;
            menu3 = 1;
        }
```

```
    }
    if  (playstate == 1)
      {  playsetup();
       }
    fill(#000000);
    if  (menu1 == 1&&gamechoose == 1)                     //一级菜单
    {
  fill(0, 102, 153);
        text("选择难度", 0, 20);
        text("1.普通", 100, 20);
        text("2.困难", 200, 20);
        text("q.返回选择界面",200,50);
        if  (keyPressed)
            if (key == '1')
            {
                df = 1;                                   // 1为普通,2为困难
                menu1 = 0;                                //关闭一级菜单
                menu2 = 1;                                //开启二级菜单
            }
        if  (key == '2')
        {
            df = 2;
            menu1 = 0;
            menu2 = 1;
        }
        if(key == 'q'||key == 'Q')
        {df = 1;
        menu = 1;
        menu1 = 0;
        menu2 = 0;
        gamechoose = 0;
        menu3 = 0;
        menu4 = 0;
        menu5 = 0;
        }
    }
   if  (menu2 == 1&&gamechoose == 1)                      //二级菜单
   {
        fill(0, 102, 153);
        text("选择歌曲", 0, 20);
        text("3.千本樱", 100, 20);
        text("4.妖精的尾巴", 350, 20);
        text("5.红莲之弓矢", 100, 50);
        text("6.FLYING FAFNIR ", 350, 50);
        if (keyPressed)
            if (key == '3')
            {
                songnum = 1;
                menu2 = 0;
            }
        if (key == '4')
```

```
        {
            songnum = 2;
            menu2 = 0;
        }
        if (key == '5')
        {
            songnum = 3;
            menu2 = 0;
        }
        if (key == '6')
        {
            songnum = 4;
            menu2 = 0;
        }
    }
    if (menu2 == 0&&menu1 == 0&&gamechoose == 1)          //三级菜单
    {
        fill(0, 102, 153);
        text("7.开始游戏", 0, 20);
        text("8.重新开始", 150, 20);
        text("9.返回菜单", 300, 20);
        text("连击统计: ", 100, 50);
        text("得分: ",100, 100);
        if (keyPressed)
        {
            if (key == '9')                                //返回一级菜单
            {
                stime = 0;
                nstime = 0;
                bcount = 0;
                for (int i = 0; i < 39; i++)
                {
                    db[i].resetbeat(i);
                 }
                timer.timereset();
                menu1 = 1;
                bgmstate = 0;
                playstate = 0;
                bgm.pause();
                /* for (int i = 0; i < 39; i++)
                {
                    db[i].resetbeat(i);
                } */
            }
            if (key == '7'&&playstate!= 1&&menu1 == 0)  //开始游戏
            {
                songselect(songnum);
                bgm = mbgm.loadFile(song, 1024);        //读取音频文件
            reader = createReader(songmap);             //读取 map
            firstread();
            playgame();
```

```
        } else if (key == '8')                        //重新开始
        {
            stime = 0;
            nstime = 0;
            try {
                reader.close();                       //释放文件缓存
            }
            catch(Exception e)
            {
                println("close file error");
            }
            if (bgmstate == 0)
            {
                bgm = mbgm.loadFile(song, 1024);      //读取音频文件
                bgm.play();
            }
            reader = createReader(songmap);
            bgm.rewind();
            timer.timereset();
            for (int i = 0; i < 39; i++)              //重置所有鼓点
            {
                db[i].resetbeat(i);
            }
            bcount = 0;
            score = 0;
            combo = 0;
            firstread();
            /* timer.timereset(); */
            timer.start();
            bgmstate = 1;
            playstate = 1;
            /* for (int i = 0; i < 39; i++)           //重置所有鼓点
            {
                db[i].resetbeat(i);
            } */
        }
    }
}
if (timer.showtime(stime, timer.now())&&bgmstate == 1)
  //使用自定义计时器,并判断鼓点是否应该出现

{

    if (bgmstate == 1)
    try {
        line = reader.readLine();                     //读取 map 文件下一行
    }
    catch (IOException e) {
        e.printStackTrace();
        line = null;
    }
```

```
        if (line!= null)                            //读取成功后储存鼓点出现的时间与类型
        {
            String data[ ] = split(line, ',');
            println(data[0]);
            nstime = int(data[0]);                  //下一个鼓点出现时间
            nbstyle = int(data[1]);                 //下一个鼓点类型
        } else {
            timer.timereset();                      //map读取后重置timer,游戏停止
            bgmstate = 0;
            bgm.pause();

            try {
                reader.close();
            }
            catch(Exception e)
            {
                println("close erro");
            }
        }
            db[bcount].resetbeat(bcount);           //初始化对应鼓点
            st[bcount] = bstyle;                    //储存对应的鼓点类型
            bcount = (bcount + 1) % 40;
            println(bcount);
        }
        if (playstate == 1)                         //游戏中
            for (int i = 0; i < 39; i++)            //每个鼓点移动
            {
                act(i);
            }
        if (stime!= nstime)                         //下一行数据赋值
        {
            stime = nstime;
            bstyle = nbstyle;
        }
        if (imagestate == 1&&imageframe > 0)        //击中鼓点持续显示图片
        {
            image(img, 250, 220, 100, 100);
            imageframe -- ;
        } else {
            imagestate = 0;
        }
if(menu == 0&&menu3 == 1&&menu4 == 0&&menu5 == 0&&gamechoose == 2)
//选择游戏二
    {
        fill(0,102,153);
        textSize(25);
        text("W.开始",20,20);
        text("S.记录",120,20);
        text("q.返回主页面",20,50);
        if(keyPressed)
        {
```

```
            if(key == 'w'||key == 'W')
            {
                menu3 = 0;
                menu4 = 1;
                menu5 = 0;
            }
            if(key == 's'||key == 'S')
            {
                menu3 = 0;
                menu4 = 0;
                menu5 = 1;
            }
           if(key == 'q')
           {
           df = 1;
           menu = 1;
           menu1 = 0;
           menu2 = 0;
           gamechoose = 0;
           menu3 = 0;
           menu4 = 0;
           menu5 = 0;
           }
       }
   }
   if(menu4 == 1&&gamechoose == 2)                    //选择关卡
 {
      background(backimg);
      fill(153,102,0);
      textSize(30);
      text("A.Mission 1",500,170);
      text("D.Mission 2",500,230);
      if(keyPressed)
      {
         if(key == 'a'||key == 'A')
         {
             menu3 = 0;
             menu4 = 0;
             menu5 = 0;
             missionNo = 1;
         }
         if(key == 'd'||key == 'D')
         {
             menu3 = 0;
             menu4 = 0;
             menu5 = 0;
             missionNo = 2;
         }
      }
      fill(0,210,200);
      textSize(25);
```

```
        text("Press 'R' to return",20,50);
        if(key == 'r'||key == 'R')
        {
            key = 'a';
            menu3 = 1;
            menu4 = 0;
            menu5 = 0;
        }
    }
if(menu5 == 1&&gamechoose == 2)                          //查看记录
    {
        background(backimg);
        fill(0,102,153);
        textSize(35);
        text("Record",500,230);
        textSize(25);
        if(m1 == 0&&m2 == 0)
        {
            text("Mission 1 " + "no record",270,520);
            text("Mission 2 " + "no record",270,570);
        }
        else if(m1 == 1&&m2 == 0)
        {
            text("Mission 1 " + currentRecord1.currentRecord + " s",300,520);
            text("Mission 2 " + "no record",270,570);
        }
        else if(m1 == 0&&m2 == 1)
        {
            text("Mission 1 " + "no record",270,520);
            text("Mission 2 " + currentRecord2.currentRecord + " s",300,570);
        }
        else if(m1 == 1&&m2 == 1)
        {
            text("Mission 1 " + currentRecord1.currentRecord + " s",300,520);
            text("Mission 2 " + currentRecord2.currentRecord + " s",300,570);
        }
        else
        {
            textSize(30);
            text("Error",360,400);
        }
        textSize(25);
        text("Press 'R' to return",20,50);
        if(key == 'r'||key == 'R')
        {
            key = 'a';
            menu3 = 1;
            menu4 = 0;
            menu5 = 0;
        }
    }
```

```
if(missionNo!= 0)                          //关卡一
{
    switch(missionNo)
    {
        case 1:
         bgm2.play();
            m1 = 1;
            mission1 = new Mission1();
            //timer_record = new Timer();
            if(n == 0)
            {
                timer_record.start1();    //计时开始
                startTime = timer_record.start1();
                n++;
                //println("n1 = " + n);
            }
            background(204);
            mission1.display();
            ball.update(x, y);
            if(posy_timer == 774&&(posx_timer >= 5)&&(posx_timer <= 100))
            {
                if(n == 1)
                {
                    currentRecord1.lastRecord = timer_record.stop();
                    //println("entered" + currentRecord1.lastRecord);
                    n++;
                }
                win();                      //通关,显示成绩
                textSize(30);
                text("Time: " + currentRecord1.lastRecord + "s",460,450);
                currentRecord1.judge();  //更新游戏记录
                //println("currentrecord1 = " + currentRecord1.currentRecord);
                //println("lastrecord1 = " + currentRecord1.lastRecord);
                if(n == 2)                  //恢复小球参数至初始状态
                {
                    if(key == 'r'||key == 'R')
                    {
                        key = 'a';
                      bgm2.pause();
                        ball.reset();
                    }
                }
            }
            break;
         case 2:                            //关卡二
          bgm2.play();
            m2 = 1;
            mission2 = new Mission2();
            if(n == 0)
            {
                timer_record.start1();
```

```
                startTime = timer_record.start1();
                n++;                        //n = 1
                //println("n1 = " + n);
            }
            background(204);
            mission2.display();
            ball.update(x, y);
            if(posy_timer == 774&&(posx_timer >= 5)&&(posx_timer <= 100))
            {
                if(n == 1)
                {
                    currentRecord2.lastRecord = timer_record.stop();
                    //println("entered" + currentRecord2.lastRecord);
                    n++;                    //n = 2
                }
                win();
                textSize(30);
                text("Time: " + currentRecord2.lastRecord + "s",460,450);
                //println("n2 = " + n);
                currentRecord2.judge();
                //println("currentrecord2 = " + currentRecord2.currentRecord);
                //println("lastrecord2 = " + currentRecord2.lastRecord);
                if(n == 2)
                {
                    if(key == 'r'||key == 'R')
                    {
                        key = 'a';
                        bgm2.pause();
                        ball.reset();
                    }
                }
            }
            break;
        default:break;
    }
  }

}
void keyReleased()
{
    keystate1 = 0;                          //重置按键状态
    keystate2 = 0;
    keystate3 = 0;
    keystate4 = 0;
}
void keyPressed()
{
    mykey = mybut.listenbut();              //获取当前按键，1、2 为鼓面，3、4 为鼓边
}
void playsetup()
{
```

```
        stroke(0);                                          //边缘
        strokeWeight(1);                                    //边缘粗细
        fill(100, 160);
        rect(0, 150, 800, 150);
        line(200, 150, 200, 300);
        stroke(255);
        strokeWeight(2);
        fill(100);
        ellipse(250, 220, 50, 50);                          //灰色敲击点
        fill(0, 102, 153);
        text(combo, 300, 50);                               //初始连击计数 0
        text(score, 300, 100);                              //初始得分 0
        mydrum.displaydrum();                               //左鼓界面绘制
        mydrum.hitten(mykey);                               //鼓面变化
        serialsetup();                                      //串口控制
    }
    void act(int n)                                         //每一帧的动作
    {
        db[n].showbeat(st[n]);                              //显示对应类型的鼓点
        db[n].move();                                       //鼓点移动
    }
    void serialsetup()                                      //串口敲击时鼓面变化处理
    {
        if (serialstate == 1)                               //读取串口成功
        {
            sa = serial.read();                             //读取串口的值
            if (sa == 49)                                   // 1 的 ASCII 码
            {
                bcolor = 0;                                 //颜色
                mydrum.serialhitten(1);                     //左鼓面
                frame1 = 8;                                 //显示帧数
            }
            if (frame1 > 0)                                 //鼓面变化持续一定帧数
            {
                fill(0);
                arc(100, 225, 100, 100, HALF_PI, HALF_PI + PI);
                frame1 -- ;
            }
            if (sa == 50)
            {
                bcolor = 0;
                mydrum.serialhitten(2);                     //右鼓面
                frame2 = 8;
            }
            if (frame2 > 0)
            {
                fill(0);
                arc(100, 225, 100, 100, 3 * HALF_PI, 3 * HALF_PI + PI);
                frame2 -- ;
            }
            if (sa == 51)
```

```
        {
            bcolor = 8;
            mydrum.serialhitten(3);          //左鼓边
            frame3 = 8;
        }
        if (frame3 > 0)
        {
            stroke(0);
            fill(#F01111);
            arc(100, 225, 100, 100, HALF_PI, HALF_PI + PI);
            frame3 -- ;
        }
        if (sa == 52)
        {
            bcolor = 8;
            mydrum.serialhitten(4);          //右鼓边
            frame4 = 8;
        }
        if (frame4 > 0)
        {
            stroke(0);
            fill(#F01111);
            arc(100, 225, 100, 100, 3 * HALF_PI, 3 * HALF_PI + PI);
            frame4 -- ;
        }
    }
}
void playgame()
{
    combo = 0;
    score = 0;
    playstate = 1;                           //游戏状态
    bgm.setGain( - 10);                      //背景音量
    bgm.play();                              //播放音乐
    timer.start();                           //计时器开始工作
    bgmstate = 1;                            //音乐状态为1(播放)
}
void firstread()                             //读取第一行数据
{
    try {
        line = reader.readLine();            //读取第一行
    }
    catch (IOException e) {
        e.printStackTrace();
        line = null;
    }
    String data[] = split(line, ',');        //数据以逗号为分隔放入data数组
    stime = int(data[0]);                    //出现时间
    println(stime);
    bstyle = int(data[1]);                   //鼓点类型
 }
```

```
void songselect(int songn)                          //歌曲选择
{
    if (songn == 1)
    {
        song = "1.mp3";                             //读取音频文件
        if (df == 1)
            songmap = "1.1.txt";                    //读取 map
        else
            songmap = "1.2.txt";
    }
    if (songn == 2)
    {
        song = "2.mp3";                             //读取音频文件
        if (df == 1)
            songmap = "2.1.txt";                    //读取 map
        else
            songmap = "2.2.txt";
    }
    if (songn == 3)
    {
        song = "3.mp3";                             //读取音频文件
        if (df == 1)
            songmap = "3.1.txt";                    //读取 map
        else
            songmap = "3.2.txt";
    }
    if (songn == 4)
    {
        song = "4.mp3";                             //读取音频文件
        if (df == 1)
            songmap = "4.1.txt";                    //读取 map
        else
           songmap = "4.2.txt";
    }
}
      class Drumbeat
      {
          float x = -50;                            //初始坐标
          float y = 225;
          float speed = 5;                          //每帧移动距离
          int fx;                                   //击中时坐标
          int fy;
          int sx;                                   //miss 时的坐标
          int sy;
          int tx;                                   //终点坐标
          int ty;
          int dcolor;                               //敲击颜色
          int combostate;                           //连击状态
          int num;                                  //鼓点编号
          int missstate;                            //错误鼓点
          void resetbeat(int nums)
```

```
{
    x = 825;                                //运动前初始坐标
    y = 225;
    speed = 5;                              //每帧移动 5 像素
    combostate = 0;                         //连击状态
    num = nums;
    missstate = 0;                          //错误鼓点
}
float drumx()                               //返回当前鼓点 x 坐标
{
    return x;
}
void showbeat(int s)                        //显示对应颜色鼓点
{
    if (s == 0||s == 4)
    {
        dcolor = 0;
        stroke(255);
        strokeWeight(5);
        fill(#F01111);                      //红色
        ellipse(x, y, 50, 50);
    } else if (s == 8||s == 12)
    {
        dcolor = 8;
        stroke(255);
        strokeWeight(5);
        fill(#0A9CFA);                      //蓝色
        ellipse(x, y, 50, 50);
    }
}
void move()                                 //鼓点移动
{
    if (x > - 50)
        x = x - speed;
    if (x - 250 < 50&&x - 250 > - 50)
                                            //连击统计
        if (dcolor == bcolor)
            if (keyPressed&&combostate == 0||serialstate == 1&&sa!= - 1)
            {
                imagestate = 1;             //激活图片
                imageframe = 8;             //图片显示帧数
                combo++;                    //连击统计数加一
                combostate = 1;             //激活连击状态
                fill(0, 102, 153);
                text(combo, 100, 100);      //显示连击统计数
                score++;
            }
    if (x - 250 < - 60&&combostate == 0&&missstate == 0)                  //连击中断
    {
        combo = 0;
        missstate = 1;
```

```
        }
    }
}
class Drum                                              //鼓面类
{
    int x;                                              //鼓面坐标
    int y;
    int rl;                                             //左半径
    int rr;                                             //右半径
    Drum(int a, int b, int c, int d)                    //构造函数
    {
        x = a;
        y = b;
        rl = c;
        rr = d;
    }
    void displaydrum()                                  //显示鼓面
    {
        fill(#F01111);
        strokeWeight(8);
        stroke(#0A9CFA);
        arc(x, y, rl, rr, HALF_PI, HALF_PI + PI);
        arc(x, y, rl, rr, 3 * HALF_PI, 3 * HALF_PI + PI);
    }
    void serialhitten(int u)                            //串口敲击判断
    {
        if (u == 1)
        {
            fill(0);
            arc(x, y, rl, rr, HALF_PI, HALF_PI + PI);       //左鼓面
            inside.trigger();                               //播放鼓声
            keystate1 = 1;
        } else if (u == 2)
        {
            fill(0);
            arc(x, y, rl, rr, 3 * HALF_PI, 3 * HALF_PI + PI); //右鼓面
            inside.trigger();
            keystate2 = 1;
        } else if (u == 3)
        {
            stroke(0);
            fill(#F01111);
            arc(x, y, rl, rr, HALF_PI, HALF_PI + PI);       //左鼓边
            outside.trigger();
            keystate3 = 1;
        } else if (u == 4)
        {
            stroke(0);
            fill(#F01111);
            arc(x, y, rl, rr, 3 * HALF_PI, 3 * HALF_PI + PI); //右鼓边
            outside.trigger();
```

```
                keystate4 = 1;
            }
        }
        void hitten(int u)                                          //按键敲击判断
        {
            if (keyPressed)
            {
                if (u == 1)
                {
                    fill(0);
                    arc(x, y, rl, rr, HALF_PI, HALF_PI + PI);
                    if (keystate1 == 0)
                        inside.trigger();
                    keystate1 = 1;
                } else if (u == 2)
            {
            fill(0);
            arc(x, y, rl, rr, 3 * HALF_PI, 3 * HALF_PI + PI);
            if (keystate2 == 0) inside.trigger();
            keystate2 = 1;
        } else if (u == 3)
        {
            stroke(0);
            fill(#F01111);
            arc(x, y, rl, rr, HALF_PI, HALF_PI + PI);
            if (keystate3 == 0)
                outside.trigger();
            keystate3 = 1;
        } else if (u == 4)
        {
            stroke(0);
            fill(#F01111);
            arc(x, y, rl, rr, 3 * HALF_PI, 3 * HALF_PI + PI);
            if (keystate4 == 0)
                outside.trigger();
            keystate4 = 1;
        }

    }
  }
}
    class Mybutlisten                                               //按键监听类
    {
        char inl;                                                   //左内鼓面
        char inr;                                                   //右内鼓面
        char outl;                                                  //左鼓边
        char outr;                                                  //右鼓边
        Mybutlisten(char a, char b, char c, char d)                 //设置按键
         {
            inl = a;
            inr = b;
```

```
            outl = c;
            outr = d;
        }
        int listenbut()                                         //监听按键
        {
            if (key == inl)
            {
                bcolor = 0;                                     //0 代表红色, 8 代表蓝色
                return 1;
            } else if (key == inr)
            {
                bcolor = 0;
                return 2;
            } else if (key == outl)
            {
                bcolor = 8;
                return 3;
            } else if (key == outr)
            {
                bcolor = 8;
                return 4;
            } else
                return 0;
        }
    }
class Timer
{
    float savedtime;                                            //计时器何时开始
    int timestate = 0;
    void start() {
        //当计时器开启, 它将当前时间以 ms 为单位存储下来
        savedtime = millis();
        timestate = 1;
    }
    boolean showtime(float showtimes, float nt)                 //判断鼓点是否应该出现
    {
        float passedtime = nt;
        if ((showtimes - 940)<= passedtime&&timestate == 1)
        {
            return true;
        } else {
            return false;
        }
    }
    void timereset()                                            //重置计时器
    {
        timestate = 0;
        savedtime = 0;
    }
    float now()                                                 //返回计时器运行的时间
    {
```

```
                return millis() - savedtime;
            }
        }
class Mission1                                                          //小球第一关地图
{
    void display()
    {
        background(backimg);                                            //背景
        rectMode(CORNER);                                               //障碍物形状位置
        fill(borderColor);
        noStroke();
        rect(102, 279, 73, 700, 7);
        rect(276, 0, 73, 650,7);
        rect(451, 100, 73, 700,7);
        rect(625, 0, 73, 700,7);
        rect(0, 0, 800, 5);
        rect(0, 795, 800, 5);
        rect(0, 0, 5, 800);
        rect(795, 0, 5, 880);
        fill(255);
        stroke(0);
    }
}
class Mission2                                                          //小球第二关地图
{
    void display()
    {
        background(backimg);
        fill(borderColor);
        noStroke();
        beginShape();
        vertex(200,100);
        vertex(795,100);
        vertex(795,795);
        vertex(100,795);
        vertex(100,500);
        vertex(200,500);
        vertex(200,700);
        vertex(700,700);
        vertex(700,200);
        vertex(200,200);
        endShape(CLOSE);
        beginShape();
        vertex(5,300);
        vertex(600,300);
        vertex(600,600);
        vertex(300,600);
        vertex(300,500);
        vertex(500,500);
        vertex(500,400);
        vertex(500,400);
```

```
            vertex(5,400);
            endShape(CLOSE);
            rectMode(CORNER);
            rect(0, 0, 800, 5);
            rect(0, 795, 800, 5);
            rect(0, 0, 5, 800);
            rect(795, 0, 5, 880);
            fill(255);
            stroke(0);
        }
    }
class Ball {                                                           //小球参数
    private int posx, posy;
    private float radius;
    private float dx;
    private float dy;
    private boolean border;
    private color d;
    Ball(int posx, int posy, int radius, color e ){                    //小球坐标
        this.posx = posx;
        this.posy = posy;
        this.radius = radius;
        this.d = e;
    }
    void display() {                                                   //小球显示
        fill(0, 100, 0);
        ellipseMode(RADIUS);
        ellipse(posx, posy, radius, radius);
        fill(255);
        posx_timer = posx;
        posy_timer = posy;
        radius_timer = radius;
    }
    void move() {                                                      //遇障碍物速度减为 0
        if (isXLeftBorderDetective())
            if (dx > 0)
            dx = 0;
        if (isXRightBorderDetective())
            if (dx < 0)
                dx = 0;
        if (isYUpBorderDetective())
            if (dy < 0)
                dy = 0;
        if (isYDownBorderDetective())
            if (dy > 0)
                dy = 0;
        posx -= dx;
        posy += dy;
    }
//通过键盘或压力传感器输入控制小球速度及运动方向
void update(float ax, float ay) {
```

```
    if(keyPressed && (key == CODED)||serialstate == 1)
      {
        if(serialstate == 1)
      {
        sa = serial.read();
      }
      if(keyCode == LEFT||sa == 49)
          {
              dx = 2;
          }
          if(keyCode == RIGHT||sa == 50)
          {
              dx = -2;
          }
          if(keyCode == UP||sa == 51)
          {
              dy = -2;
          }
          if(keyCode == DOWN||sa == 52)
          {
              dy = 2;
          }
      }
      move();
      display();
}
void reset()                                    //通关后小球恢复初始参数
{
     posx = beginX;
     posy = beginY;
     n = 0;
     missionNo = 0;
     posx_timer = 0;
     posy_timer = 0;
     radius_timer = 0;
     menu3 = 1;
     menu4 = 0;
     menu5 = 0;
}
                                                //判断小球是否触界
boolean isXLeftBorderDetective() {              //判断小球左侧是否触界
     border = false;
     color c;
     c = get((int)(posx - radius - 1), (int)posy);
     if (d == c)
         border = true;
     return border;
}
boolean isXRightBorderDetective() {             //判断小球右侧是否触界
     border = false;
     color c;
```

```
        c = get((int)(posx + radius + 1), (int)posy);
        if (d == c)
            border = true;
        return border;
    }
    boolean isYUpBorderDetective() {                    //判断小球上侧是否触界
        border = false;
        color c;
        c = get((int)(posx), (int)(posy - radius - 1));
        if (d == c)
            border = true;
        return border;
    }
    boolean isYDownBorderDetective() {                  //判断小球下侧是否触界
        border = false;
        color c;
        c = get((int)(posx), (int)(posy + radius + 1));
        if (d == c)
            border = true;
        return border;
    }
}
class Timer1                                            //计时器
{
    int savedTime;                                      //储存开始时间
    int passedTime;                                     //储存经过时长
    Timer1() {
    }
   int start1()                                         //开始计时
    {
        savedTime  =  millis();
        return millis();
    }
    int stop()                                          //结束计时
    {
        passedTime  =  millis() - startTime;
        return passedTime/1000;                         //返回通关时间
    }
}
void win()                                              //显示通关画面
{
    background(backimg);
    fill(0,102,153);
    textSize(25);
    text("Press 'R' to return",20,50);
    textSize(50);
    text("FINISH",520,280);
}

class CURRENTRecord                                     //保存记录
{
```

```
    int lastRecord = 10000;
    int currentRecord = 10000;
    CURRENTRecord(){
    }
    void judge()                              //判断此次通关时间是否大于以前保存的记录
    {
        if(lastRecord < currentRecord)
        currentRecord = lastRecord;           //更新记录
    }
}
```

4.3 产品展示

整体外观如图 4-7 所示，电路正视如图 4-8 所示，电路俯视如图 4-9 所示，选择游戏如图 4-10 所示，游戏一如图 4-11 所示，游戏二如图 4-12 所示。

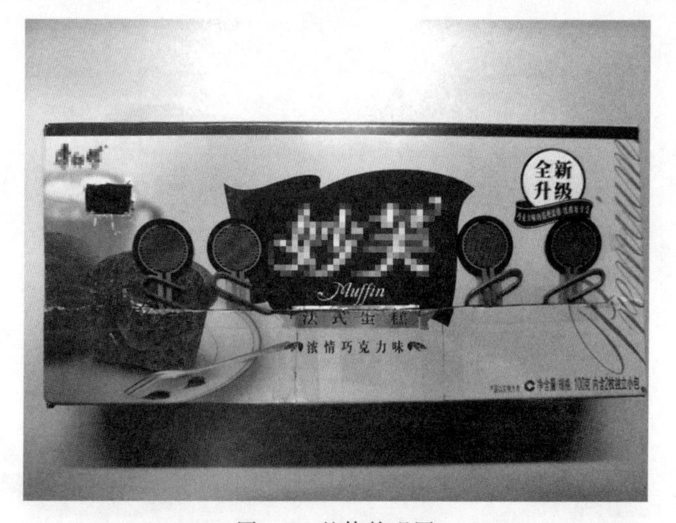

图 4-7　整体外观图

图 4-8　电路正视图

图 4-9　电路俯视图

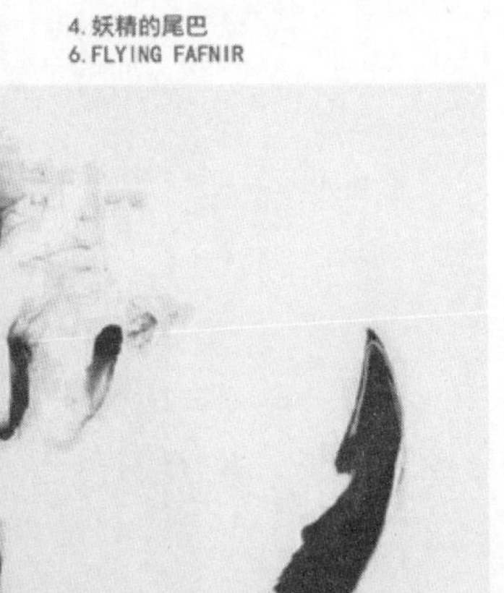

图 4-10　选择游戏

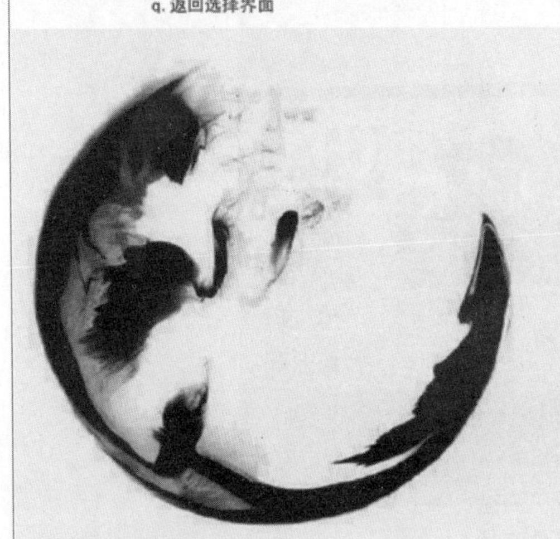

选择歌曲3. 千本樱　4. 妖精的尾巴
5. 红莲之弓矢　6. FLYING FAFNIR

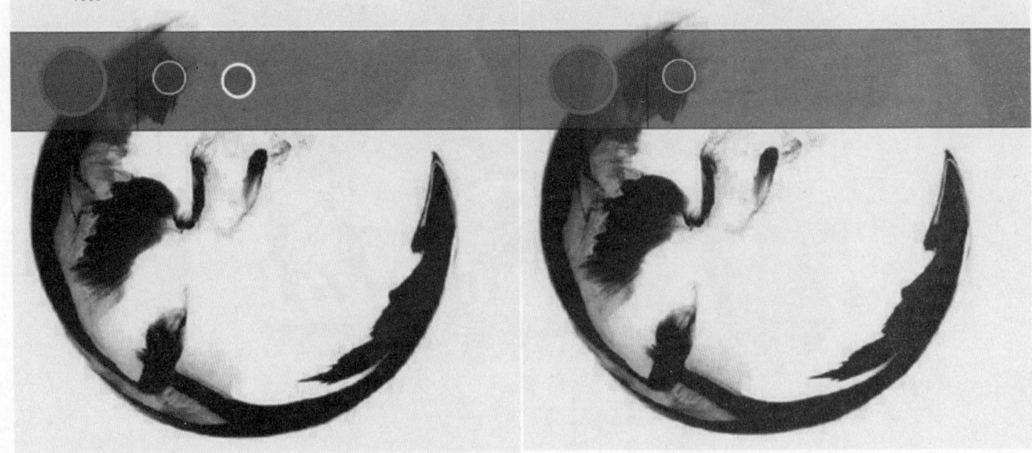

图 4-11　游戏一

W.开始　S.记录
q.返回主页面

按“R”键返回

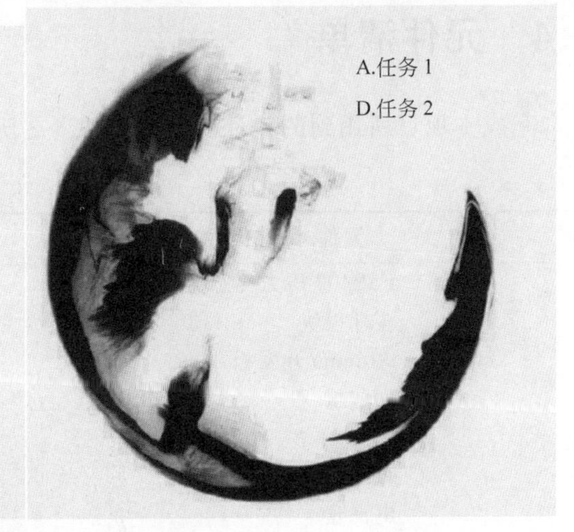

按“R”键返回

完成

时间：21s

按“R”键返回

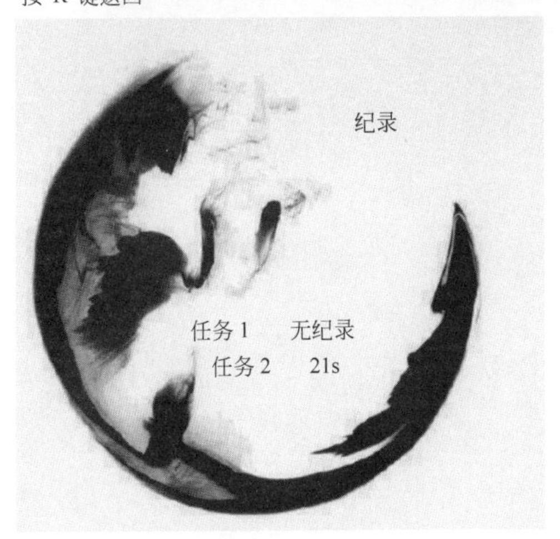

图 4-12　游戏二

4.4 元件清单

完成本项目所用到的元件及数量如表 4-2 所示。

表 4-2 元件清单

元件/测试仪表	数量
FSR402 压力传感器	4 个
蓝牙模块	1 个
Arduino 开发板	1 个
面包板	1 个
导线	若干
10kΩ 电阻	4 个
电池盒	1 个
9V 电池	1 个
包装盒	1 个

第 5 章

节奏大师之疯狂打地鼠项目设计[①]

本项目基于 Arduino 开发板设计一款具有计时功能、将节奏大师与打地鼠结合起来的游戏，玩家可以选择根据地鼠出现的顺序或者 LED 的提示，实现演奏功能。

5.1 功能及总体设计

本项目根据地鼠出现的顺序(按照音乐《两只老虎》的节奏)，或者彩灯输出的顺序按下按键实现演奏音乐与打地鼠同步。在游戏里还加入了计时功能，记录玩家完成演奏一首音乐的时间并生成一条纪录(如果完成时间变短则更新纪录，否则保持之前纪录不变)，以此鼓励玩家不断地进行游戏并打破之前的纪录。

要实现上述功能需将作品分成四部分进行设计，即总体输入、处理部分、传输部分和输出部分。总体输入选用了焊接在万用板上的 6 个按键，每个按键对应一种音调，同时也各自对应 1 个 LED 和网页端的地鼠洞，当对应的 LED 亮或者出现地鼠的时候，按下按键即可演奏音乐，打下地鼠；传输部分选用了 ESP8266 模块配合 Arduino 开发板实现，将 LED 输出的信息(程序生成的字符)同步传输到网页端，由暗变亮或者由亮变暗的 LED 对应地鼠出现或被打下；处理部分由本地服务器和前端构成，将 ESP8266 传送的信息进行处理；输出部分使用 6 个 LED 和网页端上显示的打地鼠界面实现。

1. 整体框架图

整体框架如图 5-1 所示。

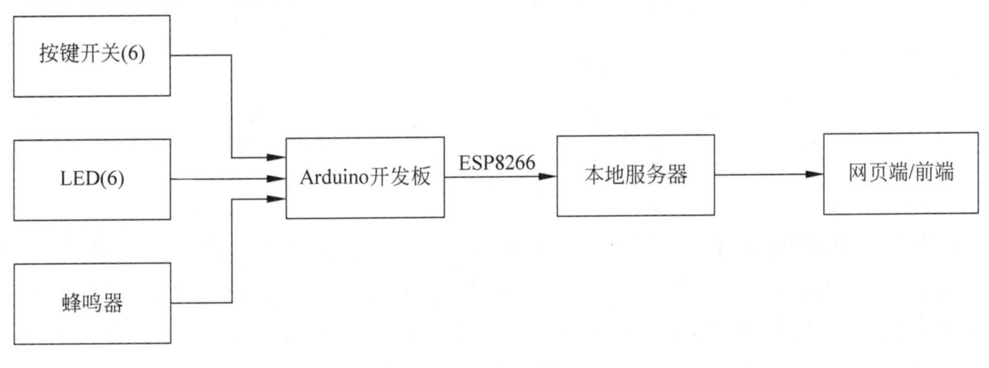

图 5-1 整体框架图

① 本章根据陈文恺、谢岳项目设计整理而成。

2. 系统流程图

系统流程如图 5-2 所示。

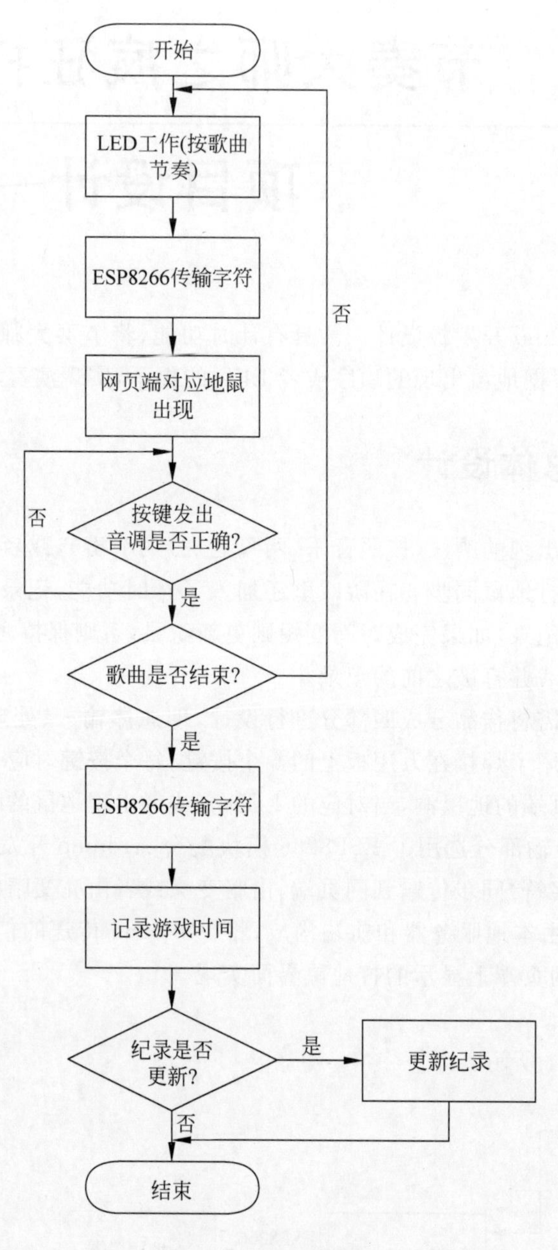

图 5-2 系统流程图

预先在代码中写入了《两只老虎》的节奏。游戏开始之后，LED 按照音乐的节奏由暗变亮。ESP8266 将此信息传至服务器和前端，对此信息进行处理，控制网页端对应地鼠出现。根据网页端地鼠出现或者 LED 变亮的信息，正确按下对应按键，让蜂鸣器发出准确的音调，LED 由亮变暗，网页端的地鼠被打下；未按或者按错按键，不会发出声音或音调错误，则 LED 和网页端的地鼠都保持不变直至玩家按下正确的按键。

3. 总电路图

总电路如图 5-3 所示，引脚连接如表 5-1 所示。

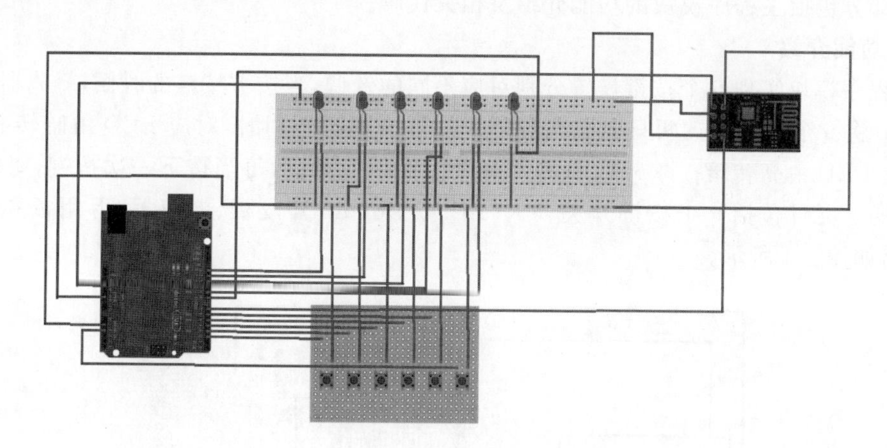

图 5-3　总电路图

表 5-1　引脚连接表

元件及引脚名		Arduino 开发板引脚
ESP8266	UTXD	8
	CH_PD	3.3V
	VCC	3.3V
	URXD	7
	GND	GND
LED	LED1	13
	LED2	12
	LED3	11
	LED4	10
	LED5	9
	LED6	A1
开关	KEY1	2
	KEY2	3
	KEY3	4
	KEY4	5
	KEY5	6
	KEY6	A2

5.2　模块介绍

本项目主要包括主程序部分(控制 LED 按照歌曲节奏输出以及设置按键、控制蜂鸣器音调)、ESP8266 模块(传输信息)、本地服务器和前端部分。下面分别给出各模块的功能介绍及相关代码。

5.2.1 主程序模块

本部分包括主程序模块的功能介绍及相关代码。

1. 功能介绍

主程序模块实现 6 个按键设置分别对应不同的音调，当按下按键的时候，蜂鸣器发出对应音调；将 6 个 LED 与《两只老虎》节奏对应，当演奏某音调时，对应 LED 由暗转亮，结束时，对应 LED 由亮转暗；将 6 个 LED 与 6 个按键一一对应，每当按下一次按键，对应 LED 由亮转暗。元件包括 6 个按键开关、6 个 LED、Arduino 开发板、蜂鸣器、万用板和导线若干，电路如图 5-4 所示。

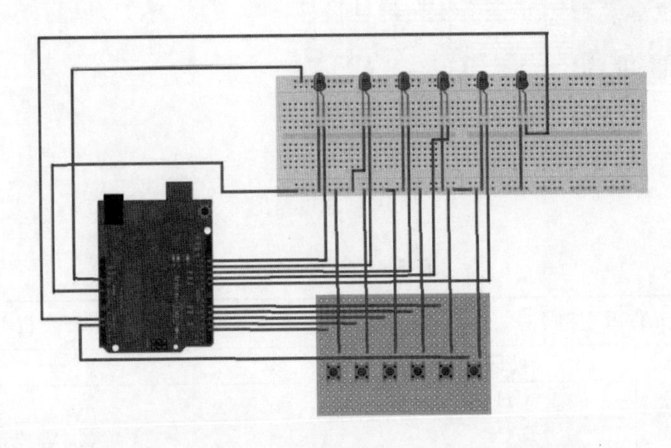

图 5-4 LED、按键开关与 Arduino 开发板连接图

2. 相关代码

```
#define LED1 13
#define LED2 12
#define LED3 11
#define LED4 10
#define LED5 9
#define LED6 A1
#define KEY1 2
#define KEY2 3
#define KEY3 4
#define KEY4 5
#define KEY5 6
#define KEY6 A2
int ledPin = A3;
int capval1,capval2,capval3,capval4,capval5,capval6,capval7,capval8;
int KEY1_NUM = 0;                    //存放变量
int KEY2_NUM = 0;
int KEY3_NUM = 0;
int KEY4_NUM = 0;
int KEY5_NUM = 0;
int KEY6_NUM = 0;
int a = 1;
```

```
int b = 0;
int c = 1;
int flag = 0;
int flagg = 0;
void setup()
{
  pinMode(LED1,OUTPUT);                    //定义 LED 为输出引脚
  pinMode(LED2,OUTPUT);
  pinMode(LED3,OUTPUT);
  pinMode(LED4,OUTPUT);
  pinMode(LED5,OUTPUT);
  pinMode(LED6,OUTPUT);
  pinMode(KEY1,INPUT_PULLUP);              //定义 KEY 为带上拉输入引脚
  pinMode(KEY2,INPUT_PULLUP);
  pinMode(KEY3,INPUT_PULLUP);
  pinMode(KEY4,INPUT_PULLUP);
  pinMode(KEY5,INPUT_PULLUP);
  pinMode(KEY6,INPUT_PULLUP);
  pinMode(ledPin, OUTPUT);
  }
void loop()
{
if(flag!= 1){
switch(a) {
case 1: led = '1'; a = 0;c++;digitalWrite(LED1,1);b = 1;
break;
case 2:led = '2'; a = 0;c++;digitalWrite(LED2,1);b = 2;
break;
case 3:led = '3'; a = 0;c++;digitalWrite(LED3,1);b = 3;
break;
case 4:;led = '1'; a = 0;c++;digitalWrite(LED1,1);b = 1;
break;
case 5:led = '1'; a = 0;c++; digitalWrite(LED1,1);b = 1;
break;
case 6:led = '2'; a = 0;c++;digitalWrite(LED2,1);b = 2;
break;
case 7:led = '3'; a = 0;c++;digitalWrite(LED3,1);b = 3;
break;
case 8:led = '1'; a = 0;c++;digitalWrite(LED1,1);b = 1;
break;
case 9:led = '3'; a = 0;c++;digitalWrite(LED3,1);b = 3;
break;
case 10:led = '4';updateSensorData(); a = 0;c++; digitalWrite(LED4,1);b = 4;
break;
case 11:led = '5'; a = 0;c++;digitalWrite(LED5,1);b = 5;
break;
case 12:led = '3'; a = 0;c++; digitalWrite(LED3,1);b = 3;
break;
case 13:led = '4'; a = 0;c++;digitalWrite(LED4,1);b = 4;
break;
case 14:led = '5'; a = 0;c++;digitalWrite(LED5,1);b = 5;
```

```
break;
case 15:led = '5'; a = 0;c++;digitalWrite(LED5,1);b = 5;
break;
case 16:led = '6'; a = 0;c++;digitalWrite(LED6,1);b = 6;
break;
case 17:led = '5'; a = 0;c++;digitalWrite(LED5,1);b = 5;
break;
case 18:led = '4'; a = 0;c++;digitalWrite(LED4,1);b = 4;
break;
case 19:led = '3'; a = 0;c++;digitalWrite(LED3,1);b = 3;
break;
case 20:led = '1'; a = 0;c++;digitalWrite(LED1,1);b = 1;
break;
case 21:led = '5'; a = 0;c++;digitalWrite(LED5,1);b = 5;
break;
case 22:led = '6'; a = 0;c++;digitalWrite(LED6,1);b = 6;
break;
case 23:led = '5'; a = 0;c++;digitalWrite(LED5,1);b = 5;
break;
case 24:led = '4'; a = 0;c++;digitalWrite(LED4,1);b = 4;
break;
case 25:led = '3'; a = 0;c++;digitalWrite(LED3,1);b = 3;
break;
case 26:led = '1'; a = 0;c++;digitalWrite(LED1,1);b = 1;
break;
case 27:led = '3'; a = 0;c++;digitalWrite(LED3,1);b = 3;
break;
case 28:led = '5'; a = 0;c++;digitalWrite(LED5,1);b = 5;
break;
case 29:led = '1'; a = 0;c++;digitalWrite(LED1,1);b = 1;
break;
case 30:led = '3'; a = 0;c++;digitalWrite(LED3,1);b = 3;
break;
case 31:led = '5'; a = 0;c++;digitalWrite(LED5,1);b = 5;
break;
case 32:led = '1';a = 0;c++;digitalWrite(LED1,1);b = 1;
break;
default:
break;
}
  }
if(a == 33)
{
  flag = 1;
  led = '8';
  a++;
  }
  switch(b){
  case 1: ScanKey1(); break;          //按键扫描程序,当按下时,子程序会修改 KEY_NUM 的值
  case 2: ScanKey2(); break;
  case 3: ScanKey3(); break;
```

```
    case 4: ScanKey4(); break;
    case 5: ScanKey5(); break;
    case 6: ScanKey6(); break;
    }
    if(KEY1_NUM == 1)  //是否按下,如果<span style="font-family:Arial, Helvetica, sans-
                       //serif;">ScanKey 函数扫描到按键就会设置 KEY_NUM 值为 1</span>
    {
      digitalWrite(LED1,0);              //LED1 灭
     }
    if(KEY2_NUM == 1)
    {
      digitalWrite(LED2,0);              //LED2 灭
    }

    if(KEY3_NUM == 1)
    {
      digitalWrite(LED3,0);              //LED4 灭
    }

    if(KEY4_NUM == 1)
    {
      digitalWrite(LED4,0);              //LED4 灭
    }
    if(KEY5_NUM == 1)
    {
      digitalWrite(LED5,0);              //LED5 灭
    }
    if(KEY6_NUM == 1)
    {
      digitalWrite(LED6,0);              //LED6 灭
    }
}
void ScanKey1()                          //按键扫描程序
{
  KEY1_NUM = 0;                          //清空变量
  if(digitalRead(KEY1) == LOW)           //有按键按下
  {
    delay(20);                           //延时去抖动
    if(digitalRead(KEY1) == LOW)         //有按键按下
    {
      KEY1_NUM = 1;                      //变量设置为 1
      a=c;
      while(digitalRead(KEY1) == LOW){
      tone(ledPin, 262, 10);
      };                                 //等待按键松手
    }
  }
}
void ScanKey2()                          //按键扫描程序
{
  KEY2_NUM = 0;                          //清空变量
```

```
  if(digitalRead(KEY2) == LOW)                                //有按键按下
  {
    delay(20);                                                //延时去抖动
    if(digitalRead(KEY2) == LOW)                              //有按键按下
    {
      KEY2_NUM = 1;                                           //变量设置为 1
      a = c;
      while(digitalRead(KEY2) == LOW){
      tone(ledPin, 294, 10);
      };                                                      //等待按键松手
    }
  }
}
void ScanKey3()                                               //按键扫描程序
{
  KEY3_NUM = 0;                                               //清空变量
  if(digitalRead(KEY3) == LOW)                                //有按键按下
  {
    delay(20);                                                //延时去抖动
    if(digitalRead(KEY3) == LOW)                              //有按键按下
    {
      KEY3_NUM = 1;                                           //变量设置为 1
      a = c;
      while(digitalRead(KEY3) == LOW){
      tone(ledPin, 330, 10);
     };                                                       //等待按键松手
    }
  }
}
void ScanKey4()                                               //按键扫描程序
{
  KEY4_NUM = 0;                                               //清空变量
  if(digitalRead(KEY4) == LOW)                                //有按键按下
  {
    delay(20);                                                //延时去抖动
    if(digitalRead(KEY4) == LOW)                              //有按键按下
    {
      KEY4_NUM = 1;                                           //变量设置为 1
       a = c;
    while(digitalRead(KEY4) == LOW){
    tone(ledPin, 350, 10);
      };                                                      //等待按键松手
    }
  }
}
void ScanKey5()                                               //按键扫描程序
{
  KEY5_NUM = 0;                                               //清空变量
  if(digitalRead(KEY5) == LOW)                                //有按键按下
  {
    delay(20);                                                //延时去抖动
```

```
      if(digitalRead(KEY5) == LOW)                    //有按键按下
      {
         KEY5_NUM = 1;                                //变量设置为 1
         a = c;
         while(digitalRead(KEY5) == LOW){
         tone(ledPin, 393, 10);
        };                                            //等待按键松手
      }
    }
}
void ScanKey6()                                       //按键扫描程序
{
  KEY6_NUM = 0;                                       //清空变量
  if(digitalRead(KEY6) == LOW)                        //有按键按下
  {
    delay(20);                                        //延时去抖动
    if(digitalRead(KEY6) == LOW)                      //有按键按下
    {
       KEY6_NUM = 1;                                  //变量设置为 1
       a = c;
       while(digitalRead(KEY6) == LOW){
       tone(ledPin, 441, 10);
      };                                              //等待按键松手
    }
  }
}
```

5.2.2　ESP8266 模块

本部分包括 ESP8266 模块的功能介绍及相关代码。

1. 功能介绍

ESP8266 将主程序生成的字符传输到服务器控制网页的打地鼠游戏。元件包括 ESP8266 模块、Arduino 开发板和导线若干，电路如图 5-5 所示。

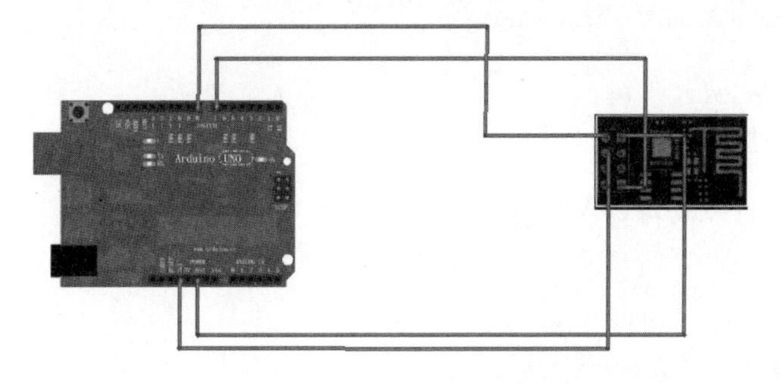

图 5-5　ESP8266 模块与 Arduino 开发板连线图

2. 相关代码

```
#include <Wire.h>                                     //调用库文件
#include "./ESP8266.h"
```

```
#define SSID "iPhone"
#define PASSWORD "12345678"
#define WLAN_SECURITY WLAN_SEC_WPA2
#define IDLE_TIMEOUT_MS 3000                        //无数据等待时间
#define HOST_NAME "172.20.10.4"                     //可改成自己的服务器地址和端口
#define HOST_PORT (8081)
#include <SoftwareSerial.h>
SoftwareSerial mySerial(8, 7);                      //定义软串口,引脚 7 为 RX,引脚 8 为 TX
ESP8266 wifi(mySerial);
//ESP8266 wifi(Serial1);                            //定义一个 ESP8266 的对象
unsigned long net_time1 = millis();                 //数据上传服务器时间
char led = '7';
String postString;                                  //用于存储发送数据的字符串
//String jsonToSend;                                //用于存储发送的 JSON 格式参数
void setup()
{
//初始化串口波特率
Wire.begin();
Serial.begin(9600);
while(!Serial);
  //ESP8266 初始化
Serial.print("setup begin\r\n");
Serial.print("FW Version:");
Serial.println(wifi.getVersion().c_str());
if (wifi.setOprToStationSoftAP()) {
    Serial.print("to station + softap ok\r\n");
  } else {
    Serial.print("to station + softap err\r\n");
  }
  if (wifi.joinAP(SSID, PASSWORD)) {                //加入无线网
    Serial.print("Join AP success\r\n");
    Serial.print("IP: ");
    Serial.println(wifi.getLocalIP().c_str());
  } else {
    Serial.print("Join AP failure\r\n");
  }
  if (wifi.disableMUX()) {
    Serial.print("single ok\r\n");
  } else {
    Serial.print("single err\r\n");
  }
  Serial.print("setup end\r\n");
    if (wifi.createTCP(HOST_NAME, HOST_PORT)) {
//建立 TCP 连接,如果失败,不能发送该数据
    Serial.print("create tcp ok\r\n");}
}
void loop()
{
updateSensorData();
}
```

```
void updateSensorData() {
//postString 将存储传输请求,格式很重要
  postString = "POST ";                                   //POST 发送方式,后要有空格
  postString += "/process_post?led = ";                   //接口 process
  postString += led;                                      //要发送的数据
  postString += " HTTP/1.1";                              //空格 + 传输协议
  postString += "\r\n";
  postString += "Host: ";                                 //Host: + 空格
  postString += HOST_NAME;
  postString += "\r\n";
  postString += "Content - Type: application/x - www - form - urlencoded\r\n";    //编码类型
  postString += "\r\n";                                   //不可删除
  const char * postArray = postString.c_str();            //将 str 转化为 char 数组
  Serial.println(postArray);
  wifi.send((const uint8_t * )postArray, strlen(postArray));
   //send 发送命令,参数必须是这两种格式,尤其是(const uint8_t * )
  Serial.println("send success");
}
```

5.2.3　服务器模块

本部分包括服务器模块的功能介绍及相关代码。

1. 功能介绍

服务器主要是通过 HTTP 协议接收 ESP8266 传输过来的数据,并通过 socket.io 和前端建立 websocket 连接,推送内容给前端展示。

2. 相关代码

```
var express = require('express');
var app = express();
var bodyParser = require('body - parser');
var fs = require('fs');
var util = require('util');
//创建 application/x - www - form - urlencoded 编码解析
var urlencodedParser = bodyParser.urlencoded({ extended: false })
app.use(express.static('public'));
var aj;
var server = app.listen(8081, function() {
  var host = server.address().address
  var port = server.address().port
  console.log("应用实例,访问地址为 http:// % s: % s", host, port)
})
var io = require('socket.io').listen(server);
io.sockets.on('connection', function(socket) {
  console.log('User connected');
  socket.on('disconnect', function() {
      console.log('User disconnected');
  });
});
app.post('/process_post', urlencodedParser, function(req, res) {
```

```
    //输出 JSON 格式
    var response = {
        "led": req.query.led
    };
    console.log(response);
    console.log("get post/r/n");
    io.sockets.emit('message', { text: response.led });
    res.end(JSON.stringify(response));
})
```

5.2.4 前端模块

本部分包括前端模块的功能介绍及相关代码。

1. 功能介绍

前端主要是用于展示游戏页面，地鼠的出现和被敲打，并记录游戏时长、完成计时功能以及记录完成游戏的最快时间。

2. 相关代码

1）CSS 部分

```
* {
    margin: 0;
    padding: 0;
}
.first {
    margin-left: auto;
    margin-right: auto;
}
.first img {
    position: absolute;
    width: 100%;
    text-align: center;
    z-index: -1;
}
li {
    list-style: none;
}
.first ul {
    position: fixed;
    left: 43%;
    top: 37%;
}
button {
    border: 0px;
    background-color: transparent;
    background-image: none;
    font-family: 华文彩云;
    font-size: 2em;
    line-height: 2em;
    color: rgb(226, 246, 10);
```

```
}
button:focus {
    outline: none;
}
button:hover {
    font-size: 2.2em;
}
.options {
    display: none;
}
#btnback {
    display: none;
    position: absolute;
    left: 18%;
    top: 7%;
}
.dishu_bd li,
.dishu li,
.hammer li {
    position: absolute;
    display: none;
    z-index: -1;
}
.dishu li img {
    width: 135%;
}
#one_1 {
    left: 20%;
    top: 26%;
}
#two_1 {
    left: 43%;
    top: 26%;
}
#three_1 {
    left: 68%;
    top: 26%;
}
#four_1 {
    left: 15%;
    top: 73%;
}
#five_1 {
    left: 43%;
    top: 73%;
}
#six_1 {
    left: 71%;
    top: 73%;
}
#one_2 {
```

```
        left: -8%;
        top: -18%;
    }
    #two_2 {
        left: 15.5%;
        top: -18%;
    }
    #three_2 {
        left: 40%;
        top: -17.5%;
    }
    #four_2 {
        left: -12%;
        top: 30%;
    }
    #five_2 {
        left: 16%;
        top: 31%;
    }
    #six_2 {
        left: 43%;
        top: 31%;
    }
    #one_3 {
        left: -8%;
        top: -12%;
    }
    #two_3 {
        left: 15.5%;
        top: -12%;
    }
    #three_3 {
        left: 39.5%;
        top: -12%;
    }
    #four_3 {
        left: -12%;
        top: 37%;
    }
    #five_3 {
        left: 16%;
        top: 37%;
    }
    #six_3 {
        left: 43%;
        top: 37%;
    }
    .time {
        position: absolute;
        right: 10%;
        top: 8%;
```

```
    font-family: 华文彩云;
    font-size: 5em;
    line-height: 2em;
    color: white;
}
#recordd {
    position: absolute;
    right: 48%;
    top: 40%;
    font-family: 华文彩云;
    font-size: 5em;
    line-height: 2em;
    color: rgb(226, 246, 10);
    display: none;
}
```

2）HTML 部分

```
<!DOCTYPE html>
<html lang="en">
<head>
    <title>节奏大师之疯狂打地鼠</title>
    <meta charset="UTF-8">
    <meta name="viewport" content="width=device-width, initial-scale=1">
    <link href="css/dishu.css" rel="stylesheet">
</head>
<script src="https://cdnjs.cloudflare.com/ajax/libs/socket.io/2.0.3/socket.io.js"></
script>
<script src="dishu.js"></script>
<body>
    <main class="first">
        <img src="photo/bgd.jpg" alt="">
        <ul class="main_menu" id="ulmenu">
            <li><button type="button" onclick="Begin();">游戏开始</button></li>
            <li><button type="button" onclick="Options();">查看记录</button></li>
        </ul>
        <button type="button" id="btnback" onclick="Back();">返回</button>
    </main>
    <main class="second">
        <ul class="dishu">
            <li id="one_1"><img src="photo/dishu.png" alt=""></li>
            <li id="two_1"><img src="photo/dishu.png" alt=""></li>
            <li id="three_1"><img src="photo/dishu.png" alt=""></li>
            <li id="four_1"><img src="photo/dishu.png" alt=""></li>
            <li id="five_1"><img src="photo/dishu.png" alt=""></li>
            <li id="six_1"><img src="photo/dishu.png" alt=""></li>
        </ul>
        <ul class="dishu_bd">
            <li id="one_2"><img src="photo/dishu_bd.png" alt=""></li>
            <li id="two_2"><img src="photo/dishu_bd.png" alt=""></li>
            <li id="three_2"><img src="photo/dishu_bd.png" alt=""></li>
```

```
            <li id="four_2"><img src="photo/dishu_bd.png" alt=""></li>
            <li id="five_2"><img src="photo/dishu_bd.png" alt=""></li>
            <li id="six_2"><img src="photo/dishu_bd.png" alt=""></li>
        </ul>
        <ul class="hammer">
            <li id="one_3"><img src="photo/hammer.png" alt=""></li>
            <li id="two_3"><img src="photo/hammer.png" alt=""></li>
            <li id="three_3"><img src="photo/hammer.png" alt=""></li>
            <li id="four_3"><img src="photo/hammer.png" alt=""></li>
            <li id="five_3"><img src="photo/hammer.png" alt=""></li>
            <li id="six_3"><img src="photo/hammer.png" alt=""></li>
        </ul>
        <p class="time" id="timer">0</p>
        <p id="recordd">暂无</p>
    </main>
</body>
</html>
```

3) JavaScript 部分

```
var aj = -1;
var led;
var jishi = 0;
var record = 500;
var socket = io.connect('http://127.0.0.1:8081');
var x;
socket.on('message', function(data) {
    led = data.text;
    console.log(led);
    var one_1 = document.getElementById('one_1');
    var two_1 = document.getElementById('two_1');
    var three_1 = document.getElementById('three_1');
    var four_1 = document.getElementById('four_1');
    var five_1 = document.getElementById('five_1');
    var six_1 = document.getElementById('six_1');
    var one_2 = document.getElementById('one_2');
    var two_2 = document.getElementById('two_2');
    var three_2 = document.getElementById('three_2');
    var four_2 = document.getElementById('four_2');
    var five_2 = document.getElementById('five_2');
    var six_2 = document.getElementById('six_2');
    var one_3 = document.getElementById('one_3');
    var two_3 = document.getElementById('two_3');
    var three_3 = document.getElementById('three_3');
    var four_3 = document.getElementById('four_3');
    var five_3 = document.getElementById('five_3');
    var six_3 = document.getElementById('six_3');
    switch (Number(led)) {
        case 1:
            switch (aj) {
                case 1:
```

```
                    one_1.style.display = 'none';
                    one_2.style.display = 'block';
                    one_3.style.display = 'block';
        var t = setTimeout("one_2.style.display = 'none';one_3.style.display = 'none';", 300)
                    break;
                case 2:
                    two_1.style.display = 'none';
                    two_2.style.display = 'block';
                    two_3.style.display = 'block';
        var t = setTimeout("two.style.display = 'none';two_3.style.display = 'none';", 300)
                    break;
                case 3:
                    three_1.style.display = 'none';
                    three_2.style.display = 'block';
                    three_3.style.display = 'block';
         var t = setTimeout("three_2.style.display = 'none';three_3.style.display = 'none';",
300)
                    break;
                case 4:
                    four_1.style.display = 'none';
                    four_2.style.display = 'block';
                    four_3.style.display = 'block';
        var t = setTimeout("four_2.style.display = 'none';four_3.style.display = 'none';", 300)
                    break;
                case 5:
                    five_1.style.display = 'none';
                    five_2.style.display = 'block';
                    five_3.style.display = 'block';
        var t = setTimeout("five_2.style.display = 'none';five_3.style.display = 'none';", 300)
                    break;
                case 6:
                    six_1.style.display = 'none';
                    six_2.style.display = 'block';
                    six_3.style.display = 'block';
          var t = setTimeout("six_2.style.display = 'none';six_3.style.display = 'none';", 300)
                    break;
                default:
                    break;
            }
            one_1.style.display = 'block';
            aj = 1;
            break;
        case 2:
            switch (aj) {
                case 1:
                    one_1.style.display = 'none';
                    one_2.style.display = 'block';
                    one_3.style.display = 'block';
        var t = setTimeout("one_2.style.display = 'none';one_3.style.display = 'none';", 300)
                    break;
                case 2:
```

```
                    two_1.style.display = 'none';
                    two_2.style.display = 'block';
                    two_3.style.display = 'block';
        var t = setTimeout("two_2.style.display = 'none';two_3.style.display = 'none';", 300)
                    break;
                case 3:
                    three_1.style.display = 'none';
                    three_2.style.display = 'block';
                    three_3.style.display = 'block';
        var t = setTimeout("three_2.style.display = 'none';three_3.style.display = 'none';", 300)
                    break;
                case 4:
                    four_1.style.display = 'none';
                    four_2.style.display = 'block';
                    four_3.style.display = 'block';
        var t = setTimeout("four_2.style.display = 'none';four_3.style.display = 'none';", 300)
                    break;
                case 5:
                    five_1.style.display = 'none';
                    five_2.style.display = 'block';
                    five_3.style.display = 'block';
        var t = setTimeout("five_2.style.display = 'none';five_3.style.display = 'none';", 300)
                    break;
                case 6:
                    six_1.style.display = 'none';
                    six_2.style.display = 'block';
                    six_3.style.display = 'block';
        var t = setTimeout("six_2.style.display = 'none';six_3.style.display = 'none';", 300)
                    break;
                default:
                    break;
            }
            two_1.style.display = 'block';
            aj = 2;
            break;
        case 3:
            switch (aj) {
                case 1:
                    one_1.style.display = 'none';
                    one_2.style.display = 'block';
                    one_3.style.display = 'block';
        var t = setTimeout("one_2.style.display = 'none';one_3.style.display = 'none';", 300)
                    break;
                case 2:
                    two_1.style.display = 'none';
                    two_2.style.display = 'block';
                    two_3.style.display = 'block';
        var t = setTimeout("two_2.style.display = 'none';two_3.style.display = 'none';", 300)
                    break;
                case 3:
                    three_1.style.display = 'none';
```

```
                three_2.style.display = 'block';
                three_3.style.display = 'block';
var t = setTimeout("three_2.style.display = 'none';three_3.style.display = 'none';", 300)
                break;
            case 4:
                four_1.style.display = 'none';
                four_2.style.display = 'block';
                four_3.style.display = 'block';
var t = setTimeout("four_2.style.display = 'none';four_3.style.display = 'none';", 300)
                break;
            case 5:
                five_1.style.display = 'none';
                five_2.style.display = 'block';
                five_3.style.display = 'block';
var t = setTimeout("five_2.style.display = 'none';five_3.style.display = 'none';", 300)
                break;
            case 6:
                six_1.style.display = 'none';
                six_2.style.display = 'block';
                six_3.style.display = 'block';
var t = setTimeout("six_2.style.display = 'none';six_3.style.display = 'none';", 300)
                break;
            default:
                break;
        }
        three_1.style.display = 'block';
        aj = 3;
        break;
case 4:
        switch (aj) {
            case 1:
                one_1.style.display = 'none';
                one_2.style.display = 'block';
                one_3.style.display = 'block';
var t = setTimeout("one_2.style.display = 'none';one_3.style.display = 'none';", 300)
                break;
            case 2:
                two_1.style.display = 'none';
                two_2.style.display = 'block';
                two_3.style.display = 'block';
var t = setTimeout("two_2.style.display = 'none';two_3.style.display = 'none';", 300)
                break;
            case 3:
                three_1.style.display = 'none';
                three_2.style.display = 'block';
                three_3.style.display = 'block';
var t = setTimeout("three_2.style.display = 'none';three_3.style.display = 'none';", 300)
                break;
            case 4:
                four_1.style.display = 'none';
                four_2.style.display = 'block';
```

```
                    four_3.style.display = 'block';
        var t = setTimeout("four_2.style.display = 'none';four_3.style.display = 'none';", 300)
                    break;
                case 5:
                    five_1.style.display = 'none';
                    five_2.style.display = 'block';
                    five_3.style.display = 'block';
        var t = setTimeout("five_2.style.display = 'none';five_3.style.display = 'none';", 300)
                    break;
                case 6:
                    six_1.style.display = 'none';
                    six_2.style.display = 'block';
                    six_3.style.display = 'block';
        var t = setTimeout("six_2.style.display = 'none';six_3.style.display = 'none';", 300)
                    break;
                default:
                    break;
            }
            four_1.style.display = 'block';
            aj = 4;
            break;
        case 5:
            switch (aj) {
                case 1:
                    one_1.style.display = 'none';
                    one_2.style.display = 'block';
                    one_3.style.display = 'block';
        var t = setTimeout("one_2.style.display = 'none';one_3.style.display = 'none';", 300)
                    break;
                case 2:
                    two_1.style.display = 'none';
                    two_2.style.display = 'block';
                    two_3.style.display = 'block';
        var t = setTimeout("two_2.style.display = 'none';two_3.style.display = 'none';", 300)
                    break;
                case 3:
                    three_1.style.display = 'none';
                    three_2.style.display = 'block';
                    three_3.style.display = 'block';
        var t = setTimeout("three_2.style.display = 'none';three_3.style.display = 'none';", 300)
                    break;
                case 4:
                    four_1.style.display = 'none';
                    four_2.style.display = 'block';
                    four_3.style.display = 'block';
        var t = setTimeout("four_2.style.display = 'none';four_3.style.display = 'none';", 300)
                    break;
                case 5:
                    five_1.style.display = 'none';
                    five_2.style.display = 'block';
                    five_3.style.display = 'block';
```

```
var t = setTimeout("five_2.style.display = 'none';five_3.style.display = 'none';", 300)
                break;
            case 6:
                six_1.style.display = 'none';
                six_2.style.display = 'block';
                six_3.style.display = 'block';
var t = setTimeout("six_2.style.display = 'none';six_3.style.display = 'none';", 300)
                break;
            default:
                break;
        }
        five_1.style.display = 'block';
        aj = 5;
        break;
    case 6:
        switch (aj) {
            case 1:
                one_1.style.display = 'none';
                one_2.style.display = 'block';
                one_3.style.display = 'block';
var t = setTimeout("one_2.style.display = 'none';one_3.style.display = 'none';", 300)
                break;
            case 2:
                two_1.style.display = 'none';
                two_2.style.display = 'block';
                two_3.style.display = 'block';
var t = setTimeout("two_2.style.display = 'none';two_3.style.display = 'none';", 300)
                break;
            case 3:
                three_1.style.display = 'none';
                three_2.style.display = 'block';
                three_3.style.display = 'block';
var t = setTimeout("three_2.style.display = 'none';three_3.style.display = 'none';", 300)
                break;
            case 4:
                four_1.style.display = 'none';
                four_2.style.display = 'block';
                four_3.style.display = 'block';
var t = setTimeout("four_2.style.display = 'none';four_3.style.display = 'none';", 300)
                break;
            case 5:
                five_1.style.display = 'none';
                five_2.style.display = 'block';
                five_3.style.display = 'block';
var t = setTimeout("five_2.style.display = 'none';five_3.style.display = 'none';", 300)
                break;
            case 6:
                six_1.style.display = 'none';
                six_2.style.display = 'block';
                six_3.style.display = 'block';
var t = setTimeout("six_2.style.display = 'none';six_3.style.display = 'none';", 300)
```

```
                break;
            default:
                break;
        }
        six_1.style.display = 'block';
        aj = 6;
        break;
    case 7:
        x = setInterval("clk()", 1000);
        break;
    case 8:
        window.clearInterval(x);
        if (record >= jishi) {
            record = jishi;
        }
        jishi = 0;
        switch (aj) {
            case 1:
                one_1.style.display = 'none';
                one_2.style.display = 'block';
                one_3.style.display = 'block';
    var t = setTimeout("one_2.style.display = 'none';one_3.style.display = 'none';", 300)
                break;
            case 2:
                two_1.style.display = 'none';
                two_2.style.display = 'block';
                two_3.style.display = 'block';
    var t = setTimeout("two_2.style.display = 'none';two_3.style.display = 'none';", 300)
                break;
            case 3:
                three_1.style.display = 'none';
                three_2.style.display = 'block';
                three_3.style.display = 'block';
    var t = setTimeout("three_2.style.display = 'none';three_3.style.display = 'none';", 300)
                break;
            case 4:
                four_1.style.display = 'none';
                four_2.style.display = 'block';
                four_3.style.display = 'block';
    var t = setTimeout("four_2.style.display = 'none';four_3.style.display = 'none';", 300)
                break;
            case 5:
                five_1.style.display = 'none';
                five_2.style.display = 'block';
                five_3.style.display = 'block';
    var t = setTimeout("five_2.style.display = 'none';five_3.style.display = 'none';", 300)
                break;
            case 6:
                six_1.style.display = 'none';
                six_2.style.display = 'block';
                six_3.style.display = 'block';
```

```
            var t = setTimeout("six_2.style.display = 'none';six_3.style.display = 'none';", 300)
                        break;
                    default:
                        break;
                }
                aj = 8;
                break;
        }
})
function Begin() {
    var ullist = document.getElementById('ulmenu');
    var btnback = document.getElementById('btnback');
    var btnback = document.getElementById('btnback');
    ullist.style.display = 'none';
    btnback.style.display = 'block';
    console.log('ok');
}
function Options() {
    var btnback = document.getElementById('btnback');
    var ullist = document.getElementById('ulmenu');
    var recordd = document.getElementById('recordd');
    ullist.style.display = 'none';
    btnback.style.display = 'block';
    recordd.innerHTML = record;
    recordd.style.display = 'block';
    console.log('ok');
}
function Back() {
    var btnback = document.getElementById('btnback');
    var ullist = document.getElementById('ulmenu');
    var recordd = document.getElementById('recordd');
    ullist.style.display = 'block';
    btnback.style.display = 'none';
    recordd.style.display = 'none';
}
function clk() {
    var timer = document.getElementById('timer');
    jishi++;
    timer.innerHTML = jishi;
}
```

5.3 产品展示

整体外观如图 5-6 所示，左边计算机上显示的是打地鼠游戏界面端，右边是 Arduino 开发板及其连接的 LED、万用板及其连接的按键开关和 ESP8266 模块。网页端游戏开始界面如图 5-7 所示，游戏进行界面如图 5-8 所示，记录完成游戏时间界面如图 5-9 所示。

图 5-6　整体外观图

图 5-7　游戏开始界面

图 5-8　游戏进行界面

图 5-9　记录完成游戏时间界面

5.4　元件清单

完成本项目所用到的元件及数量如表 5-2 所示。

表 5-2　元件清单

元件/测试仪表	数量
Arduino 开发板	1 个
ESP8266 模块	1 个
导线	若干
LED 彩灯	6 个
按键开关	6 个
面包板	1 个
万用板	1 个

第 6 章

基于红外测距的虚拟电子琴项目设计[①]

本项目将红外测距原理与 Arduino 开发板及 SD 卡音乐播放功能相结合，实现具有播放、半自由演奏、自由演奏、创作、监督等功能的虚拟电子琴。

6.1　功能及总体设计

本项目将琴键音 wav 文件存于 SD 卡中，使用活动挡板，测距有效区域遮挡对应的传感器，通过测得传感器到挡板距离的回传，播放对应的声音文件。用户也可以通过选择不同的功能，实现不同模式的弹奏。

要实现上述功能需将作品分成三部分进行设计，即红外测距输入部分、SD 卡输入部分和扬声器输出部分。红外测距输入部分主要功能是将模拟引脚读取的电压值通过函数转化为距离输入；SD 卡输入部分主要功能是读取预置的琴键音 wav 文件和音乐播放 wav 文件；音频处理并输出部分主要功能是将两个声道的信号输入通过功放板进行放大并播放。

1. 整体框架图

整体框架如图 6-1 所示。

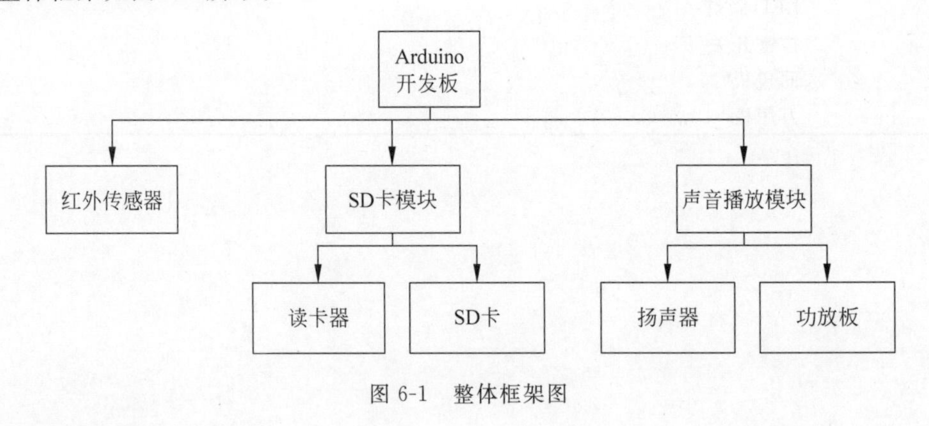

图 6-1　整体框架图

2. 系统流程图

系统流程如图 6-2 所示。

---

① 本章根据张欣悦、王佳洋项目设计整理而成。

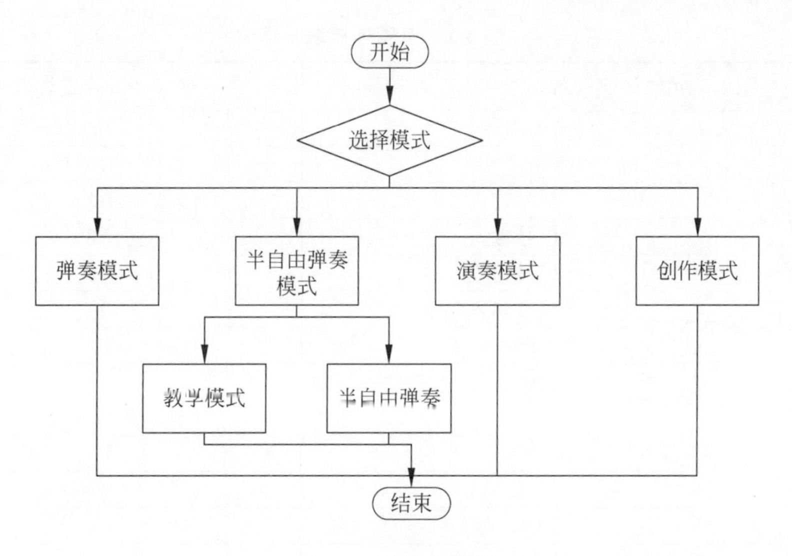

图 6-2 系统流程图

接通电源后连接蓝牙，对串口监视器选择需要的功能开始测距。通过功能定义的区别，选择不同的测距数据处理方式及播放声音文件的方式。处理后，若检测到复位信号，则重新选择功能。

3. 总电路图

总电路如图 6-3 所示，引脚连接如表 6-1 所示。

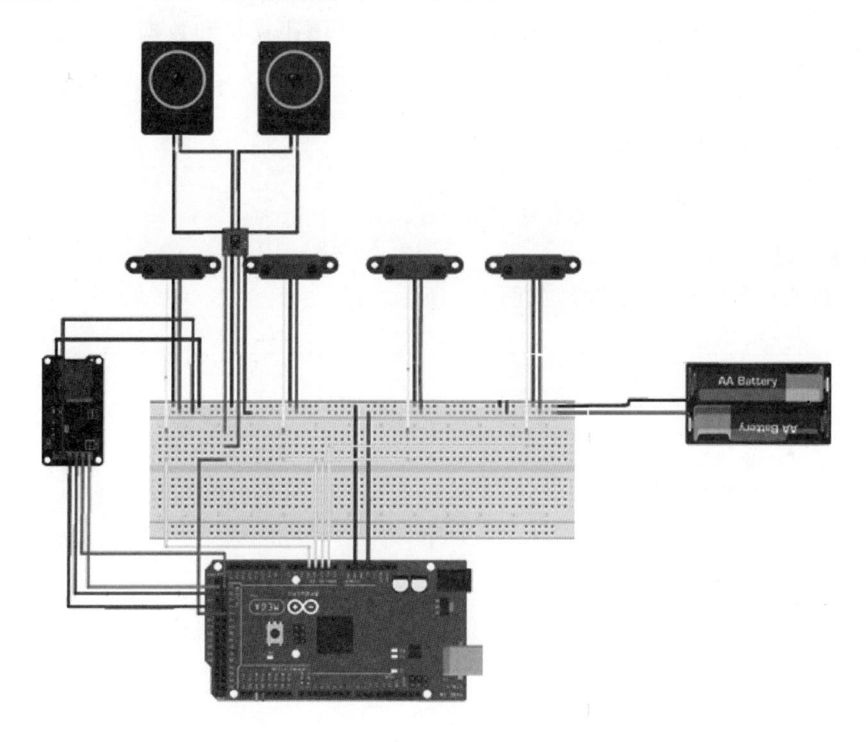

图 6-3 总电路图

表 6-1 引脚连接表

元件及引脚名		Arduino 开发板引脚
红外测距模块(4 个)	VCC	5V
	GND	GND
	信号输入	A1
	信号输入	A2
	信号输入	A3
	信号输入	A4
SD 卡读写模块	MISO	50
	CS	4
	MOSI	51
	SCK	52
	GND	GND
	VCC	5V
功放板	VCC	5V
	GND	GND
	Lin/Rin	44

6.2 模块介绍

本项目主要包括主程序模块、SD 卡读写模块、红外测距模块和数据处理模块。下面分别给出各模块的功能介绍及相关代码。

6.2.1 主程序模块

本部分包括主程序模块的功能介绍及相关代码。

1. 功能介绍

通过串口监视器实现功能选择,如图 6-4 所示。

```
Free Ram: 5330

Initializing SimpleSDAudio V1.03 ...Welcome to the Visual Keyboard.
*Please select a function*
1.Free playing mode
2.Semi-free playing mode
3.player
Free Playing mode...
Do you want to record it?
1 Yes.
2 No.
Free playing mode with recording...
Input 9 for re-select.
```

图 6-4 功能选择串口监视器图

2. 相关代码

```
char GP2D12[4];
char a,b;
int m;
int val;
int FlagFree,FlagHalffree,FlagPlayer,FlagCreative,FlagSupervision;      //五个模式的执行标
                                                                        //志 flag
int flag_halffree_finish;
int distance_key;                                    //测距回传对应的琴键音
int distance_key1,distance_key2;
int key_save[4],
unsigned long time1;
unsigned long time2;
unsigned long playtime;
 void loop(void) {
  delay(5000);
  m = Serial.parseInt();                             //读取
  if(m == 1)                                         //选择模式 1,对应 flag 置 1,其余置 0
  {
    FlagFree = 1;
    FlagHalffree = 0;
    FlagPlayer = 0;
    Serial.println("Free Playing mode...");
    Serial.println("Do you want to record it?");     //选择创作模式
    Serial.println("1 Yes.");
    Serial.println("2 No.");
    delay(5000);
    m = Serial.parseInt();
    if(m == 1)                                       //选中创作模式
    {
      FlagCreative = 1;
      FlagFree = 1;
      Serial.println("Free playing mode with recording...");
      Serial.println("Input 9 for re - select.");    //复位
    }
    else if(m == 2)                                  //不选创作模式
    {
      FlagCreative = 0;
      FlagFree = 1;
      Serial.println("Free playing mode without recording...");
      Serial.println("Input 9 for re - select.");
    }
    else
    {
      FlagFree = 0;                                  //报错,重选
      m = 1;
      Serial.println("Input error!");
    }
  }
  else if(m == 2)                                    //选中半自由模式,对应 flag 置 1,其余置 0
```

```
{
  FlagFree = 0;
  FlagHalffree = 1;
  FlagPlayer = 0;
  Serial.println("Do you want to be supervised?"); //选择监督模式
  Serial.println("1 Yes.");
  Serial.println("2 No.");
  delay(5000);
  m = Serial.parseInt();
  if(m == 1)                                        //选中监督模式
  {
    FlagSupervision = 1;
    FlagHalffree = 1;
    Serial.println("Frec playing mode with being supervised...");
    Serial.println("Input 9 for re - select.");
  }
  else if(m == 2)                                   //不选监督模式
  {
    FlagSupervision = 0;
    FlagHalffree = 1;
    Serial.println("Free playing mode without being supervised...");
    Serial.println("Input 9 for re - select.");
  }
  else                                              //报错,重选
  {
    FlagHalffree = 0;
    m = 2;
    Serial.println("Input error!");
    Serial.println("Do you want to be supervised?");
    Serial.println("1 Yes.");
    Serial.println("2 No.");
  }
}
else if(m == 3)                                     //选中播放模式,对应 flag 置 1,其余置 0
{
  FlagFree = 0;
  FlagHalffree = 0;
  FlagPlayer = 1;
  Serial.println("Player mode...");
  Serial.println("Input 9 for re - select.");
}
else                                                //报错,重选
{
  FlagFree = 0;
  FlagHalffree = 0;
  FlagPlayer = 0;
  Serial.println("Input error! Please re - select.");
  Serial.println("1.Free playing mode");
  Serial.println("2.Semi - free playing mode");
  Serial.println("3.player");
}
```

6.2.2　SD卡读写模块

本部分包括SD卡读写模块的功能介绍及相关代码。

1. 功能介绍

读取SD卡中琴键/音乐wav文件,并根据代码播放。元件包括SD卡读写模块,如图6-5所示。

图6-5　SD读写模块图

2. 相关代码

SD卡初始化:

```
#include <SimpleSDAudio.h>
void DirCallback(char *buf) {
  Serial.println(buf);
}
#define BIGBUFSIZE (2 * 512)
uint8_t bigbuf[BIGBUFSIZE];
int freeRam () {
  extern int __heap_start, *__brkval;
  int v;
  return (int) &v - (__brkval == 0 ? (int) &__heap_start : (int) __brkval);
}
void setup()
{
  Serial.begin(9600);
  while (!Serial) {
    ;
  }
  Serial.print(F("Free Ram: "));
  Serial.println(freeRam());
  SdPlay.setWorkBuffer(bigbuf, BIGBUFSIZE);
  Serial.print(F("\nInitializing SimpleSDAudio V" SSDA_VERSIONSTRING " ..."));  //初始化SD卡
  if (!SdPlay.init(SSDA_MODE_FULLRATE | SSDA_MODE_MONO | SSDA_MODE_AUTOWORKER)) {
                                                                    //初始化失败
```

```
    Serial.println(F("initialization failed. Things to check:"));
    Serial.println(F(" * is a card is inserted?"));
    Serial.println(F(" * Is your wiring correct?"));
    Serial.println(F(" * maybe you need to change the chipSelect pin to match your shield or
module?"));
    Serial.print(F("Error code: "));
    Serial.println(SdPlay.getLastError());
    while(1);
  }
  else {
    Serial.println(F("Welcome to the Visual Keyboard."));     //初始化成功,进入模式选择
    Serial.println(" * Please select a function * ");         //选择自由/半自由/播放
    Serial.println("1.Free playing mode");
    Serial.println("2.Semi - free playing mode");
    Serial.println("3.player");
  }
}
//播放琴键音函数:
void define_key(int key)                                    //琴键音定义函数,对应C大调3个八度
{
  if(key == 21)                                             //低音 1
  {
    Serial.print("C21 ");
    SdPlay.setFile("C21.AFM");
    SdPlay.play();
  }
  else if(key == 22)                                        //低音 2
  {
    Serial.print("C22 ");
    SdPlay.setFile("C22.AFM");
    SdPlay.play();
  }
  else if(key == 23)                                        //低音 3
  {
    Serial.print("C23 ");
    SdPlay.setFile("C23.AFM");
    SdPlay.play();
  }
  else if(key == 24)                                        //低音 4
  {
    Serial.print("C24 ");
    SdPlay.setFile("C24.AFM");
    SdPlay.play();
  }
  else if(key == 25)                                        //低音 5
  {
    Serial.print("C25 ");
    SdPlay.setFile("C25.AFM");
    SdPlay.play();
  }
  else if(key == 26)                                        //低音 6
```

```
{
  Serial.print("C26 ");
  SdPlay.setFile("C26.AFM");
  SdPlay.play();
}
else if(key == 27)                                      //低音 7
{
  Serial.print("C27 ");
  SdPlay.setFile("C27.AFM");
  SdPlay.play();
}
else if(key == 31)                                      //中音 1
{
  Serial.print("C31 ");
  SdPlay.setFile("C31.AFM");
  SdPlay.play();
}
else if(key == 32)                                      //中音 2
{
  Serial.print("C32 ");
  SdPlay.setFile("C32.AFM");
  SdPlay.play();
}
else if(key == 33)                                      //中音 3
{
  Serial.print("C33 ");
  SdPlay.setFile("C33.AFM");
  SdPlay.play();
}
else if(key == 34)                                      //中音 4
{
  Serial.print("C34 ");
  SdPlay.setFile("C34.AFM");
  SdPlay.play();
}
else if(key == 35)                                      //中音 5
{
  Serial.print("C35 ");
  SdPlay.setFile("C35.AFM");
  SdPlay.play();
}
else if(key == 36)                                      //中音 6
{
  Serial.print("C36 ");
  SdPlay.setFile("C36.AFM");
  SdPlay.play();
}
else if(key == 37)                                      //中音 7
{
  Serial.print("C37 ");
  SdPlay.setFile("C37.AFM");
```

```
    SdPlay.play();
  }
  else if(key == 41)                                          //高音 1
  {
    Serial.print("C41 ");
    SdPlay.setFile("C41.AFM");
    SdPlay.play();
  }
  else if(key == 42)                                          //高音 2
  {
    Serial.print("C42 ");
    SdPlay.setFile("C42.AFM");
    SdPlay.play();
  }
  else if(key == 43)                                          //高音 3
  {
    Serial.print("C43 ");
    SdPlay.setFile("C43.AFM");
    SdPlay.play();
  }
  else if(key == 44)                                          //高音 4
  {
    Serial.print("C44 ");
    SdPlay.setFile("C44.AFM");
    SdPlay.play();
  }
  else if(key == 45)                                          //高音 5
  {
    Serial.print("C45 ");
    SdPlay.setFile("C45.AFM");
    SdPlay.play();
  }
  else if(key == 46)                                          //高音 6
  {
    Serial.print("C46 ");
    SdPlay.setFile("C46.AFM");
    SdPlay.play();
  }
  else if(key == 47)                                          //高音 7
  {
    Serial.print("C47 ");
    SdPlay.setFile("C47.AFM");
    SdPlay.play();
  }
  else if(key == 100)                                         //结束/报错音
  {
    if(FlagSupervision)
      Serial.print("wrong");
    else
      Serial.print("finished");
    SdPlay.setFile("C100.AFM");
```

```
    SdPlay.play();
  }
  else Serial.println("not found");
  //else Serial.println(SdPlay.getLastError());
  }
```

6.2.3 红外测距模块

本部分包括红外测距模块的功能介绍及相关代码。

1. 功能介绍

四个传感器循环测距，可使用活动挡板遮挡某个红外测距传感器。模拟引脚检测到传感器电压变化，通过测距函数转化为相应距离。有效范围内的距离作为数据，输出到数据处理部分，如图 6-6 所示。

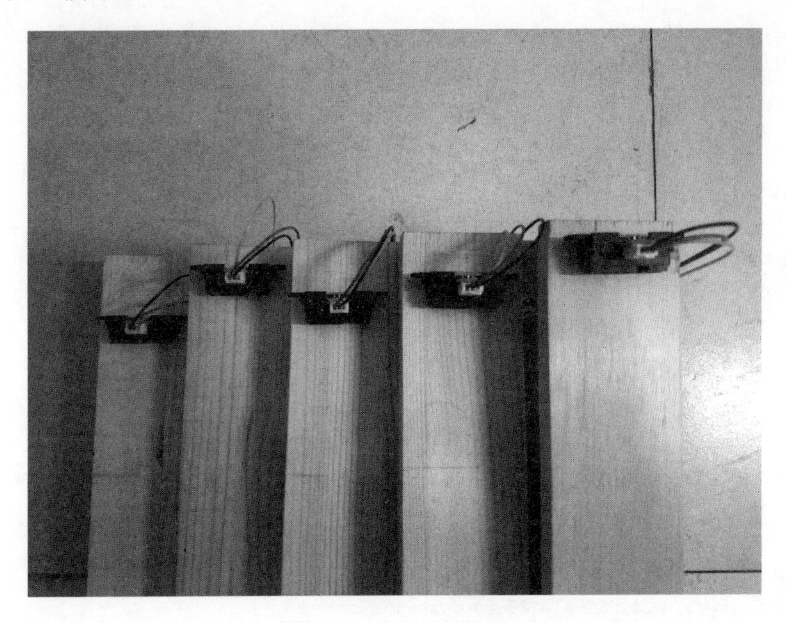

图 6-6　红外测距模块

2. 相关代码

```
float read_gp2d12_range(byte pin)                //一次测距函数
{
  int tmp;
  tmp = analogRead(pin);                         //读取模拟引脚电压值
  if (tmp < 3)return -1;
  return (6787.0 /((float)tmp - 3.0)) - 4.0;     //使用测距函数转化为距离
}
int ave_gp2d12_range(byte pin)                   //平均测距函数
{
  int a,b;
  int val[5];
  int ave_dis,all_dis = 0;
  int GP2D12;
```

```
    int Max,Min;
    for(int i = 0;i < 5;i++)                          //5 次测距
    {
      GP2D12 = read_gp2d12_range(pin);                //调用一次测距函数
      a = GP2D12/10;                                  //转化为整形
      b = GP2D12 % 10;
      val[i] = a * 10 + b;
      all_dis = all_dis + val[i];                     //求和
      if(i == 0)
      {
        Max = val[0];
        Min = val[0];
      }
      else
      {
        if(Max < val[i]) Max = val[i];                //比较出最大值、最小值
        if(Min > val[i]) Min = val[i];
      }
      delay(10);
    }
    ave_dis = (all_dis - Max - Min)/3;                //余下 3 个值取平均
    return ave_dis;
  }
  int define_distance(int i, int val)                 //琴键音、距离转换函数
  {
    if(i == 0)                                        //第 1 个传感器
    {
      if(val >= 4.5&&val <= 40.5)                     //有效距离
      {
        if(val > 4.5&&val < 9.5) distance_key = 100;  //每个有效区域对应的琴键音
        else if(val > 9.5&&val < 14.5) distance_key = 21;
        else if(val > 14.5&&val < 19.5) distance_key = 22;
        else if(val > 19.5&&val < 24.5) distance_key = 23;
        else if(val > 24.5&&val < 29.5) distance_key = 24;
        else if(val > 29.5&&val < 32.5) distance_key = 25;
        else if(val > 32.5&&val < 40.5) distance_key = 26;
      }
      else distance_key = -1;                         //回传无效琴键音
      if(distance_key == key_save[0])                 //判断状态是否变化
        distance_key = -1;                            //不变化回传无效琴键音
      else key_save[0] = distance_key;                //若变化回传当前琴键音,并更新状态
    }
    else if(i == 1)                                   //第 2 个传感器
    {
      if(val >= 4.5&&val <= 44.5)
      {
        if(val > 4.5&&val < 9.5) distance_key = 27;
        else if(val > 9.5&&val < 14.5) distance_key = 31;
        else if(val > 14.5&&val < 24.5) distance_key = 32;
        else if(val > 24.5&&val < 30.5) distance_key = 33;
        else if(val > 30.5&&val < 44.5) distance_key = 34;
```

```
      }
      else distance_key = -1;
      if(distance_key == key_save[1])
        distance_key = -1;
      else key_save[1] = distance_key;
    }
    else if(i == 2)                                   //第 3 个传感器
    {
      if(val >= 4.5&&val <= 35.5)
      {
        if(val > 4.5&&val < 11.5) distance_key = 35;
        else if(val > 11.5&&val < 16.5) distance_key = 36;
        else if(val > 16.5&&val < 20.5) distance_key = 37;
        else if(val > 20.5&&val < 27.5) distance_key = 41;
        else if(val > 27.5&&val < 35.5) distance_key = 42;
      }
      else distance_key = -1;
      if(distance_key == key_save[2])
        distance_key = -1;
      else key_save[2] = distance_key;
    }
    else if(i == 3)                                   //第 4 个传感器
    {
      if(val >= 4.5&&val <= 33.5)
      {
        if(val > 4.5&&val < 11.5) distance_key = 43;
        else if(val > 11.5&&val < 18.5) distance_key = 44;
        else if(val > 18.5&&val < 22.5) distance_key = 45;
        else if(val > 22.5&&val < 27.5) distance_key = 46;
        else if(val > 27.5&&val < 33.5) distance_key = 47;
      }
      else distance_key = -1;
      if(distance_key == key_save[3])
        distance_key = -1;
      else key_save[3] = distance_key;
    }
    else distance_key = -1;
    return distance_key;                              //回传琴键音
}
```

6.2.4 数据处理模块

本部分包括自由弹奏模式、创作模式、半自由弹奏模式、监督模式和音乐播放模式。

1. 自由弹奏模式

本部分包括自由弹奏模式的功能介绍及相关代码。

1）功能介绍

通过测量距离的范围，保证数据准确的情况下，在琴架上划分 22 个有效区域，分别对应 21 个琴键音和结束音。当活动挡板落在有效区域内时，回传对应测距数据，即可播放对应琴键音,如图 6-7 所示。

```
Free Ram: 5330

Initializing SimpleSDAudio V1.03 ...Welcome to the Visual Keyboard.
*Please select a function*
1.Free playing mode
2.Semi-free playing mode
3.player
Free Playing mode...
Do you want to record it?
1 Yes.
2 No.
Free playing mode without recording...
Input 9 for re-select.
```

图 6-7 自由弹奏模式串口监视器截图

2) 相关代码

```
while(FlagFree){
  //if(Serial.available())
  m = Serial.parseInt();                                    //读取是否重选模式
  if(m == 9)
  {
    FlagFree = 0;
    FlagHalffree = 0;
    FlagPlayer = 0;
    Serial.println("1.Free playing mode");
    Serial.println("2.Semi - free playing mode");
    Serial.println("3.player");
  }
  else
  {
    if(FlagCreative == 0)
    {
      for(int i = 0;i < 4;i++)
      {
        val = ave_gp2d12_range(i + 1);                      //调用测距函数
        define_key(define_distance(i,val));                 //调用播放函数
      }
    }
```

2. 创作模式

本部分主要包括创作模式的功能介绍及相关代码。

1) 功能介绍

选中创作模式时,用户弹奏的音符和每个音符持续的时长记录到数组里。当用户创作结束时,输入“结束音”,记录则会结束。之后即可选择是否回放刚才的弹奏。若选择是,则可读取储存数据(琴键音和播放时长),进行回放;若选择否,即清空储存数据,如图 6-8 所示。

```
Free Ram: 5330

Initializing SimpleSDAudio V1.03 ...Welcome to the Visual Keyboard.
*Please select a function*
1.Free playing mode
2.Semi-free playing mode
3.player
Free Playing mode...
Do you want to record it?
1 Yes.
2 No.
Free playing mode with recording...
Input 0 for re-select.
```

图 6-8　创作模式串口监视器图

2）相关代码

```
else {
    int N;
    int create_opern[999];
    int create_length[999];
    int c_finish_flag = 1;
    for(int i = 0;i < 999;i++)
    {
      gettime();                                          //调用获取间隔函数
      if(distance_key1!= - 1)                             //如果琴键音有效
      {
       //N = (playtime + 31)/62;                          //将测得时间归一化,并四舍五入
        create_opern[i] = distance_key1;                  //储存琴键音
        //create_length[i] = N;                           //储存时长
        Serial.print(N);
      if(distance_key1 == 100)                            //如果检测到结束音
      {
       //create_length[i] = 0;
        c_finish_flag = 1;                                //回放 flag 置 1
        i = 999;                                          //跳出循环
      }
      else c_finish_flag = 0;
       //distance_key1 = distance_key2;
      }
      else
      {
        i = i - 1;                                        //若琴键音无效则重新储存
      }
    }
    if(c_finish_flag == 1)
    {
      Serial.println("Record finished! Do you want to play it?" );    //选择是否回放
      Serial.println("1.Yes.");
      Serial.println("2.No.");
      delay(5000);
```

```
        m = Serial.parseInt();                              //读取
        if(m == 9)                                          //检测是否有复位信号
        {
          FlagFree = 0;
          FlagHalffree = 0;
          FlagPlayer = 0;
          Serial.println("1.Free playing mode");
          Serial.println("2.Semi - free playing mode");
          Serial.println("3.player");
        }
        else
        {
          if(m == 1)                                        //回放
          {
            c_finish_flag = 0;
            for(int i = 0;i < 999;i++)
            {
              if(create_opern[i]!= 100)
              {
                define_key(create_opern[i]);                //依次读取播放
              //for(int j = 0;j < create_length[i];j++)     //延时所记录的时间
                 //delay(62);
              }
              else
              {
                define_key(100);                            //若检测到结束信号,回放结束
                i = 999;
              }
              delay(1000);
            }
          }
          else if(m == 2)                                   //不回放
          {
            c_finish_flag = 0;
            for(int i = 0;i < 999;i++)
            {
              if(create_opern[i]!= 0)
              {
                create_opern[i] = 0;                        //清空储存
                //create_length[i] = 0;
              }
              else i = 999;
            }
            Serial.println("Record has been emptied!");
          }
          else
          {
            Serial.println("Input error!Please re - select.");
          }
        }
      }
```

```
        }
      }
    }
    //int cnt = 1;                                    //状态记录变量
    /* void gettime()                                 //获取时间函数
    {
      for(int i = 0;i < 4;i++)
      {
        val = ave_gp2d12_range(i + 1);                //读取距离
        if(cnt = 1)                                   //状态 1
        {
          distance_key1 = define_distance(i,val);     //读取琴键音 1
          if(distance_key1!= -1)                      //若有效
          {
            time1 = millis();                         //获取时间 1
            define_key(distance_key1);                //播放
            cnt = 2;
          }
          else                                        //无效
          {
            if(i == 3)i = -1;                         //持续循环直至测到有效输入
            else i = i;
            define_key( -1);                          //无效音
          }
        }
        else if(cnt = 2)                              //状态 2
        {
          distance_key2 = define_distance(i,val);     //读取琴键音 2
          if(distance_key2!= -1)                      //若有效
          {
            time2 = millis();                         //获取时间 2
            define_key(distance_key2);                //播放
            i = 4;                                    //跳出循环
          }
          else
          {
            if(i == 3)i = -1;                         //若无效,则持续循环直至输入有效
            else i = i;
            define_key( -1);                          //无效音
          }
        }
      }
        playtime = time2 - time1;                     //计算时间差
        time1 = time2;                                //将时间 2 作为下一次调用函数的时间 1
      delay(250);
    }
    */
    void gettime()                                    //获取时间函数
    {
      for(int i = 0;i < 4;i++)
      {
```

```
    val = ave_gp2d12_range(i + 1);                   //测距
    distance_key1 = define_distance(i,val);          //匹配琴键音
    if(distance_key!= - 1)                           //若有效
    {
    time1 = millis();                                //获取时间 1
    define_key(distance_key);                        //播放
    time2 = millis();                                //获取时间 2
    i = 4;
    }
    else                                             //若无效,持续循环直至输入有效
    {
      if(i == 3)i = 0;
      else i = i;
      define_key( - 1);                              //无效音
    }
    }
  }
```

3. 半自由弹奏模式

本部分主要包括半自由弹奏模式的功能介绍及相关代码。

1）功能介绍

该模式提前输入了两支曲谱。选择其中一个,将活动挡板遮挡在 22 个有效区域内,即可自动播放选中曲子的第一个音。当用户认为该琴键音持续时长已足够,即可进行下一次遮挡,自动播放选中曲子的下一个音……如此循环,直到结束音响起,弹奏结束。用户只需控制每个音的持续时长,而不必在意音准,即可"弹奏"完成整支曲子如图 6-9 所示。

```
Initializing SimpleSDAudio V1.03 ...Welcome to the Visual Keyboard.
*Please select a function*
1.Free playing mode
2.Semi-free playing mode
3.player
Do you want to be supervised?
1 Yes.
2 No.
Free playing mode without being supervised...
Input 9 for re-select.
1 Tashuo
2 Hongdou
3.text
```

图 6-9　半自由弹奏模式串口监视器图

2）相关代码

```
while(FlagHalffree)                                  //半自由弹奏模式
{
  int flag_halffree = 1;
  Serial.println("1 Tashuo");                        //选择曲目
  Serial.println("2 Hongdou");
  Serial.println("3.text");
  delay(5000);
```

```
m = Serial.parseInt();
if(m == 9)                                          //检测复位信号
{
  FlagFree = 0;
  FlagHalffree = 0;
  FlagPlayer = 0;
  Serial.println("1.Free playing mode");
  Serial.println("2.Semi - free playing mode");
  Serial.println("3.player");
}
else
{
  while(flag_halffree)
  {
    if(m == 1)
    {
      int Opern[999] = {                            //《她说》曲谱
        41,41,37,37,35,31,36,
        41,41,37,37,35,31,35,
        41,41,37,37,41,42,42,
        41,41,37,37,41,42,42,41,43,
        41,41,42,41,42,41,46,
        41,41,42,41,42,41,45,
        43,42,41,41,41,41,41,42,42,
        41,41,37,41,42,41,44,43,44,43,44,43,44,43,44,45,
        43,44,45,41,46,41,47,46,47,41,46,45,
        42,43,44,43,45,37,36,35,36,37,45,43,
        42,43,44,43,44,43,44,42,43,44,43,44,43,44,45,43,
        43,44,45,41,46,41,37,36,37,41,47,45,
        42,43,44,43,45,45,43,45,43,45,46,43,43,43,42,42,43,44,44,
        41,41,37,37,41,42,42,41,41,
        100
      };
      if(FlagSupervision)                           //监督模式
        Supervision(Opern);
      else Halffree_Playing(Opern);                 //非监督模式
    }
    else if(m == 2)
    {
      flag_halffree = 0;
      int Opern[999] =                              //《红豆》曲谱
      {
        25,26,32,31,32,31,32,
        25,26,32,31,32,33,32,
        25,26,32,31,31,26,32,33,32,31,32,31,31,26,25,
        25,26,32,31,32,31,32,
        25,26,32,31,32,33,32,
        25,26,32,31,31,26,32,33,32,31,36,35,35,33,32,
        31,32,35,31,32,33,33,32,32,31,33,41,37,36,33,
        37,36,35,36,36,35,34,35,
        33,32,31,32,31,26,33,32,32,
```

```
            31,32,35,31,32,33,
            33,32,32,31,33,41,37,41,36,
            36,43,42,37,35,33,36,
            33,32,31,32,36,36,35,32,33,32,31,
            100
          };
          if(FlagSupervision)                        //监督模式
            Supervision(Opern);
          else Halffree_Playing(Opern);              //非监督模式
        }
        else if(m == 3)
        {
          int Opern[999] = {                         //test 模式
            21,22,23,24,25,26 };
          if(FlagSupervision)                        //监督模式
            Supervision(Opern);
          else Halffree_Playing(Opern);              //非监督模式
        }
        else
        {
          Serial.println("Error! Please re - select.");        //报错
        }
      }
    }
  }
void define_halffree_playing(int i, int key)         //半自由弹奏匹配琴键音,功能基本同上
{
val = ave_gp2d12_range(i + 1);
distance_key = define_distance(i,val);
if(distance_key!= - 1)
{
  define_key(key);
  flag_halffree_finish = 1;
}
else
{
  define_key( - 1);
  flag_halffree_finish = 0;
}
}
void Halffree_Playing(int Opern[])                  //半自由模式(不监督)
{
for (int j = 0;j < 999;j++)                          //循环读取曲谱
{
  if(Opern[j] == 0)                                  //若读取到空值
    j = 999;                                         //跳出循环
  while(Opern[j]< 21||Opern[j]> 47)                  //读取到错误值
    j++;                                             //继续读取下一个
  for(int i = 0;i < 4;i++)                           //每个传感器依次读取
  {
    define_halffree_playing(i,Opern[j]);             //调用半自由模式下琴键匹配函数
```

```
      if(flag_halffree_finish)                    //若琴键音有效,跳出循环
        i = 4;
      else                                        //否则依次读取直至有效
      {
        if(i == 3) i = -1;
        else i = i;
      }
    }
    if(Opern[j] == 100)                           //读取到结束音,跳出循环
      j = 999;
  }
}
```

4. 监督模式

本部分主要包括监督模式的功能介绍及相关代码。

1）功能介绍

此模式为半自由弹奏模式的一个分支,在此模式下,选中一支指定曲目。读取第一个储存音符的数组,当用户遮挡不在该琴键音对应的正确范围时,会播放“报错音”(即结束音),只有当遮挡在正确范围内,才会播放对应的琴键音,并读取数组中下一个数据进行监督……如此循环,当播放结束音的时候,监督结束,如图 6-10 所示。

```
Initializing SimpleSDAudio V1.03 ...Welcome to the Visual Keyboard.
*Please select a function*
1.Free playing mode
2.Semi-free playing mode
3.player
Do you want to be supervised?
1 Yes.
2 No.
Free playing mode with being supervised...
Input 9 for re-select.
1 Tashuo
2 Hongdou
3.text
```

图 6-10　监督模式串口监视器图

2）相关代码

```
void Supervision(int Opern[])                     //监督模式函数
{
  int supervision_key;
  for(int j = 0;j < 999;j++)
  {
    if(Opern[j] == 0)                             //若读取结束,播放两次结束音提示
    {
      j = 999;
      FlagSupervision = 0;
      define_key(100);
      define_key(100);
    }
    while(Opern[j]< 21||Opern[j]> 47)
```

```
        j++;
      for(int i = 0;i < 4;i++)
      {
        val = ave_gp2d12_range(i + 1);
        supervision_key = define_distance(i,val);
        if(supervision_key > 20&&supervision_key < 48)      //琴键音有效
        {
          if(supervision_key == Opern[j])          //若与曲谱内琴键音相符合,则播放对应琴键音
          {
            define_key(Opern[j]);
            i = 4;                                 //跳出循环
          }
          else
          {
            define_key(100);                       //否则播放报错音
            if(i == 3)i = -1;                      //接着循环
            else i = i;
          }
        }
        else                                       //琴键音无效则持续循环
        {
          i = i;
          if(i == 3)
            i = -1;
          define_key(-1);
        }
        delay(250);
      }
    }
  }
```

5. 音乐播放模式

本部分主要包括音乐播放模式的功能介绍和相关代码。

1）功能介绍

通过读取SD卡中已录入的音乐文件,实现音乐播放器的功能(开始、暂停、重选等),如图6-11所示。

```
Initializing SimpleSDAudio V1.03 ...Welcome to the Visual Keyboard.
*Please select a function*
1.Free playing mode
2.Semi-free playing mode
3.player
Player mode...
Input 9 for re-select.
1 YQ
2 YJEDM
YQ playing...
Press s for stop, p for play, h for pause, f to select new file, d for deinit, v to view status.
Play.
```

图6-11　音乐播放模式串口监视器图

2）相关代码

```
while(FlagPlayer)                                        //播放器模式
{
  char c_player;
  int flag_player = 1;
  int c_flag = 1;
  Serial.println("1 YQ");
  Serial.println("2 YJEDM");
  delay(5000);
  m = Serial.parseInt();
  if(m == 9)                                             //检测复位信号
  {
    FlagFree = 0;
    FlagHalffree = 0;
    FlagPlayer = 0;
    Serial.println("1.Free playing mode");
    Serial.println("2.Semi - free playing mode");
    Serial.println("3.player");
  }
  else
  {
    while(flag_player)
    {
      if(m == 1)                                         //播放《氧气》
      {
        flag_player = 0;
        SdPlay.setFile("YQ.AFS");
        Serial.println("YQ playing...");
        Serial.println(F("Press s for stop, p for play, h for pause, f to select new file, d for
deinit, v to view status."));
      }
      else if(m == 2)                                    //播放《遇见二丁目》
      {
        flag_player = 0;
        SdPlay.setFile("YJEDM.AFS");
        Serial.println("YJEDM playing...");
        Serial.println(F("Press s for stop, p for play, p for pause, f to select new file, d for
deinit, v to view status."));
      }
      else
      {
        c_flag = 0;
        Serial.println("Error! please re - select");     //报错
        Serial.println("1.YQ");
        Serial.println("2.YJEDM");
      }
```

```
    }
    while(c_flag) {
      SdPlay.worker(); // You can remove this line if you like - worker is not necessary
      if(Serial.available()) {
        c_player = Serial.read();
        switch(c_player) {
        case 's':                                          //停止
          SdPlay.stop();
          Serial.println(F("Stopped."));
          break;
        case 'p':                                          //播放
          SdPlay.play();
          Serial.println(F("Play."));
          break;
        case 'h':                                          //暂停
          SdPlay.pause();
          Serial.println(F("Pause."));
          break;
        case 'd':                                          //移除
          SdPlay.deInit();
           Serial.println(F("SdPlay deinitialized. You can now safely remove card. System
halted."));
          while(1) ;
          break;
        case 'f':                                          //重选
          c_flag = 0;
          break;
        case 'v':                                          //显示状态
          Serial.print(F("Status: isStopped = "));
          Serial.print(SdPlay.isStopped());
          Serial.print(F(", isPlaying = "));
          Serial.print(SdPlay.isPlaying());
          Serial.print(F(", isPaused = "));
          Serial.print(SdPlay.isPaused());
          Serial.print(F(", isUnderrunOccured = "));
          Serial.print(SdPlay.isUnderrunOccured());
          Serial.print(F(", getLastError = "));
          Serial.println(SdPlay.getLastError());
          Serial.print(F("Free RAM: "));
          Serial.println(freeRam());
          break;
        }
      }
    }
  }
}
```

6.3　产品展示

整体外观如图 6-12 所示，内部结构如图 6-13 所示。

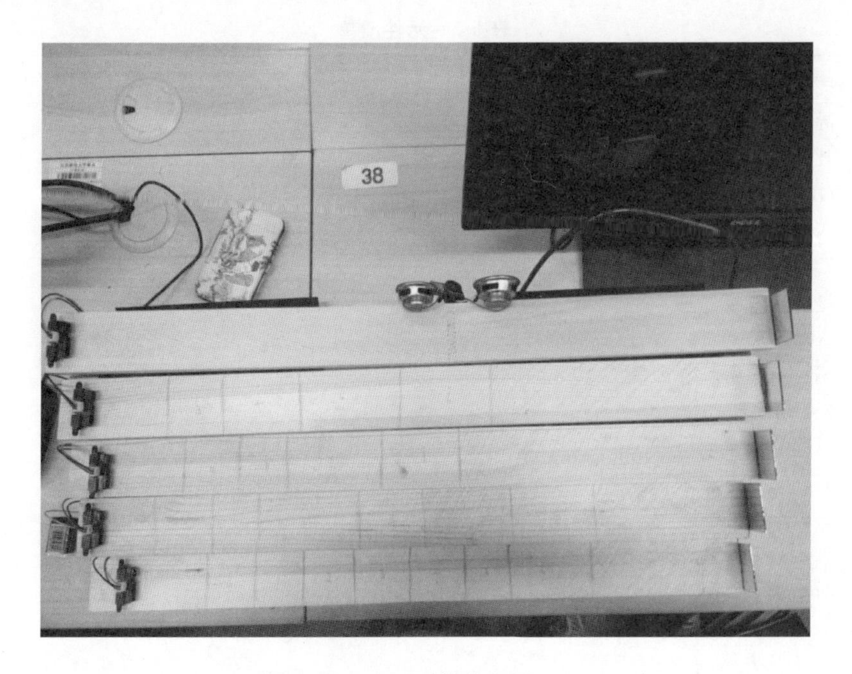

图 6-12　整体外观图

图 6-13　内部结构图

6.4 元件清单

完成本项目所用到的元件及数量如表 6-2 所示。

表 6-2 元件清单

元件/测试仪表	数 量
导线	若干
杜邦线	若干
GPYAYK0F 10-80cm 红外测距传感器	5 个
Arduino 开发板	1 个
7.4V 电源	1 个
D 类功放板	1 个
Audio Amplifier-MAX98306	1 个
SD 卡读写模块	1 个
3W 扬声器	2 个
2G SD 卡	1 个
HC-06 蓝牙模块	1 个
2.5cm×2.5cm×2.5cm 彩色实木立方体	51 个
80cm×5cm×1cm 木条	5 个
1mm 厚 A4 黑卡纸	4 个
4cm×4cm 小镜子	5 个
扁平长方体	1 个
绝缘黑胶带	若干
白乳胶	若干

第7章

智能弹奏尤克里里项目设计[①]

本项目基于Arduino开发板的舵机、蓝牙与APP结合的模式，设计一款智能自动弹奏尤克里里系统，实现智能开关、点歌等功能。

7.1 功能及总体设计

本项目利用APP作为命令输入端向Arduino开发板发出点歌、音阶指令并完成相应的功能，搭建一个适合于舵机拨弦和按弦的框架结构。创新点在于HC-05蓝牙模块与APP传输以及拨弦舵机的同步与非同步处理，从而实现智能弹奏。拟选用五首歌曲和7个中音阶，结合尤克里里的特点分为扫弦4个舵机，按弦3个舵机。产品包装采用竹筷支架将舵机固定于弦上，精准调出每一个舵机的偏转角度，力求将音调准、声音大。

(1) 点歌：有五首歌供选择《欢乐颂》《小星星》《两只老虎》《我和你》《虫儿飞》。

(2) 音阶弹奏：有七个中音，分别为Do、Re、Mi、Fa、Sol、La、Si。

(3) 弹弦拨弦：4个舵机拨弦，3个舵机按弦，按照尤克里里可完成7个音。

(4) HC-05蓝牙模块：与APP传输的媒介，接收APP返回指令。

(5) APP：完成功能指令输入。

要实现上述功能需将作品分成四部分进行设计，即输入部分、处理部分、传输部分和输出部分。输入部分由APP实现，APP由APP Inventor2制作；处理部分主要通过Arduino开发板的C++程序实现，代码主要为舵机旋转角度的控制代码；传输部分选用了HC-05蓝牙模块配合Arduino开发板实现；输出部分使用7个舵机实现。

1. 整体框架图

整体框架如图7-1所示。

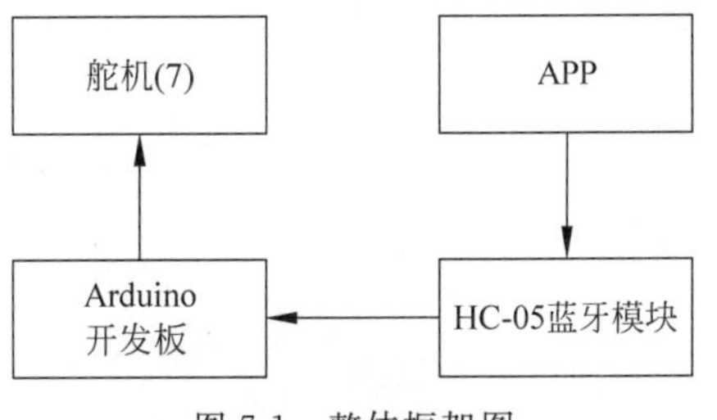

图7-1 整体框架图

2. 系统流程图

系统流程如图7-2所示。

APP选择功能后，通过HC-05蓝牙模块发送文本命令到Arduino开发板，根据返回的相应指令进行匹配，匹配成功则选择完成相应的功能代码，匹配无效则返回手机再次选择，舵机根据已设计的程序调节好角度进行弹奏。

① 本章根据徐思晴、吴多晓项目设计整理而成。

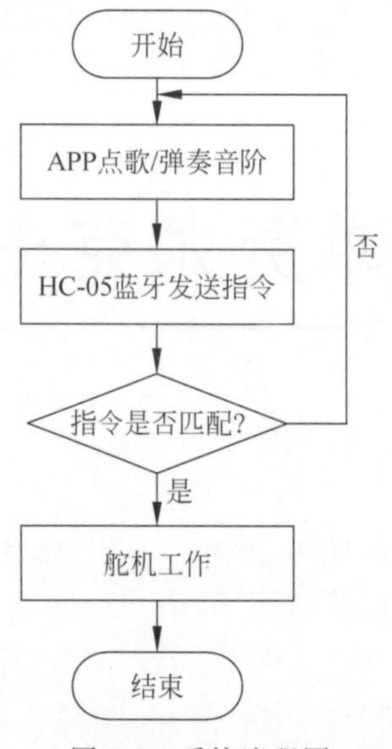

图 7-2　系统流程图

3. 总电路图

总电路如图 7-3 所示，引脚连接如表 7-1 所示。舵机从左到右 1～4 表示拨弦，实际接舵机的引脚 2～5；4～6 表示按弦，实际连接舵机的引脚 8～10；HC-05 的 RXD 接 Arduino 开发板的 TXD；HC-05 的 TXD 接 Arduino 开发板的 RXD。

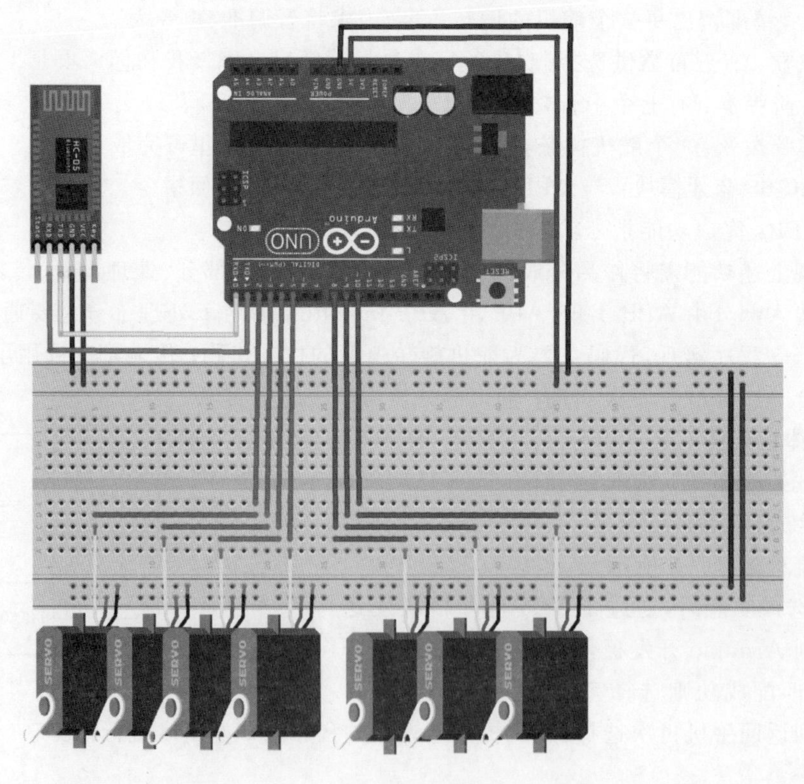

图 7-3　总电路图

表 7-1　引脚连接表

元件及引脚名		Arduino 开发板引脚
HC-05 蓝牙	TXD	RXD-0
	RXD	TXD-1
	VCC	5V
	GND	GND
舵机	舵机 1 信号线	2
	舵机 2 信号线	3
	舵机 3 信号线	4
	舵机 4 信号线	5
	舵机 5 信号线	8
	舵机 6 信号线	9
	舵机 7 信号线	10
	舵机正极	5V
	舵机负极	GND

7.2　模块介绍

本项目主要包括主程序模块、HC-05 蓝牙模块、手机端 APP 制作模块。下面分别给出各模块的功能介绍及相关代码。

7.2.1　主程序模块

本部分包括主程序模块的功能介绍及相关代码。

1. 功能介绍

主要是进行 7 个舵机的同步与异步控制来实现各个舵机角度的调测以及蓝牙传输数据的读取，实现各项功能的控制实现，此部分主要由 C++ 代码实现，编译环境为 Arduino 1.8.4。舵机控制部分是通过各音符对应的位置及弹奏的力度来实现对舵机角度的调测。其中 4 个舵机为拨弦舵机、3 个为按弦舵机，通过位置数组的实现方式可快速准确地让舵机到达相应位置。蓝牙传输部分主要是读取蓝牙传输的值，根据值的不同来实现相应的控制。

2. 相关代码

```
#include <Servo.h>
Servo b1;                                   //定义拨弦 4 个舵机对象
Servo b2;
Servo b3;
Servo b4;
Servo a2;                                   //定义按弦 3 个舵机对象
Servo a4;
Servo a7;
int apos[4][2] = {
{0,0},{25,0},{50,23},{25,5}
```

```
};                                                    //按弦舵机的角度位置
int bpos[5][2] = {
{0,0},{85,60},{58,33},{90 ,62},{83,52}
};                                                    //拨弦舵机的角度位置
String s = " ";                                       //初始化字符串常量
void setup()
{
  Serial.begin(9600);                                 //波特率为 9600 与串口传输数据
  a2.attach(8);                                       //3 个按弦舵机引脚
  a4.attach(9);
  a7.attach(10);
  b1.attach(2);                                       //4 个拨弦舵机引脚
  b2.attach(3);
  b3.attach(4);
  b4.attach(5);
  a2.write(apos[1][0]);                               //3 个按弦舵机的初始位置
  a4.write(apos[2][0]);
  a7.write(apos[3][0]);
  b1.write(bpos[1][0]);                               //4 个拨弦舵机的初始位置
  b2.write(bpos[2][0]);
  b3.write(bpos[3][0]);
  b4.write(bpos[4][0]);
}
int song1[] =                                         //音符数组对应的歌曲 1
{
1234,0,0,1234,0,0,
1234,0,0,1234,0,0,
1,2,3,1,0,
1,2,3,1,0,
3,4,5,0,
3,4,5,0,
5,6,5,4,3,1,0,
5,6,5,4,3,1,0,
3,5,1,0,
3,5,1,0
};
  int song2[] =                                       //音符数组对应的歌曲 2
{
1234,0,0,1234,0,0,
1234,0,0,1234,0,0,
3,3,4,5,0,
5,4,3,2,0,
1,1,2,3,3,2,2,0,
3,3,4,5,0,
5,4,3,2,0,
1,1,2,3,2,1,1,0,
2,2,3,1,0,
```

```
2,3,4,3,1,0,
2,3,4,3,2,0,
1,2,5,0,
3,3,4,5,0,
5,4,3,4,2,0,
1,1,2,3,2,1,1,0
};
int song3[] =                                          //音符数组对应的歌曲 3
{
1234,0,0,1234,0,0,
1234,0,0,1234,0,0,
1,1,5,5,6,6,5,0,
4,4,3,3,2,2,1,0,
5,5,4,4,3,3,2,0,
5,5,4,4,3,3,2,0,
1,1,5,5,6,6,5,0,
4,4,3,3,2,2,1,0
};
int song4[] =                                          //音符数组对应的歌曲 4
{
1234,0,0,1234,0,0,
1234,0,0,1234,0,0,
3,3,3,4,5,3,2,
1,1,1,2,3,3,7,7,
6,3,2,
6,3,2,
6,3,2,1,1,
3,2,5,4,3,2,
5,4,3,2,5,3,2,
6,3,2,6,3,2,
4,3,4,3,1,
4,3,4,3,1,2,1,1
};
int song5[] =                                          //音符数组对应的歌曲 5
{
1234,0,0,1234,0,0,
1234,0,0,1234,0,0,
3,0,5,0,1,0,0,
2,0,3,0,5,0,0,
1,2,3,5,2,0,0,
3,5,1,0,0,
2,3,6,0,0,
2,5,2,3,1,0,
6,0,5,6,0,1,0,
3,6,3,5,2,0,
3,5,1,0,
2,3,6,0,
```

```
2,5,2,3,1,0
};
int songSize1 = sizeof(song1)/sizeof(song1[0]);          //计算歌曲 1 的音符个数
int songSize2 = sizeof(song2)/sizeof(song2[0]);          //计算歌曲 2 的音符个数
int songSize3 = sizeof(song3)/sizeof(song3[0]);          //计算歌曲 3 的音符个数
int songSize4 = sizeof(song4)/sizeof(song4[0]);          //计算歌曲 4 的音符个数
int songSize5 = sizeof(song5)/sizeof(song5[0]);          //计算歌曲 5 的音符个数
int b1State = 0, b2State = 0,                            //初始化舵机位置
    b3State = 0, b4State = 0,
    a2State = 0, a4State = 0,
    a7State = 0;
int servoPlay1(int beat = 250)                           //歌曲 1 的弹奏
{
  for(int i = 0;i < songSize1;i++)                       //循环弹奏直到歌曲音符弹奏完
  {
    Serial.println(song1[i]);                            //在串口监视器中打印音符
    switch (song1[i])                                    //选择音符所需弦
    {
      case 1:                                            //"1"音所需的弦
        b2State = 1 - b2State;
        b2.write(bpos[2][b2State]);
        a2.write(apos[1][0]);
        break;
      case 2:                                            //"2"音所需的弦
        a2.write(apos[1][1]);
        b2State = 1 - b2State;
        b2.write(bpos[2][b2State]);
        break;
      case 3:                                            //"3"音所需的弦
        b3State = 1 - b3State;
        b3.write(bpos[3][b3State]);
        a4.write(apos[2][1]);
        break;
      case 4:                                            //"4"音所需的弦
        b3State = 1 - b3State;
        b3.write(bpos[3][b3State]);
        a4.write(apos[2][0]);
        break;
     case 5:                                             //"5"音所需的弦
        b1State = 1 - b1State;
        b1.write(bpos[1][b1State]);
        break;
     case 6:                                             //"6"音所需的弦
        b4State = 1 - b4State;
        b4.write(bpos[4][b4State]);
        a7.write(apos[3][0]);
        break;
```

```
        case 7:                                       //"7"音所需的弦
          b4State = 1 - b4State;
          b4.write(bpos[4][b4State]);
          a7.write(apos[3][1]);
        case 0:                                       //无音符节拍既不拨弦也不按弦
          break;
          case 1234:
          a2.write(apos[1][0]);
          a4.write(apos[2][1]);
          a7.write(apos[3][0]);
          b1State = 1 - b1State;
          b1.write(bpos[1][b1State]);
          b2State = 1 - b2State;
          b2.write(bpos[2][b2State]);
          b3State = 1 - b3State;
          b3.write(bpos[3][b3State]);
          b4State = 1 - b4State;
          b4.write(bpos[4][b4State]);
        default:
          break;
      }
      delay(beat);                                    //弹奏完延迟 250ms
    }
}
int servoPlay2(int beat = 250)                        //歌曲 2 的弹奏
{
  for(int i = 0;i < songSize2;i++)                    //循环弹奏直到歌曲音符弹奏结束
  {
    Serial.println(song2[i]);                         //在串口监视器中打印音符
    switch (song2[i])                                 //选择音符所需的弦
    {
      case 1:                                         //"1"音所需的弦
        b2State = 1 - b2State;
        b2.write(bpos[2][b2State]);
        a2.write(apos[1][0]);
        break;
      case 2:                                         //"2"音所需的弦
        a2.write(apos[1][1]);
        b2State = 1 - b2State;
        b2.write(bpos[2][b2State]);
        break;
      case 3:                                         //"3"音所需的弦
        b3State = 1 - b3State;
        b3.write(bpos[3][b3State]);
        a4.write(apos[2][1]);
        break;
      case 4:                                         //"4"音所需的弦
```

```
        b3State = 1 - b3State;
        b3.write(bpos[3][b3State]);
        a4.write(apos[2][0]);
        break;
      case 5:                                   //"5"音所需的弦
        b1State = 1 - b1State;
        b1.write(bpos[1][b1State]);
        break;
      case 6:                                   //"6"音所需的弦
        b4State = 1 - b4State;
        b4.write(bpos[4][b4State]);
        a7.write(apos[3][0]);
        break;
      case 7:                                   //"7"音所需的弦
        b4State = 1 - b4State;
        b4.write(bpos[4][b4State]);
        a7.write(apos[3][1]);
      case 0:                                   //无音符节拍既不拨弦也不按弦
        break;
        case 1234:
        a2.write(apos[1][0]);
        a4.write(apos[2][0]);
        a7.write(apos[3][0]);
        b1State = 1 - b1State;
        b1.write(bpos[1][b1State]);
        b2State = 1 - b2State;
        b2.write(bpos[2][b2State]);
        b3State = 1 - b3State;
        b3.write(bpos[3][b3State]);
        b4State = 1 - b4State;
        b4.write(bpos[4][b4State]);
      default:
        break;
    }
    delay(beat);                                //弹奏完延迟 250ms
  }
}
int servoPlay3(int beat = 250)                  //歌曲 3 的弹奏
{
  for(int i = 0;i < songSize3;i++)              //循环弹奏直到歌曲音符弹奏结束
  {
    Serial.println(song3[i]);                   //在串口监视器中打印音符
    switch (song3[i])                           //选择音符所需的弦
    {
      case 1:                                   //"1"音所需的弦
        b2State = 1 - b2State;
        b2.write(bpos[2][b2State]);
```

```
        a2.write(apos[1][0]);
        break;
    case 2:                                         //"2"音所需的弦
        a2.write(apos[1][1]);
        b2State = 1- b2State;
        b2.write(bpos[2][b2State]);
        break;
    case 3:                                         //"3"音所需的弦
        b3State = 1- b3State;
        b3.write(bpos[3][b3State]);
        a4.write(apos[2][1]);
        break;
    case 4:                                         //"4"音所需的弦
        b3State = 1- b3State;
        b3.write(bpos[3][b3State]);
        a4.write(apos[2][0]);
        break;
  case 5:                                           //"5"音所需的弦
        b1State = 1- b1State;
        b1.write(bpos[1][b1State]);
        break;
  case 6:                                           //"6"音所需的弦
        b4State = 1- b4State;
        b4.write(bpos[4][b4State]);
        a7.write(apos[3][0]);
        break;
  case 7:                                           //"7"音所需的弦
        b4State = 1- b4State;
        b4.write(bpos[4][b4State]);
        a7.write(apos[3][1]);
   case 0:                                          //无音符节拍既不拨弦也不按弦
        break;
        case 1234:
        a2.write(apos[1][0]);
        a4.write(apos[2][1]);
        a7.write(apos[3][0]);
        b1State = 1- b1State;
        b1.write(bpos[1][b1State]);
        b2State = 1- b2State;
        b2.write(bpos[2][b2State]);
        b3State = 1- b3State;
        b3.write(bpos[3][b3State]);
        b4State = 1- b4State;
        b4.write(bpos[4][b4State]);
  default:
      break;
}
```

```
      delay(beat);                              //弹奏完延迟 250ms
    }
  }
  int servoPlay4(int beat = 250)                //歌曲 4 的弹奏
  {
    for(int i = 0;i < songSize4;i++)            //循环弹奏直到歌曲音符弹奏完
    {
      Serial.println(song4[i]);                 //在串口监视器中打印音符
      switch (song4[i])                         //选择音符所需的弦
      {
        case 1:                                 //"1"音所需的弦
          b2State = 1 - b2State;
          b2.write(bpos[2][b2State]);
          a2.write(apos[1][0]);
          break;
        case 2:                                 //"2"音所需的弦
          a2.write(apos[1][1]);
          b2State = 1 - b2State;
          b2.write(bpos[2][b2State]);
          break;
        case 3:                                 //"3"音所需的弦
          b3State = 1 - b3State;
          b3.write(bpos[3][b3State]);
          a4.write(apos[2][1]);
          break;
        case 4:                                 //"4"音所需的弦
          b3State = 1 - b3State;
          b3.write(bpos[3][b3State]);
          a4.write(apos[2][0]);
          break;
        case 5:                                 //"5"音所需的弦
          b1State = 1 - b1State;
          b1.write(bpos[1][b1State]);
          break;
        case 6:                                 //"6"音所需的弦
          b4State = 1 - b4State;
          b4.write(bpos[4][b4State]);
          a7.write(apos[3][0]);
          break;
        case 7:                                 //"7"音所需的弦
          b4State = 1 - b4State;
          b4.write(bpos[4][b4State]);
          a7.write(apos[3][1]);
        case 0:                                 //无音符节拍既不拨弦也不按弦
          break;
          case 1234:
          a2.write(apos[1][0]);
```

```
          a4.write(apos[2][0]);
          a7.write(apos[3][0]);
          b1State = 1- b1State;
          b1.write(bpos[1][b1State]);
          b2State = 1- b2State;
          b2.write(bpos[2][b2State]);
          b3State = 1- b3State;
          b3.write(bpos[3][b3State]);
          b4State = 1- b4State;
          b4.write(bpos[4][b4State]);
        default:
          break;
      }
      delay(beat);                                  //弹奏完延迟 250ms
    }
}
int servoPlay5(int beat = 250)                      //歌曲 5 的弹奏
{
  for(int i = 0;i<songSize5;i++)                    //循环弹奏直到歌曲音符弹奏结束
  {
    Serial.println(song5[i]);                       //在串口监视器中打印音符
    switch (song5[i])                               //选择音符所需的弦
    {
      case 1:                                       //"1"音所需的弦
        b2State = 1- b2State;
        b2.write(bpos[2][b2State]);
        a2.write(apos[1][0]);
        break;
      case 2:                                       //"2"音所需的弦
        a2.write(apos[1][1]);
        b2State = 1- b2State;
        b2.write(bpos[2][b2State]);
        break;
      case 3:                                       //"3"音所需的弦
        b3State = 1- b3State;
        b3.write(bpos[3][b3State]);
        a4.write(apos[2][1]);
        break;
      case 4:                                       //"4"音所需的弦
        b3State = 1- b3State;
        b3.write(bpos[3][b3State]);
        a4.write(apos[2][0]);
        break;
      case 5:                                       //"5"音所需的弦
        b1State = 1- b1State;
        b1.write(bpos[1][b1State]);
        break;
```

```
    case 6:                                          //"6"音所需的弦
      b4State = 1- b4State;
      b4.write(bpos[4][b4State]);
      a7.write(apos[3][0]);
      break;
    case 7:                                          //"7"音所需的弦
      b4State = 1- b4State;
      b4.write(bpos[4][b4State]);
      a7.write(apos[3][1]);
     case 0:                                         //无音符节拍既不拨弦也不按弦
      break;
      case 1234:
      a2.write(apos[1][0]);
      a4.write(apos[2][0]);
      a7.write(apos[3][0]);
      b1State = 1- b1State;
      b1.write(bpos[1][b1State]);
      b2State = 1- b2State;
      b2.write(bpos[2][b2State]);
      b3State = 1- b3State;
      b3.write(bpos[3][b3State]);
      b4State = 1- b4State;
      b4.write(bpos[4][b4State]);
     default:
      break;
    }
    delay(beat);                                     //弹奏完延迟 250ms
  }
}
void loop()
{
  if(Serial.available())
  {
    s = Serial.readString();
    Serial.print(s);
    if(s == "a.")
    {
       b2State = 1- b2State;
       b2.write(bpos[2][b2State]);
       a2.write(apos[1][0]);
    }
    if(s == "b.")
    {
       b2State = 1- b2State;
       b2.write(bpos[2][b2State]);
       a2.write(apos[1][1]);
    }
```

```
    if(s == "c.")
    {
        b3State = 1 - b3State;
        b3.write(bpos[3][b3State]);
        a4.write(apos[2][1]);
    }
    if(s == "d.")
    {
        b3State = 1 - b3State;
        b3.write(bpos[3][b3State]);
        a4.write(apos[2][0]);
    }
    if(s == "e.")
    {
        b1State = 1 - b1State;
        b1.write(bpos[1][b1State]);
    }
    if(s == "f.")
    {
        b4State = 1 - b4State;
        b4.write(bpos[4][b4State]);
        a7.write(apos[3][0]);
    }
   if(s == "g.")
    {
        b4State = 1 - b4State;
        b4.write(bpos[4][b4State]);
        a7.write(apos[3][1]);
    }
  if(s == "A.")
    {
      servoPlay1(350);
      delay(300);
    }
  if(s == "B.")
    {
      servoPlay2(350);
      delay(300);
    }
  if(s == "C.")
    {
      servoPlay3(350);
      delay(300);
     }
  if(s == "D.")
    {
      servoPlay4(350);
```

```
      delay(300);
    }
  if(s == "E.")
    {
      servoPlay5(350);
      delay(300);
    }
  }
}
```

7.2.2 HC-05 蓝牙模块

本部分包括 HC-05 蓝牙模块的功能介绍及相关代码。

1. 功能介绍

蓝牙模块 HC-05 是一款高性能的串口模块。可用于各种带蓝牙功能的计算机、蓝牙主机、手机、PDA、PSP 等智能终端配对。HC-05 有两种工作模式,命令响应工作模式和自动连接工作模式,可以理解为“参数设置模式”和“正常工作模式”。在使用蓝牙之前,可通过代码在 AT 模式下修改参数设置,包括名称、密码、波特率、主从模式、连接状态。蓝牙模块 AT 模式设置:在通电前按住黑色复位键,然后接通电源,此时蓝牙模块上 LED 每隔 2s 闪烁一次,表示成功进入 AT 模式,结束 AT 模式只要拔掉电源再重新连入即可恢复。

本项目使用的 HC-05 蓝牙主要用于连接 APP 与 Arduino 开发板,作用是数据传输,接收 APP 发来的指令文本并返回给 Arduino 开发板,开发板根据返回的指令完成相应的功能。元件包括 HC-05 蓝牙模块、Arduino 开发板和导线若干,电路如图 7-4 所示,引脚连接如表 7-2 所示。

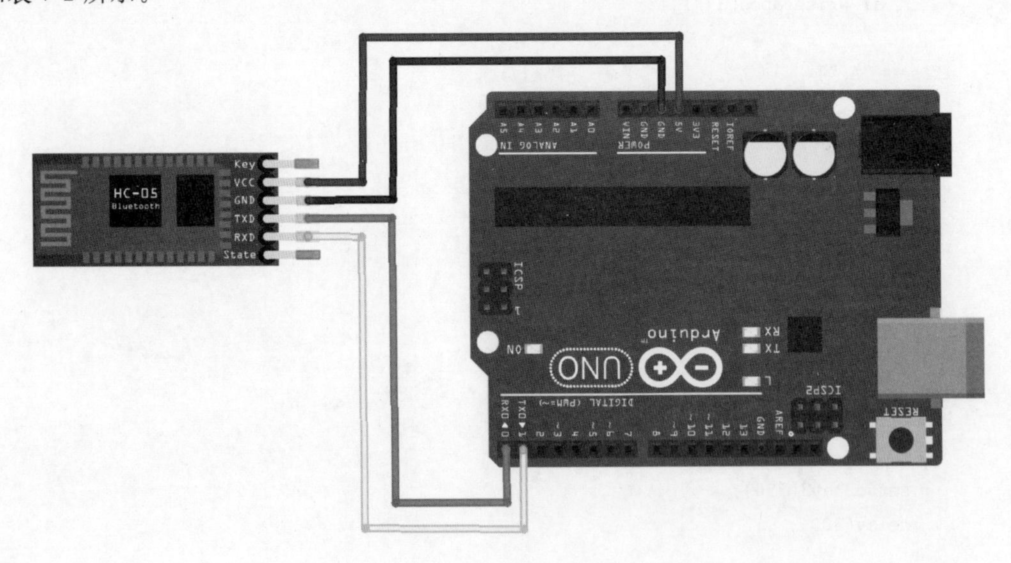

图 7-4 HC-05 蓝牙模块与 Arduino 开发板连线图

表 7-2　引脚连接表

元件及引脚名		Arduino 开发板引脚
HC-05 蓝牙	TXD	RXD-0
	RXD	TXD-1
	VCC	5V
	GND	GND

2. 相关代码

```
void setup() {
  Serial.begin(38400);
}
void sendcmd()
{
    Serial.println("AT");                              //表示开始进入 AT 模式
  while(Serial.available())
  {
    char ch;
    ch = Serial.read();
    Serial.print(ch);
  }
  delay(1000);
  //不需要改动的参数可在后期注释掉
  Serial.println("AT + NAME?");                        //设置名称,把 name 改成名字即可
  while(Serial.available())
  {
    char ch;
    ch = Serial.read();                                //从串口读取名字
    Serial.print(ch);                                  //打印名字
  }
  delay(1000);
  Serial.println("AT + CMODE = 1");                    //蓝牙连接模式为任意地址连接模式,
                                                       //也就是蓝牙可以被任意设备连接
  while(Serial.available())
  {
    char ch;
    ch = Serial.read();                                //从串口读取蓝牙连接模式
    Serial.print(ch);                                  //打印蓝牙连接模式
  }
  delay(1000);
  Serial.println("AT + ADDR == ??");                   //修改蓝牙地址,把??改正地址即可
  while(Serial.available())
  {
    char ch;
    ch = Serial.read();                                //从串口读取蓝牙地址
    Serial.print(ch);                                  //打印蓝牙地址
  }
  delay(1000);
  Serial.println("AT + PSWD = 1234");                  //设置密码
```

```
  while(Serial.available())
  {
    char ch;
    ch = Serial.read();                                    //从串口读取密码
    Serial.print(ch);                                      //打印密码
  }
  delay(1000);
    Serial.println("AT + ROLE = 0");                       //蓝牙模式为从模式
  while(Serial.available())
  {
    char ch;
    ch = Serial.read();                                    //从串口读取蓝牙模式
    Serial.print(ch);                                      //打印蓝牙模式
  }
  delay(1000);
  Serial.println("AT + UART = 9600,0,0");  //蓝牙通信串口波特率为 9600,停止位为 1,无校验位
  while(Serial.available())
  {
    char ch;
    ch = Serial.read();                                    //从串口读取蓝牙通信串口波特率
    Serial.print(ch);                                      //打印蓝牙通信串口波特率
  }
  delay(1000);
}
void loop() {
    sendcmd();
}
```

7.2.3 手机端 APP 制作

本部分包括手机端 APP 制作的功能介绍及相关制作。

1. 功能介绍

主要是设计页面完成点歌和音阶的选择功能并传输给蓝牙相应的文本返回数据。

2. 相关制作

1）蓝牙连接部分

（1）打开 APP inventor 新建一个项目，添加两个“activity 启动器”，一个命名为“启动蓝牙配对界面”并在组件属性中的 Action 填入：android. settings. BLUETOOTH_SETTINGS，另一个命名为“蓝牙权限获取”并在组件属性中的 Action 填入：android. bluetooth. adapter. action. REQUEST_ENABLE。

（2）此步骤的作用是一个打开蓝牙配对界面以搜索配对蓝牙设备，另一个为获取打开的蓝牙权限。

（3）拖入一个蓝牙客户端，与 Arduino 开发板通信。拖入一个按钮，用于打开蓝牙配对界面。拖入一个列表选择框，用于选择需要连接的蓝牙设备。拖入两个标签用于显示蓝牙状态，拖入一个按钮用于断开蓝牙，如图 7-5 所示。

（4）组件设计完毕，单击右上角的逻辑设计进行程序的编写，如图 7-6 所示。

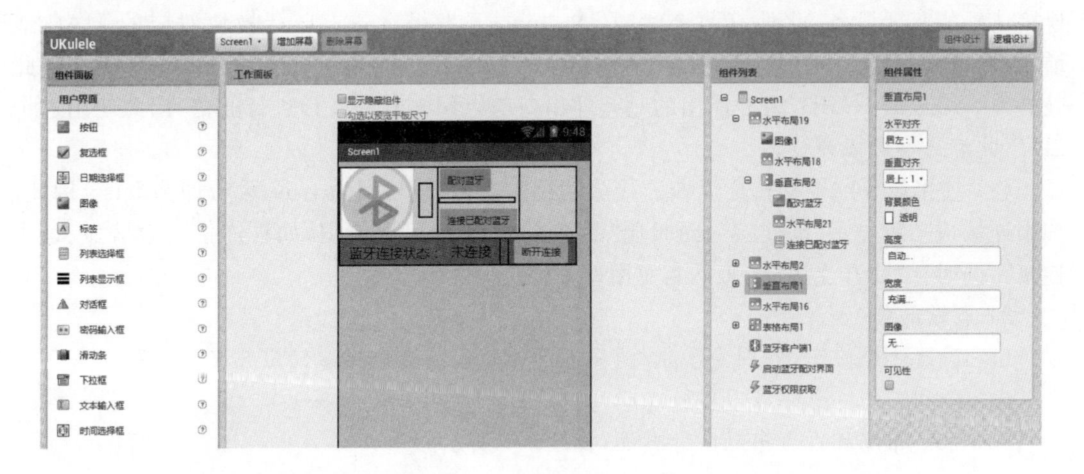

图 7-5　蓝牙连接页面设置图

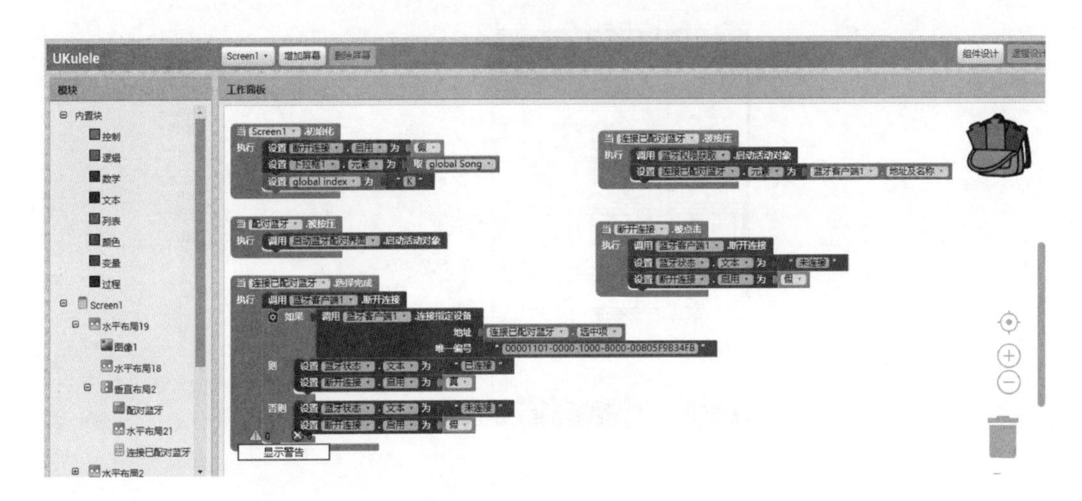

图 7-6　蓝牙部分代码图

代码说明：

（1）当 screen1 程序刚开始运行的时候，因为需要使用蓝牙，因此“调用蓝牙权限获取”，此句调用后若蓝牙未开启，则出现手机打开蓝牙界面。接下来将“断开连接按钮”启用属性设置为“false”，由于刚开始运行时蓝牙设备并未连接，因此“断开连接”按钮需要设置为不能使用。

（2）当按下“配对蓝牙”按钮时，需要打开手机的蓝牙界面，搜索并输入密码进行连接，因此执行开始设置的 activity，按钮单击之后会打开手机的蓝牙配对界面，此时搜索到蓝牙模块单击连接，输入密码(4321)，蓝牙设备进入“已配对设备列表”中。

（3）蓝牙成为已配对设备后就可以打开列表选择需要的设备进行连接。

（4）此两步为蓝牙使用标准流程，即：配对→连接，配对只在新设备连接时需要，连接时每次打开软件都进行操作。如果蓝牙设备已经在“已配对列表中”则可以直接按“连接已配对蓝牙”进行连接。

（5）用户单击列表中的选项后，需要连接蓝牙，首先断开原来连接的蓝牙设备，接下来连接选择的蓝牙设备，此处有两个参数，Arduino 开发板设备上蓝牙模块对应的 MAC 地址，也就是上一步操作后的“选中项”，唯一编号：00001101-0000-1000-8000-00805F9B34FB，此处的唯一编号即 UUID，因为使用的是蓝牙串口与 Arduino 开发板进行通信，因此使用这个编号，此编号不可以改变。

(6) 连接蓝牙这个动作会返回连接成功还是失败，成功即为 true，失败即为 false，因此，如果连接成功就显示“已连接”，同时让“断开连接”按钮可以使用，如果连接失败就显示“未连接”，同时让“断开连接”按钮不能使用。

2) 点歌部分

(1) 设置 5 个按钮，分别为歌曲《两只老虎》《欢乐颂》《小星星》《虫儿飞》《我和你》。

(2) 中间制作一个尤克里里标志图片。

(3) 水平布局和垂直布局设计页面，如图 7-7 所示。

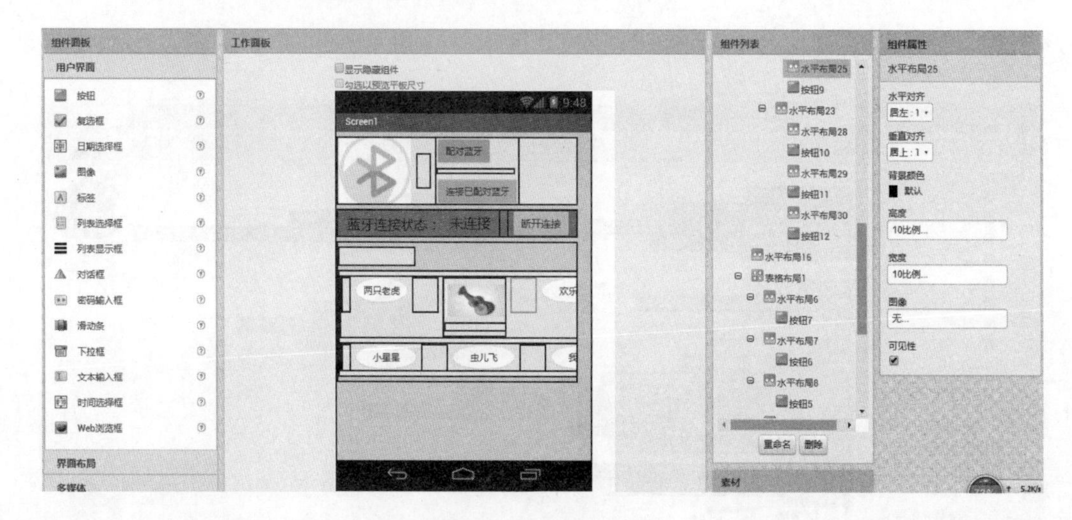

图 7-7　点歌部分图

点歌部分代码如图 7-8 所示，组件设计完毕，接下来单击右上角的逻辑设计进行程序的编写。

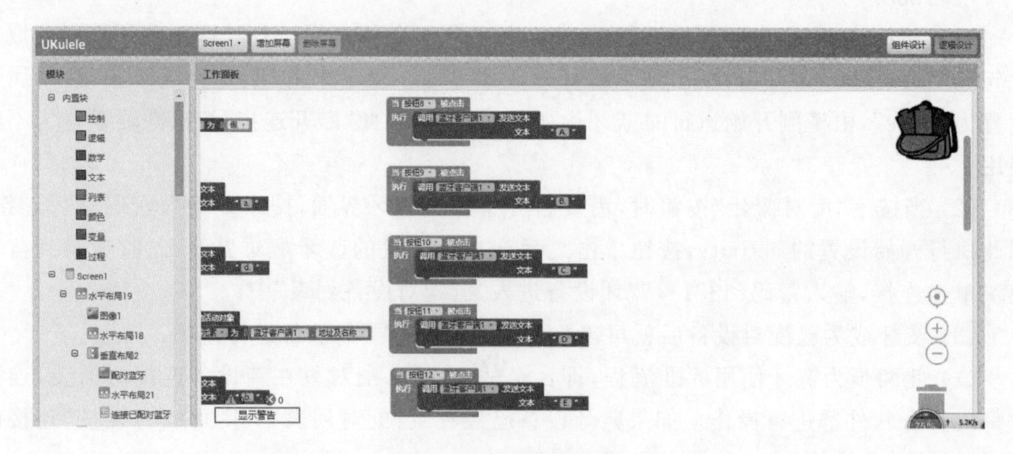

图 7-8　点歌部分代码图

代码说明：

（1）按键 8～12 分别表示歌曲《两只老虎》《欢乐颂》《小星星》《虫儿飞》《我和你》。

（2）如果为《两只老虎》，发送文本“A.”；如果为《欢乐颂》，发送文本“B.”；如果为《小星星》，发送文本“C.”；如果为《虫儿飞》，发送文本“D.”；如果为《我和你》，发送文本“E.”；后面加一个“.”的作用为标识符，表示字符串结束，方便 Arduino 开发板程序快速判断控制字符已结束。

3）音阶部分

（1）创建 7 个按钮分别对应 Do、Re、Mi、Fa、Sol、La、Si。

（2）7 个按钮分别返回：a.、b.、c.、d.、e.、f.、g.（注意返回的文本结尾要用“.”标记结束，后面加“.”的作用为标识符，表示字符串结束，方便 Arduino 开发板程序快速判断控制字符已结束。中音音阶如图 7-9 所示。

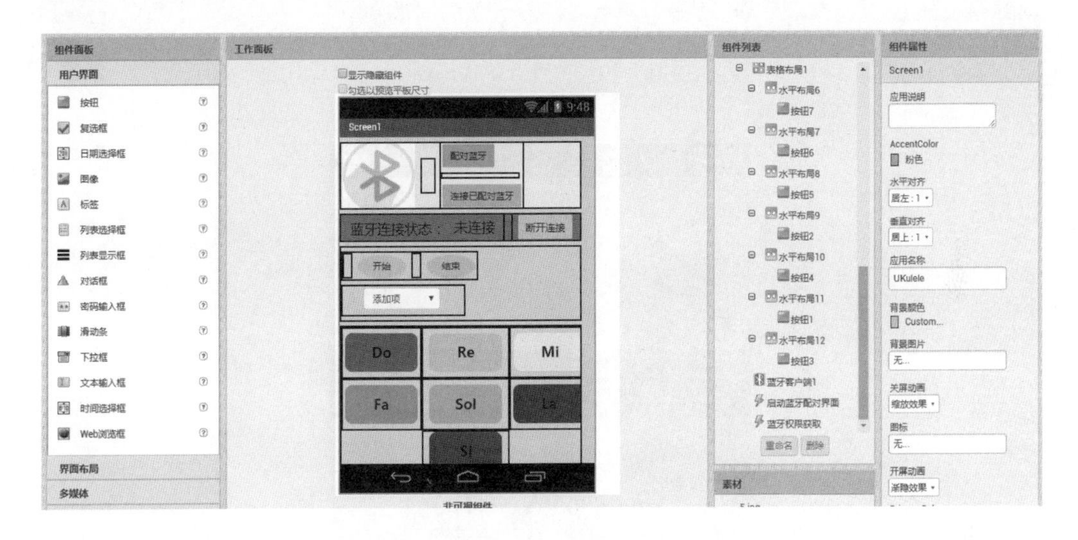

图 7-9　中音音阶部分

（3）组件设计完毕，接下来单击右上角的逻辑设计进行程序的编写，中音音阶代码如图 7-10 所示。

代码说明：按钮 1 被单击后向蓝牙发送文本“a.”；按钮 2 被单击后向蓝牙发送文本“b.”；按钮 3 被单击后向蓝牙发送文本“c.”；按钮 4 被单击后向蓝牙发送文本“d.”；按钮 5 被单击后向蓝牙发送文本“e.”；按钮 6 被单击后向蓝牙发送文本“f.”；按钮 7 被单击后向蓝牙发送文本“g.”，如图 7-11 所示。

7.2.4　舵机的调试

本部分包括舵机的调试的功能介绍及相关代码。

1. 功能介绍

舵机主要用于实现弹奏功能。舵机有 3 根线，棕色为地，红色为电源正，橙色为信号线。舵机的转动位置是靠控制 PWM（脉冲宽度调制）信号的占空比来实现，标准 PWM（脉冲宽度调制）信号的周期固定为 20ms，占空比 0.5～2.5ms 的正脉冲宽度和舵机的转角 −90°～

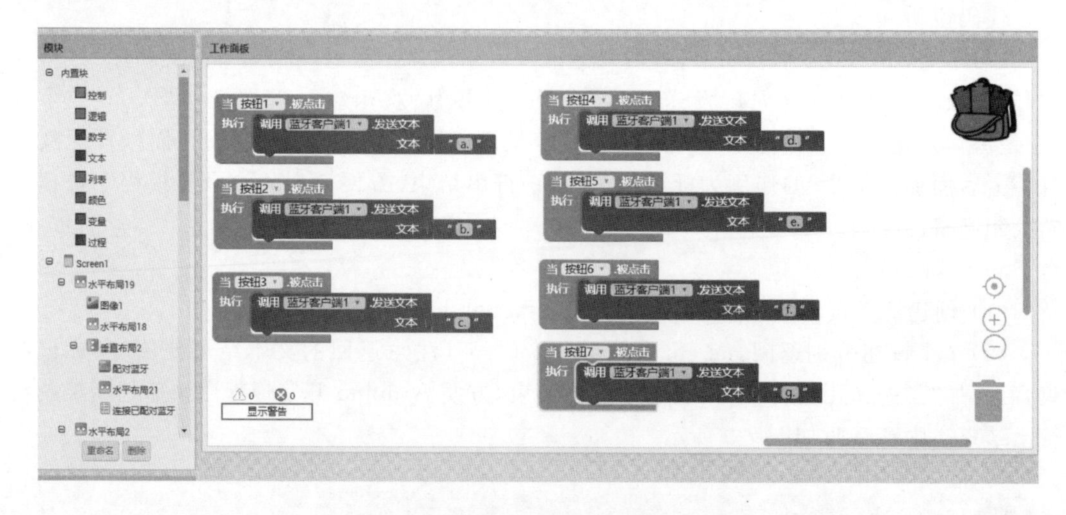

图 7-10 中音音阶代码图

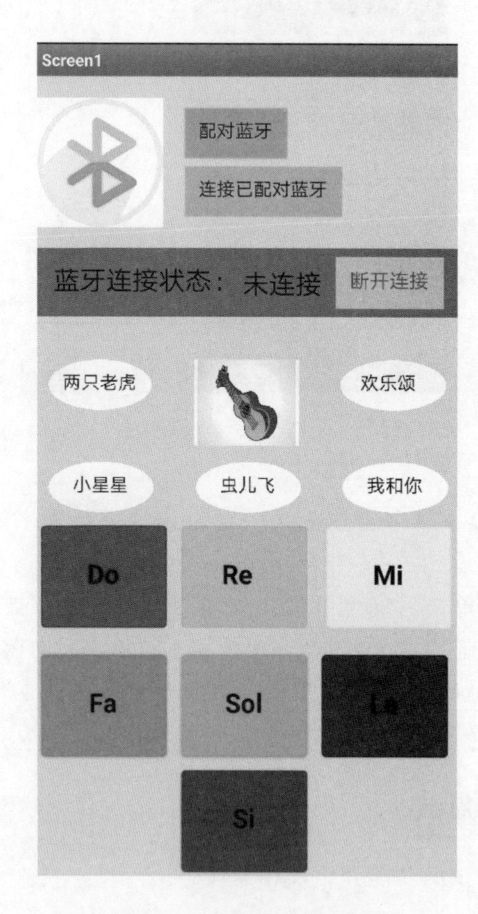

图 7-11 手机端 APP 界面

90°相对应。调测采用了两个舵机不同角度控制以实现同步弹奏音符。元件包括 1 个 Arduino 开发板和导线若干，电路如图 7-12 所示，引脚连接如表 7-3 所示。

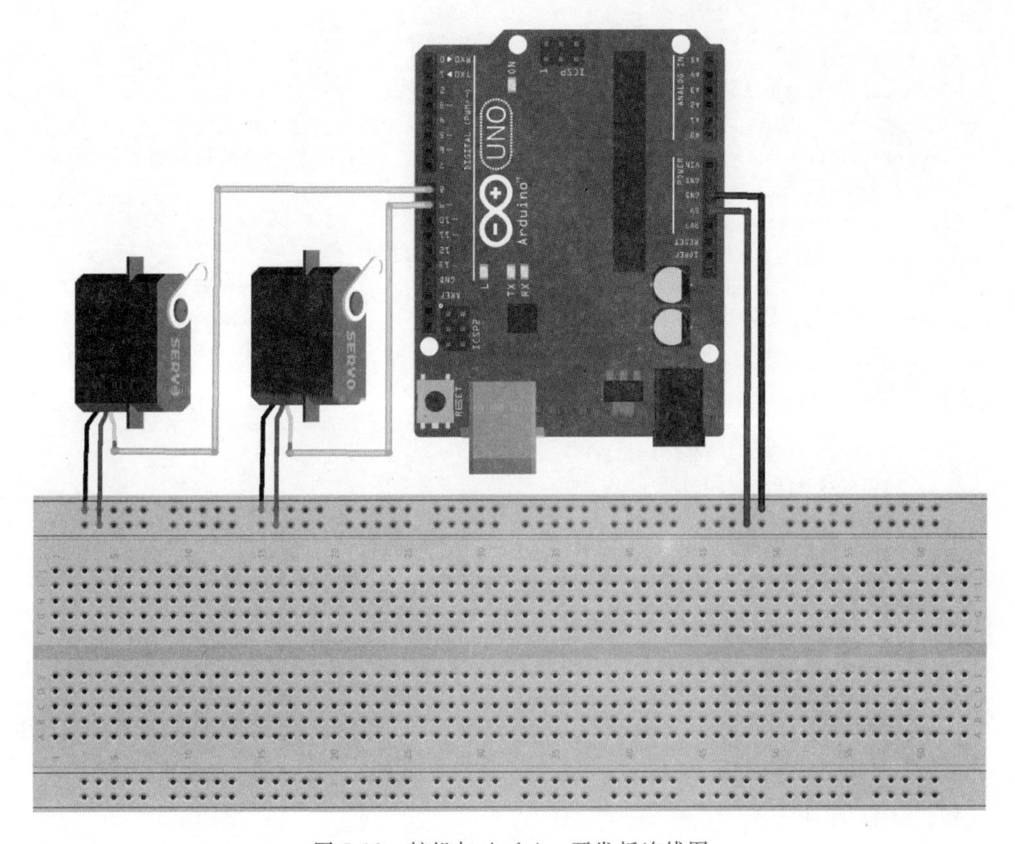

图 7-12　舵机与 Arduino 开发板连线图

表 7-3　引脚连接表

元件及引脚名		Arduino 开发板引脚
舵机	舵机 1 信号线	8
	舵机 2 信号线	9
	舵机正极	5V
	舵机负极	GND

2. 相关代码

```
#include <Servo.h>
Servo s1;                                          //定义 2 个舵机对象
Servo s2;
int pos[3][2] = {{0,0},{90,70},{80,60}};           //舵机的旋转角度
void setup() {
  Serial.begin(9600);
  s1.attach(8);                                    //舵机引脚
  s2.attach(9);
  s1.write(pos[1][0]);                             //舵机的位置
  s2.write(pos[2][0]);
}
int song[] =                                       //音符数组
{
```

```
  2,2,2,2
};
int songSize = sizeof(song)/sizeof(song[0]);          //计算音符个数
int s1State = 0, s2State = 0;                         //初始化舵机位置
int servoPlay(int beat = 250)                         //对应音符舵机的位置控制
{
  for(int i = 0;i < songSize;i++)
  {
    Serial.println(song[i]);                          //在串口监视器中打印音符
    switch (song[i])                                  //各音符所需的弦
    {
      case 1:
        s2State = 1 - s2State;
        s2.write(pos[2][s2State]);
        s1.write(pos[1][0]);
        break;
      case 2:
        s2State = 1 - s2State;
        s2.write(pos[2][s2State]);
        s1.write(pos[1][1]);
        break;
          default:
        break;
    }
    delay(beat);
  }
}
void loop()
{
   servoPlay(350);
   delay(300);
}
```

7.3 产品展示

整体外观如图 7-13 所示，右边为拨弦部分，中间为 Arduino 开发板，与之相连的是左边的按弦输出部分。四个舵机拨弦如图 7-14 所示，按弦支架制作如图 7-15 所示。

图 7-13　整体外观图

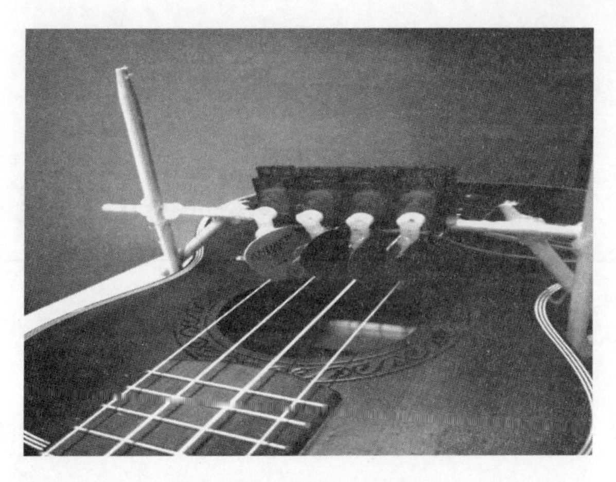

图 7-14 四个舵机拨弦图

图 7-15 按弦支架制作图

7.4 元件清单

完成本项目所用到的元件及数量如表 7-4 所示。

表 7-4 元件清单

元件/测试仪表	数 量
Arduino 开发板	1个
HC-05 蓝牙模块	1个
导线	若干
手机端 APP	1个
舵机	7个
面包板	1个
竹筷	若干
热熔胶	若干

第 8 章

身临其境项目设计[①]

本项目通过手机串口 APP 向蓝牙模块发送信息，实现控制音乐播放和彩灯的亮灭。

8.1 功能及总体设计

本项目采用 HC-05 蓝牙模块、DFPlayer Mini 音乐播放模块、扬声器、LED 彩灯实现阅读的同时播放相对应的音乐，提供图书对应位置，给予读者更好的阅读体验。

要实现上述功能需将作品分成四部分进行设计，即输入部分、处理部分、传输控制部分和输出部分。输入部分使用手机蓝牙 APP，在手机端输入；处理部分主要通过代码实现；控制部分选用了 HC-05 模块配合 Arduino 开发板实现；输出部分使用 DFPlayer Mini 音乐播放模块和三个彩色 LED 实现。

1. 整体框架图

整体框架如图 8-1 所示。

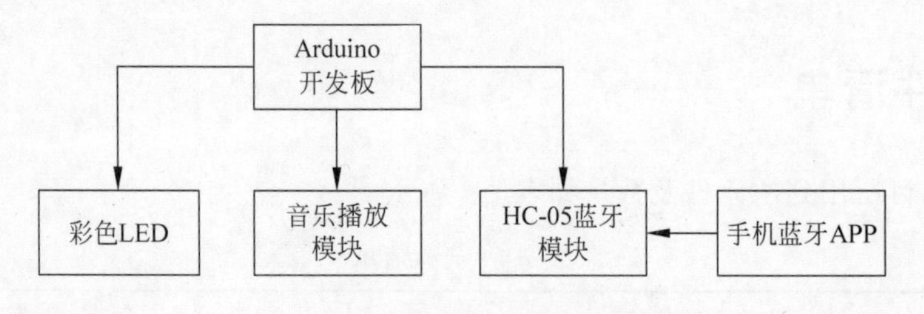

图 8-1 整体框架图

2. 系统流程图

系统流程如图 8-2 所示。

在手机上输入文字后通过 HC-05 模块和 Arduino 开发板向手机反馈对应信息，HC-05 模块控制对应音乐播放和小彩灯的亮灭，读者根据需求通过 APP 调整音量、播放曲目等，达到预期效果。

3. 总电路图

总电路如图 8-3 所示，引脚连接如表 8-1 所示。

① 本章根据毕姝畅、江刘月项目设计整理而成。

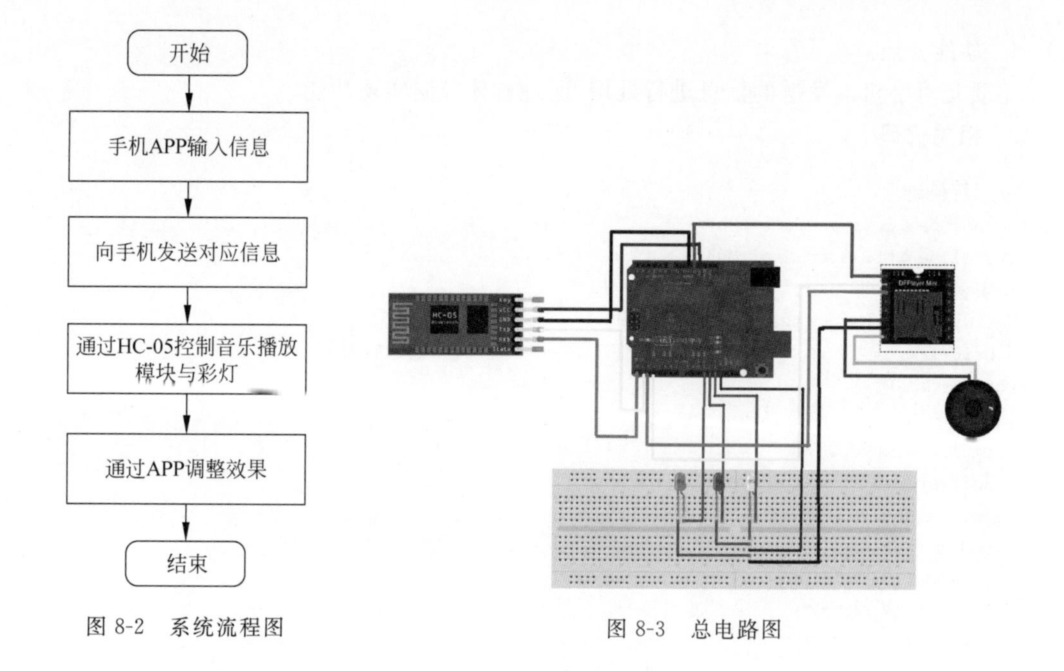

图 8-2　系统流程图　　　　图 8-3　总电路图

表 8-1　引脚连接表

元件及引脚名		Arduino 开发板引脚	扬　声　器
HC-05	RXD	TX	
	VCC	3.3V	
	TXD	RX	
	GND	GND	
DfPlayer Mini	VCC	5V	
	GND	GND	
	RX	3	
	TX	2	
	SPK_1		红线
	SPK_2		蓝线
LED	黄正	13	
	红正	12	
	绿正	11	
	负极	GND	

8.2　模块介绍

本项目主要包括主程序模块、HC-05 模块和输出模块。下面分别给出各模块的功能介绍及相关代码。

8.2.1　主程序模块

本部分包括主程序模块的功能介绍及相关代码。

1. 功能介绍

主要是对手机端发送的信息进行处理，通过蓝牙控制实现功能。

2. 相关代码

```
//运行代码
#include <SoftwareSerial.h>
#include <DFPlayer_Mini_Mp3.h>
//实例化软串口
SoftwareSerial mySoftwareSerial(2, 3);                //RX, TX
uint16_t volume = 3;                                  //初始音量
void setup()
{
Serial.begin(9600);
mySoftwareSerial.begin(9600);
  mp3_set_serial (mySoftwareSerial);
  mp3_set_volume (volume);
  pinMode(13, OUTPUT);
  pinMode(12,OUTPUT);
  pinMode(11,OUTPUT);
  Serial.println("start read loop");
   while (Serial.available())
      Serial.read();
   while (mySoftwareSerial.available())
      mySoftwareSerial.read();
}
char cmd;
void loop()
{
  if (Serial.available())
  {
     cmd = Serial.read();
       if (cmd == '1')
       mp3_play ();                                   //播放
       if (cmd == '2')
       mp3_pause ();                                  //暂停
       if (cmd == '3')
       {
       volume = volume + 3;
       mp3_set_volume(volume);
       }                                              //音量调大
       if (cmd == '4')
       {
       volume = volume - 3;
       mp3_set_volume(volume);
       }                                              //音量调小
       if(cmd == '8')
        mp3_prev ();                                  //上一曲
       if(cmd == '9')
        mp3_next ();                                  //下一曲
       if (cmd == '5')
```

```
void mp3_random_play ();                          //随机播放
 if (cmd == '6'){
   mp3_stop ();                                   //停止播放
 digitalWrite(13,LOW);
 digitalWrite(12,LOW);
 digitalWrite(11,LOW);
 }
 if (cmd == 'a'){
  mp3_play (1);                                   //循环播放指定曲目
  mp3_single_loop(1);
 Serial.println("(1,2)");
 digitalWrite(13,HIGH);                           //黄灯亮
 }
 if (cmd == 'b'){
  mp3_play (2);                                   //循环播放指定曲目
  mp3_single_loop(1);
 Serial.println("(1,3)");
 digitalWrite(12,HIGH);                           //红灯亮
 }
 if (cmd == 'c'){
  mp3_play (3);                                   //循环播放指定曲目
  mp3_single_loop(1);                             //循环播放指定曲目
 Serial.println("(1,1)");
 digitalWrite(11,HIGH);                           //绿灯亮
 }
if(cmd == 'd'){
 mp3_play (4);                                    //循环播放指定曲目
  mp3_single_loop(1);                             //循环播放指定曲目
Serial.println("(2,1)");
   for (int value = 0 ; value < 255; value = value + 1){
        analogWrite(13, value);
        delay(5);
       }
   for (int value = 255; value > 0; value = value - 1){
       analogWrite(13, value);
       delay(5);
       }
 }                                                //呼吸灯
 if(cmd == 'e'){
  mp3_play(5);
  mp3_single_loop (1);                            //循环播放指定曲目
 digitalWrite(11,HIGH);
 delay(100);
 digitalWrite(12,HIGH);
 delay(100);
 digitalWrite(13,HIGH);
 delay(100);
 digitalWrite(13, LOW);
 delay(100);
 digitalWrite(12, LOW);
 delay(100);
```

```
        digitalWrite(11, LOW);
        delay(100);
        }                                             //流水灯
      delay(500);
      if(cmd!= 'e'&cmd!= 'd')
      cmd = '\0';
  }
}
```

8.2.2 HC-05 模块

本部分包括 HC-05 模块的功能介绍及相关代码。

1. 功能介绍

本部分主要使用蓝牙模块实现无线通信，元件包括 HC-05 模块、Arduino 开发板和导线若干，电路如图 8-4 所示。

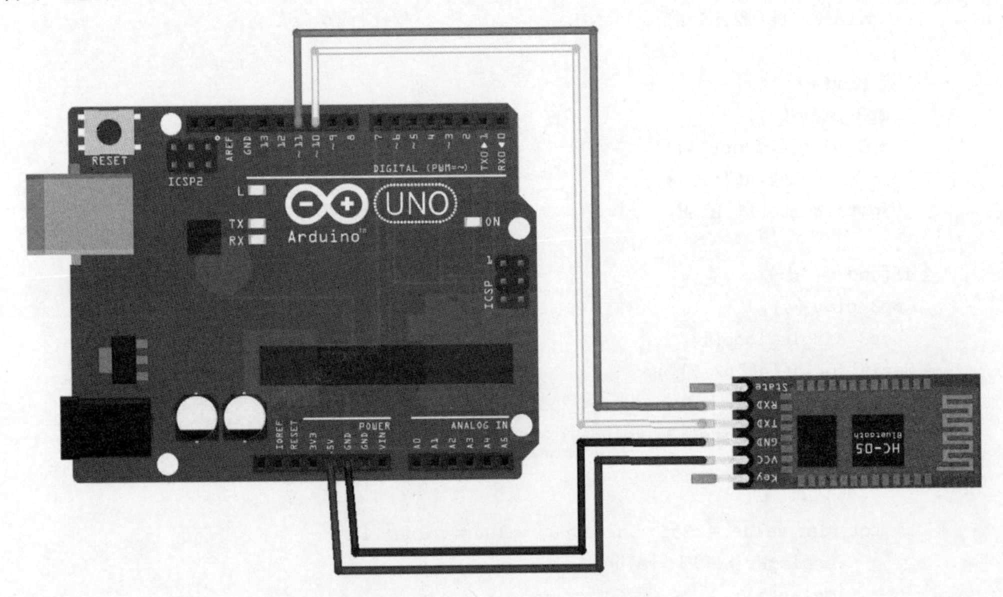

图 8-4　HC-05 模块与 Arduino 开发板连线图

2. 相关代码

```
#include < SoftwareSerial.h >
SoftwareSerial mySerial(2, 3);                    //定义 HC - 05 的引脚 RX,TX
void setup()
  Serial.begin(38400);                            //初始化串口通信,将波特率设置为 38400
  while (!Serial);                                //等待串口通信
  Serial.println("O");
  mySerial.begin(4800);                           //初始化蓝牙通信,将波特率设置为 9600
  mySerial.println("K");
}
void loop(){
  if (mySerial.available()){                      //将 HC - 05 收到的信号发送到 Arduino 开发板
```

```
      Serial.write(mySerial.read());
    }
    if (Serial.available()) {                          //将 Arduino 开发板的信号发送到 HC-05
      mySerial.write(Serial.read());
    }
}
/*1.设置模块的工作模式为任意设备连接模式 AT+COMDE=1
2.蓝牙名称 AT+NAME='hc05'
3.配对密码 1234 */
```

8.2.3　输出模块

本部分包括输出模块的功能介绍及相关代码。

1. 功能介绍

实现音乐播放功能及亮灯功能。元件包括 3 个 LED、1 个 DFPlayer Mini、1 个扬声器、Arduino 开发板和导线若干，电路如图 8-5 所示。

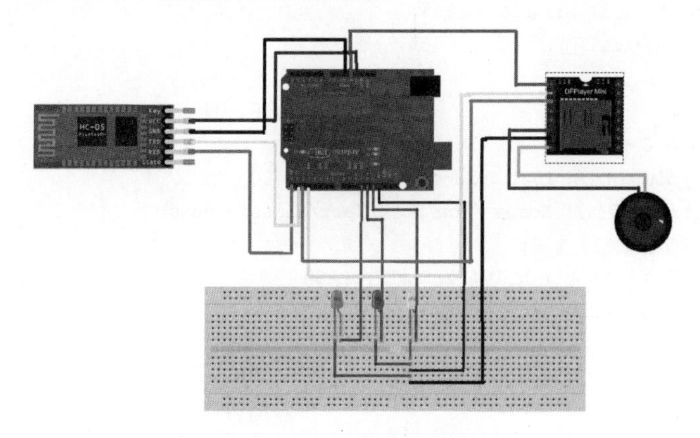

图 8-5　输出电路原理图

2. 相关代码

```
//DFPlayer_Mini_Mp3.h
#include "Arduino.h"
#include "SoftwareSerial.h"
uint8_t send_buf[10] = {
    0x7E, 0xFF, 06, 00, 00, 00, 00, 00, 00, 0xEF};
uint8_t recv_buf[10];
//* void(*send_func)() = NULL;
//* HardwareSerial *hserial = NULL;
//* SoftwareSerial *sserial = NULL;
//* boolean is_reply = false;
// 7E FF 06 0F 00 01 01 xx xx EF
// 0->7E 起始码
// 1->FF 版本
// 2->06 长度
// 3->0F 命令
// 4->00 未收到
// 5~6->01 01 参数
```

```
// 7～8 ->校验和 = 0 - ( FF + 06 + 0F + 00 + 01 + 01 )
// 9 -> EF 结束码
void mp3_set_reply (boolean state);
void mp3_fill_cmd (uint8_t cmd, uint16_t arg);
void mp3_fill_cmd (uint8_t cmd);
//void fill_uint16_bigend (uint8_t * thebuf, uint16_t data);
//error because it is bigend mode in mp3 module
//void fill_uint16 (uint8_t * thebuf, uint16_t data) {
// * (uint16_t * )(thebuf) = data;
//}
void mp3_set_serial (HardwareSerial &theSerial);
void mp3_set_serial (SoftwareSerial &theSerial);
//void h_send_func ();
//void s_send_func ();
//void mp3_send_cmd ();
uint16_t mp3_get_checksum (uint8_t * thebuf);
void mp3_fill_checksum ();
void mp3_play_physical (uint16_t num);
void mp3_play_physical ();
void mp3_next ();                                    //上一曲
void mp3_prev ();                                    //下一曲
//0x06 设置音量 0 - 30
void mp3_set_volume (uint16_t volume);
//0x07 set EQ0/1/2/3/4/5 Normal/Pop/Rock/Jazz/Classic/Bass
void mp3_set_EQ (uint16_t eq);
//0x09 设置设备 1/2/3/4/5 U/SD/AUX/SLEEP/FLASH
void mp3_set_device (uint16_t device);
void mp3_sleep ();
void mp3_reset ();
void mp3_pause ();                                   //暂停
void mp3_stop ();                                    //停止播放
void mp3_play ();                                    //播放
//指定 TF 卡中 mp3 文件, "mp3_play (1);" mean play "mp3/0001.mp3"
void mp3_play (uint16_t num);
void mp3_get_state ();
void mp3_get_volume ();                              //音量
void mp3_get_u_sum ();
void mp3_get_tf_sum ();
void mp3_get_flash_sum ();
void mp3_get_tf_current ();
void mp3_get_u_current ();
void mp3_get_flash_current ();
//设置单曲循环
void mp3_single_loop (boolean state);                //循环播放
void mp3_single_play (uint16_t num);
void mp3_DAC (boolean state);
void mp3_random_play ();                             //随机播放
//DFPlayer_Mini_Mp3.cpp
#include <Arduino.h>
#include <SoftwareSerial.h>
//#include "DFPlayer_Mini_Mp3.h"
```

```
extern uint8_t send_buf[10];
extern uint8_t recv_buf[10];
static void( * send_func)() = NULL;
static HardwareSerial * _hardware_serial = NULL;
static SoftwareSerial * _software_serial = NULL;
static boolean is_reply = false;
void mp3_set_reply (boolean state) {
    is_reply = state;
    send_buf[4] = is_reply;
}
static void fill_uint16_bigend (uint8_t * thebuf, uint16_t data) {
    * thebuf = (uint8_t)(data >> 8);
    * (thebuf + 1) = (uint8_t)data;
}
//计算校验和(1～6 byte)
uint16_t mp3_get_checksum (uint8_t * thebuf) {
    uint16_t sum = 0;
    for (int i = 1; i < 7; i++) {
          sum += thebuf[i];
    }
    return - sum;
}
//填充校验和到 send_buf (7～8 byte)
void mp3_fill_checksum () {
    uint16_t checksum = mp3_get_checksum (send_buf);
    fill_uint16_bigend (send_buf + 7, checksum);
}
void h_send_func () {
    for (int i = 0; i < 10; i++) {
          _hardware_serial -> write (send_buf[i]);
    }
}
void s_send_func () {
    for (int i = 0; i < 10; i++) {
          _software_serial -> write (send_buf[i]);
    }
}
//void mp3_set_serial (HardwareSerial * theSerial) {
void mp3_set_serial (HardwareSerial &theSerial) {
    _hardware_serial = &theSerial;
    send_func = h_send_func;
}
void mp3_set_serial (SoftwareSerial &theSerial) {
     _software_serial = &theSerial;
     send_func = s_send_func;
}
void mp3_send_cmd (uint8_t cmd, uint16_t arg) {
     send_buf[3] = cmd;
     fill_uint16_bigend ((send_buf + 5), arg);
     mp3_fill_checksum ();
     send_func ();
```

```
}
void mp3_send_cmd (uint8_t cmd) {
    send_buf[3] = cmd;
    fill_uint16_bigend ((send_buf + 5), 0);
    mp3_fill_checksum ();
    send_func ();
}
void mp3_play_physical (uint16_t num) {
    mp3_send_cmd (0x03, num);
}
void mp3_play_physical () {
    mp3_send_cmd (0x03);
}
void mp3_next () {
    mp3_send_cmd (0x01);
}
void mp3_prev () {
    mp3_send_cmd (0x02);
}
//0x06 设置音量 0 - 30
void mp3_set_volume (uint16_t volume) {
    mp3_send_cmd (0x06, volume);
}
//0x07 设置模式 EQ0/1/2/3/4/5 Normal/Pop/Rock/Jazz/Classic/Bass
void mp3_set_EQ (uint16_t eq) {
    mp3_send_cmd (0x07, eq);
}
//0x09 设置设备 1/2/3/4/5 U/SD/AUX/SLEEP/FLASH
void mp3_set_device (uint16_t device) {
    mp3_send_cmd (0x09, device);
}
void mp3_sleep () {
    mp3_send_cmd (0x0a);
}
void mp3_reset () {
    mp3_send_cmd (0x0c);
}
void mp3_play () {
    mp3_send_cmd (0x0d);
}
void mp3_pause () {
    mp3_send_cmd (0x0e);
}
void mp3_stop () {
    mp3_send_cmd (0x16);
}
//播放 mp3 文件
void mp3_play (uint16_t num) {
    mp3_send_cmd (0x12, num);
}
void mp3_get_state () {
```

```
    mp3_send_cmd (0x42);
}
void mp3_get_volume () {
    mp3_send_cmd (0x43);
}
void mp3_get_u_sum () {
    mp3_send_cmd (0x47);
}
void mp3_get_tf_sum () {
    mp3_send_cmd (0x48);
}
void mp3_get_flash_sum () {
    mp3_send_cmd (0x49);
}
void mp3_get_tf_current () {
    mp3_send_cmd (0x4c);
}
void mp3_get_u_current () {
    mp3_send_cmd (0x4b);
}
void mp3_get_flash_current () {
    mp3_send_cmd (0x4d);
}
void mp3_single_loop (boolean state) {
    mp3_send_cmd (0x19, !state);
}
void mp3_single_play (uint16_t num) {
    mp3_play (num);
    delay (10);
    mp3_single_loop (true);
    //mp3_send_cmd (0x19, !state);
}
void mp3_DAC (boolean state) {
    mp3_send_cmd (0x1a, !state);
}
void mp3_random_play () {
    mp3_send_cmd (0x18);
}
//运行代码
#include <DFPlayer_Mini_Mp3.h>
#include <SoftwareSerial.h>
//实例化软串口
SoftwareSerial mySerial(10, 11);                    // RX, TX 引脚
void setup () {
    Serial.begin (9600);
    mySerial.begin (9600);
    mp3_set_serial (mySerial);                      //为 mp3 模块设置串口
    delay(1);                                       //延迟 1ms
    mp3_set_volume (15);
}
void loop () {
```

```
        mp3_play (1);                                    //播放第一首歌曲
        delay (6000);
        mp3_next ();                                     //下一曲
        delay (6000);
        mp3_prev ();                                     //上一曲
        delay (6000);
        mp3_play (4);                                    //播放第四首歌曲
        delay (6000);
}
//呼吸灯
int ledPin = 10;
void setup() {
    pinMode(ledPin,OUTPUT);
}
void loop(){
    for (int value = 0 ; value < 255; value = value + 1){
    analogWrite(ledPin, value);
    delay(5);
    }
    for (int value = 255; value > 0; value = value - 1){
        analogWrite(ledPin, value);
        delay(5);
    }
}
//流水灯
void setup() {
  pinMode(8, OUTPUT);
  pinMode(9, OUTPUT);
  pinMode(10, OUTPUT);
  pinMode(11, OUTPUT);
  pinMode(12, OUTPUT);
  pinMode(13, OUTPUT);
}
void loop() {
  digitalWrite(8, HIGH);
  delay(100);
  digitalWrite(9, HIGH);
  delay(100);
  digitalWrite(10,HIGH);
  delay(100);
  digitalWrite(11,HIGH);
  delay(100);
  digitalWrite(12,HIGH);
  delay(100);
  digitalWrite(13,HIGH);
  delay(100);
  digitalWrite(13, LOW);
  delay(100);
  digitalWrite(12, LOW);
  delay(100);
  digitalWrite(11, LOW);
```

```
  delay(100);
  digitalWrite(10, LOW);
  delay(100);
  digitalWrite(9, LOW);
  delay(100);
  digitalWrite(8, LOW);
  delay(100);
}
```

8.3 产品展示

整体外观如图 8-6 所示，右边为输入部分，中间为 Arduino 开发板，与之相连的有左边的 LED、DFPlayer Mini 输出部分、右上角的扬声器和上方的 HC-05 模块。

图 8-6 整体外观图

8.4 元件清单

完成本项目所用到的元件及数量如表 8-2 所示。

表 8-2 元件清单

元件/测试仪表	数 量
蓝牙串口助手 APP	1个
Arduino 开发板	1个
HC-05 模块	1个
导线	若干
LED 彩灯	3个
DfPlayer Mini 模块	1个
扬声器	1个
面包板	1个
TF 卡	1个

第 9 章

基于温度感应的 LED 表情控制音乐水杯项目设计①

本项目基于 Arduino 开发板设计一款通过表情和音乐监控温度的水杯，提醒人们当前温度，并控制水温在所需范围之内。

9.1 功能及总体设计

本项目通过显示不同表情和播放不同音乐来实时监控水温，根据点阵模块显示出的不同表情以及音乐判断温度，调出自己想要的水温，起到监控和控制温度的作用。除此之外，本项目也适宜聋哑人和盲人使用。

要实现上述功能需将作品分成三部分进行设计，即温度传感器接收部分、点阵模块显示表情部分和扬声器播放音乐部分。温度传感器接收温度选用了 DS18B20 温度传感器；点阵模块显示表情选用了 MAX7219ENG 点阵模块配合 Arduino 开发板实现；扬声器播放音乐设置不同的频率，利用定时器中断，在程序执行时取出音符代码，查频率表，置入 T/C 口，取出节拍代码，供定时器使用，以此来完成对音乐节拍长度的控制，再通过扬声器播放乐曲。

1. 整体框架图

整体框架如图 9-1 所示。

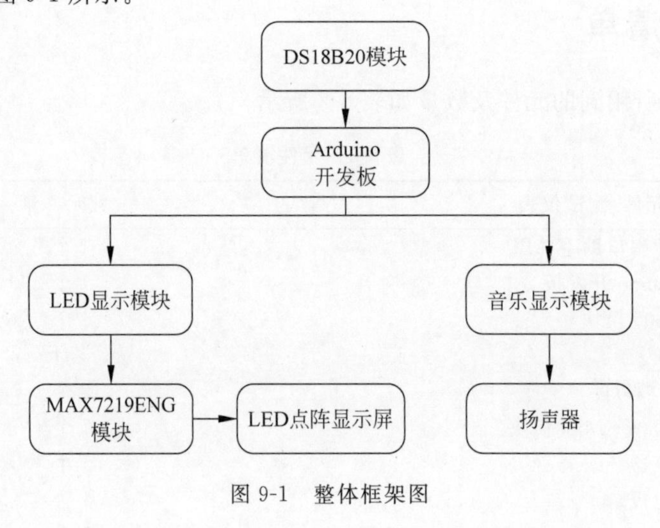

图 9-1　整体框架图

① 本章根据靳思梦、唐心怡项目设计整理而成。

2. 系统流程图

系统流程如图 9-2 所示。

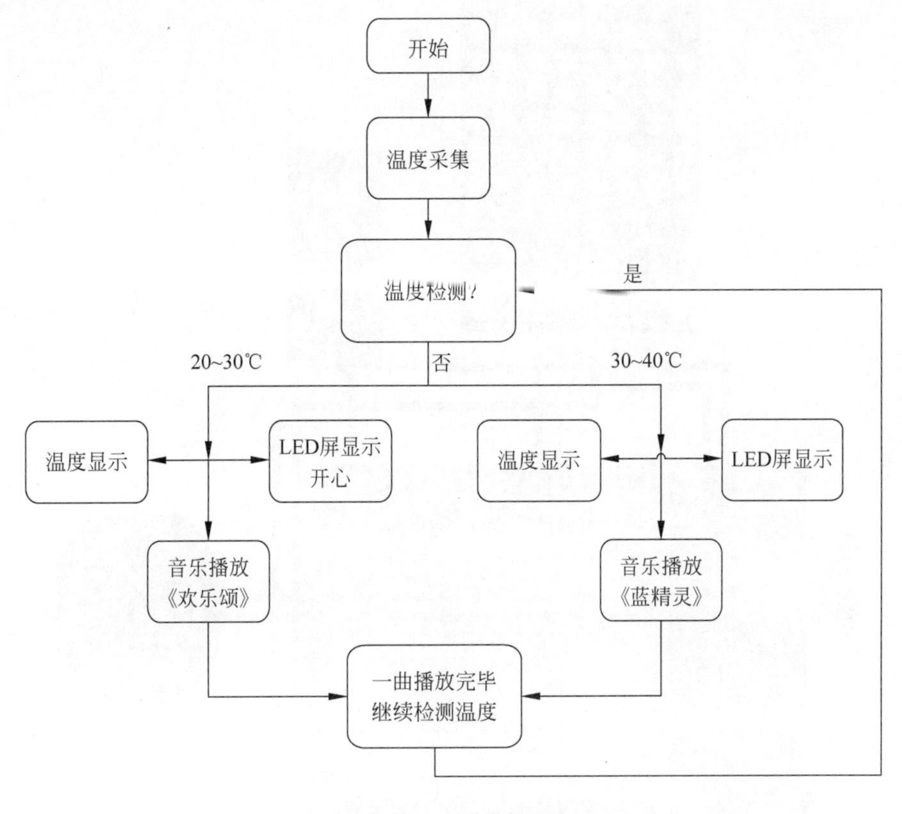

图 9-2　系统流程图

温度传感器采集温度后，判断是否达到设定值。在不同的温度区间范围会播放不同的音乐。温度在 20～30℃之间时，LED 屏显示“开心”表情，音乐模块播放乐曲《欢乐颂》；温度在 30～40℃之间时，LED 屏显示“囧”表情，音乐模块播放乐曲《蓝精灵》；一曲播放完毕，温度传感器继续检测温度，完成下一轮的表情显示和音乐播放。

3. 总电路图

电路将 DS18B20 和 MAX7219ENG 的 GND 引脚连接到 Arduino 开发板的 GND 引脚，DS18B20 和 MAX7219ENG 的 VCC 引脚连接到 Arduino 开发板的 5V 引脚，DS18B20 的 OUT 引脚连接 Arduino 开发板的数字引脚 2，MAX7219ENG 的 DIN、CS 和 CLK 分别连接到 Arduino 开发板的数字引脚 10、11 和 12。扬声器的正负极引脚分别连接 Arduino 开发板的数字引脚 8 和 GND 引脚。本项目完成三个功能，其一，DS18B20 接收温度信号，显示在串口监视器里；其二，接收温度信号，控制 MAX7219ENG；其三，扬声器根据音频原理播放出不同的音乐。总电路如图 9-3 所示，引脚连接如表 9-1 所示。

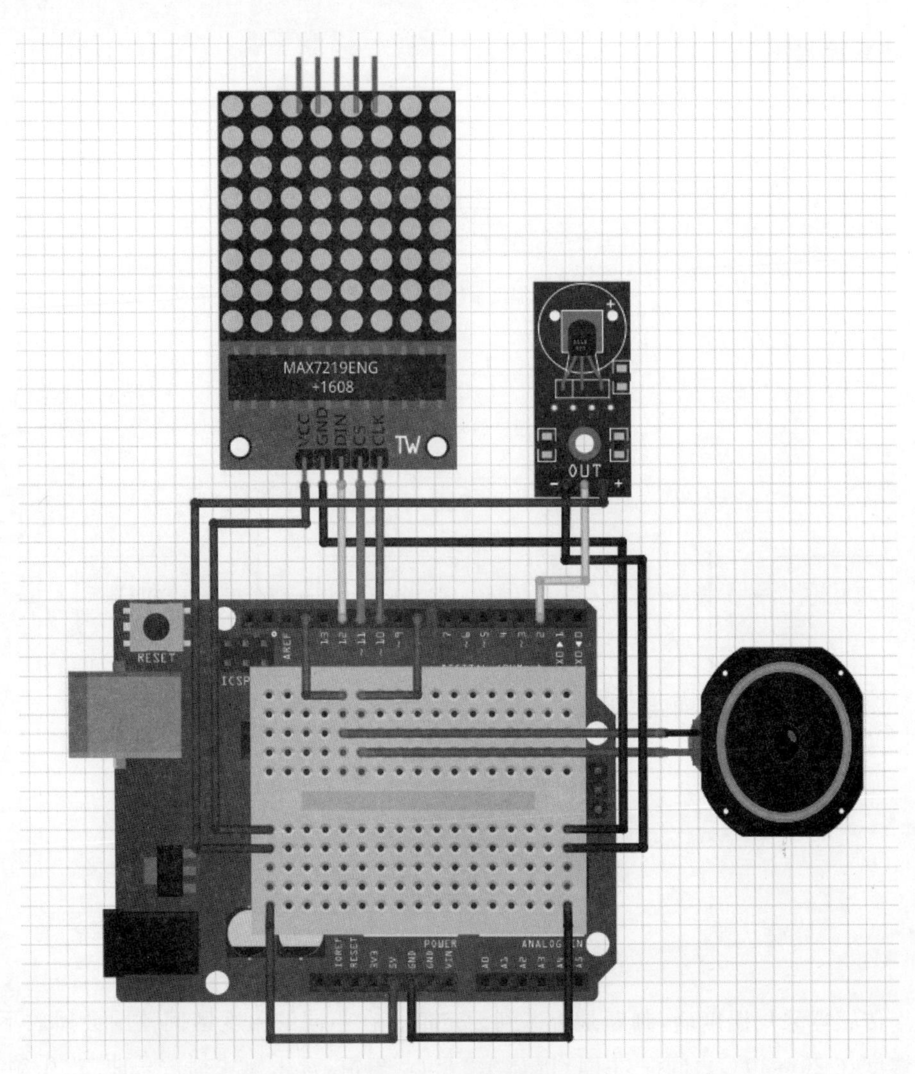

图 9-3　总电路图

表 9-1　引脚连接表

<table>
<tr><th colspan="2">元件及引脚名</th><th>Arduino 开发板引脚</th></tr>
<tr><td rowspan="3">DS18B20</td><td>VCC</td><td>5V</td></tr>
<tr><td>OUT</td><td>2</td></tr>
<tr><td>GND</td><td>GND</td></tr>
<tr><td rowspan="5">MAX7219ENG</td><td>VCC</td><td>5V</td></tr>
<tr><td>DIN</td><td>10</td></tr>
<tr><td>CS</td><td>11</td></tr>
<tr><td>CLK</td><td>12</td></tr>
<tr><td>GND</td><td>GND</td></tr>
<tr><td rowspan="2">扬声器</td><td>正极引脚</td><td>8</td></tr>
<tr><td>负极引脚</td><td>GND</td></tr>
</table>

9.2 模块介绍

本项目主要包括DS18B20模块、MAX7219ENG模块和音乐输出模块(扬声器)。下面分别给出各模块的功能介绍及相关代码。

9.2.1 DS18B20模块

本部分包括DS18B20模块的功能介绍及相关代码。

1. 功能介绍

DS18B20模块收集环境中的温度并将转换成可识别的二进制数码，然后转换成相应的十六进制控制MAX7219ENG模块来显示表情，用相应的频率控制扬声器播放不同的音乐。

DS18B20模块有三个引脚：信号线、VCC和GND，与Arduino开发板和其他单片机连接通信非常方便。DS18B20内部结构主要由四部分组成：64位光刻ROM、温度传感器、非挥发的温度报警触发器TH和TL、配置寄存器。元件包括DS18B20模块、Arduino开发板和导线若干，电路如图9-4所示。

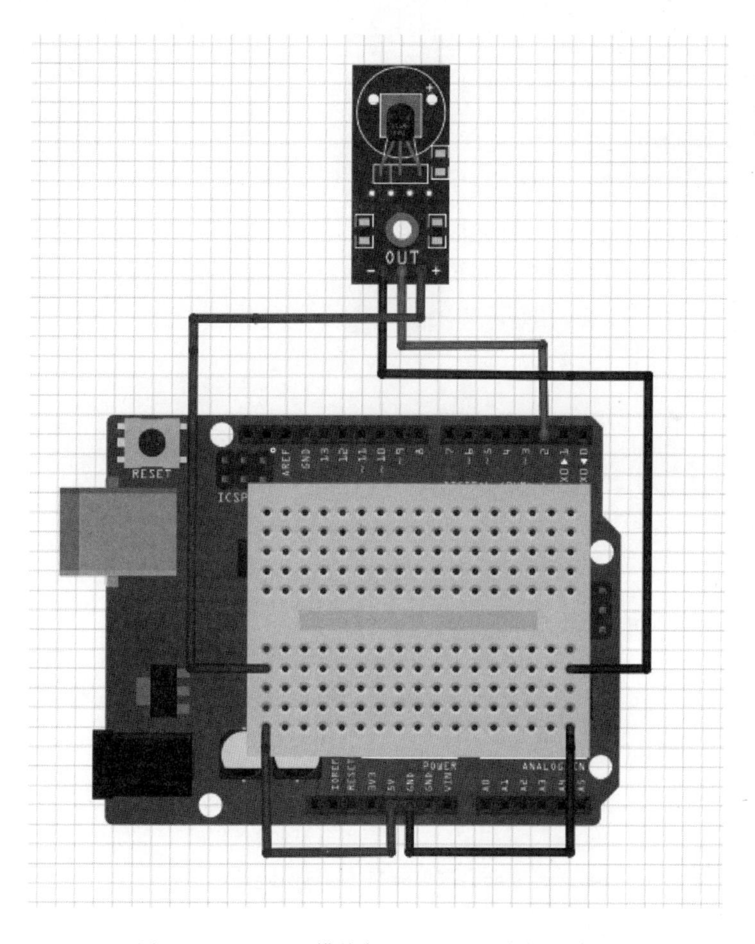

图9-4　DS18B20模块与Arduino开发板连线图

2. 相关代码

```
#include <OneWire.h>
OneWire ds(10);                              //连接 Arduino 开发板引脚 10
void setup(void) {
  Serial.begin(9600);
}
void loop(void) {
  byte i;
  byte present = 0;
  byte type_s;
  byte data[12];
  byte addr[8];
  float celsius, fahrenheit;
  if ( !ds.search(addr)) {
    Serial.println("No more addresses.");
    Serial.println();
    ds.reset_search();
    delay(250);
    return;
  }
  Serial.print("ROM =");
  for( i = 0; i < 8; i++) {
    Serial.write(' ');
    Serial.print(addr[i], HEX);
  }
  if (OneWire::crc8(addr, 7) != addr[7]) {
      Serial.println("CRC is not valid!");
      return;
  }
  Serial.println();
  //显示芯片类型
  switch (addr[0]) {
    case 0x10:
      Serial.println(" Chip = DS18S20");
      type_s = 1;
      break;
    case 0x28:
      Serial.println(" Chip = DS18B20");
      type_s = 0;
      break;
    case 0x22:
      Serial.println(" Chip = DS1822");
      type_s = 0;
      break;
    default:
      Serial.println("Device is not a DS18x20 family device.");
      return;
  }
  ds.reset();
  ds.select(addr);
```

```
    ds.write(0x44,1);                              //开始转换
    delay(1000);
    present = ds.reset();
    ds.select(addr);
    ds.write(0xBE);
    Serial.print(" Data = ");
    Serial.print(present,HEX);
    Serial.print(" ");
    for ( i = 0; i < 9; i++) {
      data[i] = ds.read();
      Serial.print(data[i], HEX);
      Serial.print(" ");
    }
    Serial.print(" CRC = ");
    Serial.print(OneWire::crc8(data, 8), HEX);
    Serial.println();
    //把数据转换为实际温度
    unsigned int raw = (data[1] << 8) | data[0];
    if (type_s) {
      raw = raw << 3;
      if (data[7] == 0x10) {
        raw = (raw & 0xFFF0) + 12 - data[6];
      }
    } else {
      byte cfg = (data[4] & 0x60);
      if (cfg == 0x00) raw = raw << 3;         //9bit 的解析需 93.75ms
      else if (cfg == 0x20) raw = raw << 2;    //10bit 的解析需 187.5ms
      else if (cfg == 0x40) raw = raw << 1;    //11bit 的解析需 375ms
      //默认是 12bit 的解析, 750ms 的转换时间
    }
    celsius = (float)raw / 16.0;
    fahrenheit = celsius * 1.8 + 32.0;
    Serial.print(" Temperature = ");
    Serial.print(celsius);
    Serial.print(" Celsius, ");
    Serial.print(fahrenheit);
    Serial.println(" Fahrenheit");
}
```

9.2.2　MAX7219ENG 模块

本部分包括 MAX7219ENG 模块的功能介绍及相关代码。

1. 功能介绍

MAX7219ENG 是多位 LED 显示驱动器，采用 3 线串行接口传送数据，可直接与 Arduino 开发板连接，用户能方便修改其内部参数，通过 Arduino 开发板语言程序控制图案生成以实现多位 LED 显示。它内含硬件动态扫描电路、BCD 译码器、段驱动器和位驱动器，可以直接驱动 64 段 LED 点阵显示器。元件包括 MAX7219ENG 模块、Arduino 开发板和导线若干，电路如图 9-5 所示。

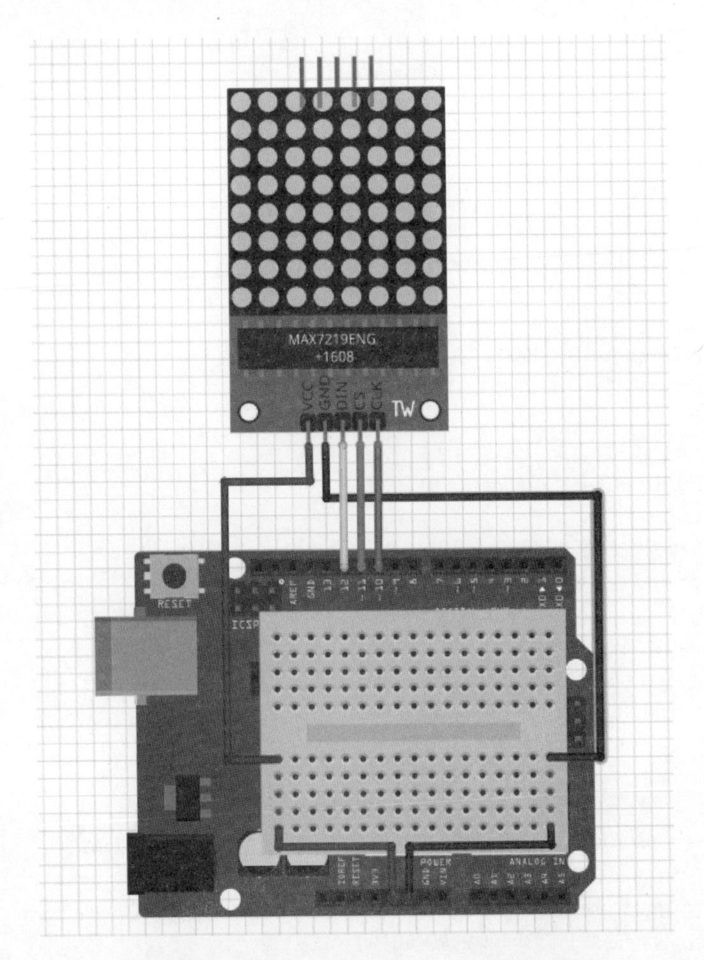

图 9-5　MAX7219ENG 与 Arduino 开发板连线图

2. 相关代码

下面示例是用 DS18B20 控制温度，从而控制点阵显示不同图案的代码。

```
#include <DS18B20.h>
#include <LedControl.h>
#include <OneWire.h>
#include <LedControl.h>
int DIN = 12;
int CS = 11;
int CLK = 10;
#include <OneWire.h>
#include <DS18B20.h>
DS18B20 ds(2);                    //DS18B20 传感器信号引脚接 Arduino 开发板的引脚 2
LedControl lc = LedControl(DIN,CLK,CS,0);

void setup(){
  Serial.begin(9600);
lc.shutdown(0,false);             //MAX72XX 开始处于节能模式
```

```
lc.setIntensity(0,15);                                          //设置亮度到最大
lc.clearDisplay(0);                                             //清除显示
}
void loop(){
  byte smile[8] = {0xFF,0x99,0xA5,0xC3,0xBD,0xA5,0xA5,0xFF};      //快乐
  byte neutral[8] = {0x00,0xEE,0x22,0x00,0x00,0x3E,0x02,0x00};    //悲伤
  byte frown[8] = {0x00,0x24,0x5A,0x00,0x00,0x3C,0x00,0x00};      //平静
  Serial.print("Current Temperature is ");                      //串口输出温度数值
  Serial.print(ds.getTempC());
  Serial.println(" C");
  float temp_val = ds.getTempC(),
  if (temp_val > 30){
    printByte(neutral);
    delay(1000);
       lc.clearDisplay(0);
     delay(1000);
  }else if (temp_val > 20){
    printByte(smile);
    delay(1000);
         lc.clearDisplay(0);
     delay(1000);
  }else if (temp_val > 10){
     printByte(frown);
   delay(1000);
        lc.clearDisplay(0);
   delay(1000);
  }
}
void printByte(byte character [])
{
  int i = 0;
  for(i = 0;i < 8;i++)
  {
    lc.setRow(0,i,character[i]);
  }
}
```

9.2.3 音乐输出模块

本部分包括音乐输出模块(扬声器)的功能介绍及相关代码。

1. 功能介绍

主要是通过对扬声器设置不同的频率,利用定时器中断,在程序执行时,取出音符代码,查频率表,置入 T/C 口,取出节拍代码,供定时器使用,以此来完成对音乐节拍长度的控制,再通过扬声器播放乐曲。元件包括扬声器、Arduino 开发板和导线若干,电路如图 9-6 所示。

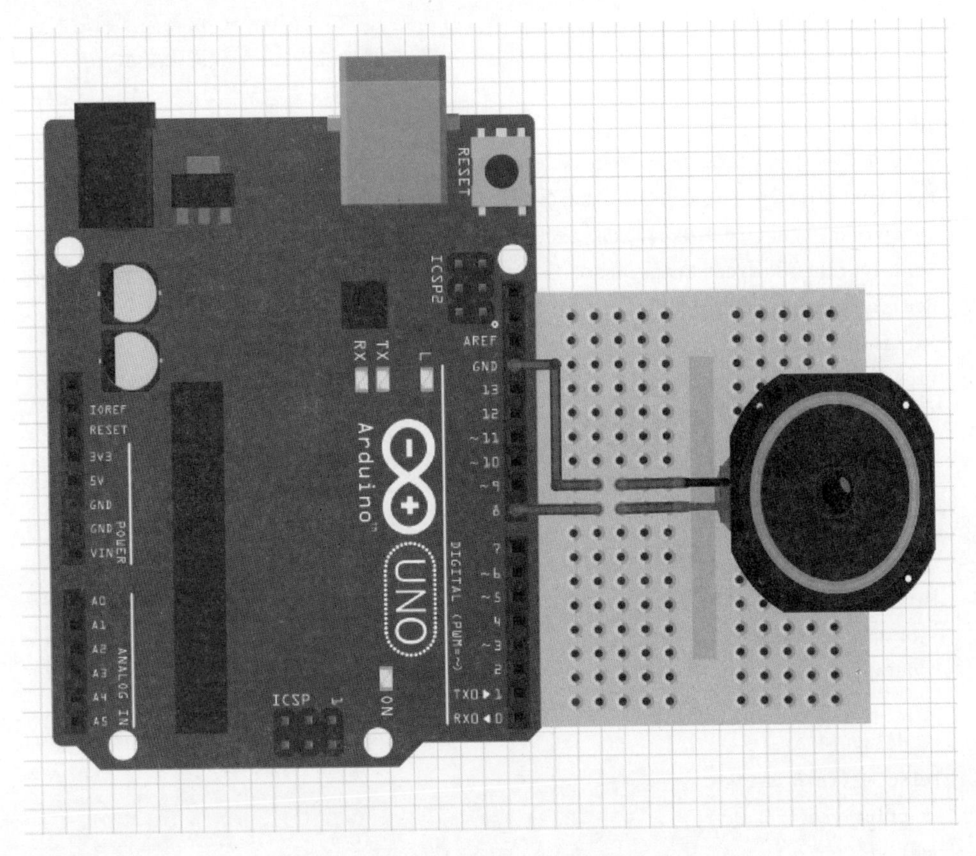

图 9-6　扬声器与 Arduino 开发板连线图

2. 相关代码

通过传感器来采集温度，以及对扬声器设置不同的频率，利用定时器中断来完成对音乐节拍长度的控制，实现扬声器播放乐曲。

```
//1.当温度超过 20℃ 小于 30℃ 时播放《葫芦娃》
#define NOTE_D0 -1
#define NOTE_D1 294
#define NOTE_D2 330
#define NOTE_D3 350
#define NOTE_D4 393
#define NOTE_D5 441
#define NOTE_D6 495
#define NOTE_D7 556
#define NOTE_DL1 147
#define NOTE_DL2 165
#define NOTE_DL3 175
#define NOTE_DL4 196
#define NOTE_DL5 221
#define NOTE_DL6 248
#define NOTE_DL7 278
#define NOTE_DH1 589
```

```
#define NOTE_DH2 661
#define NOTE_DH3 700
#define NOTE_DH4 786
#define NOTE_DH5 882
#define NOTE_DH6 990
#define NOTE_DH7 112
/*以上定义是把每个音符和频率值对应起来,后面可以随意编写D调的各种歌曲.这里用NOTE_D+
数字表示音符,NOTE_DH+数字表示上面高音音符,NOTE_DL+数字表示低音音符*/
#define WHOLE 1
#define HALF 0.5
#define QUARTER 0.25
#define EIGHTH 0.25
#define SIXTEENTH 0.625
//用英文对应节拍
int tune[] =
{
  NOTE_DH1,NOTE_D6,NOTE_D5,NOTE_D6,NOTE_D0,
  NOTE_DH1,NOTE_D6,NOTE_D5,NOTE_DH1,NOTE_D6,NOTE_D0,NOTE_D6,
  NOTE_D6,NOTE_D6,NOTE_D5,NOTE_D6,NOTE_D0,NOTE_D6,
  NOTE_DH1,NOTE_D6,NOTE_D5,NOTE_DH1,NOTE_D6,NOTE_D0,
  NOTE_D1,NOTE_D1,NOTE_D3,
  NOTE_D1,NOTE_D1,NOTE_D3,NOTE_D0,
  NOTE_D6,NOTE_D6,NOTE_D6,NOTE_D5,NOTE_D6,
  NOTE_D5,NOTE_D1,NOTE_D3,NOTE_D0,
  NOTE_DH1,NOTE_D6,NOTE_D6,NOTE_D5,NOTE_D6,
  NOTE_D5,NOTE_D1,NOTE_D2,NOTE_D0,
  NOTE_D7,NOTE_D7,NOTE_D5,NOTE_D3,
  NOTE_D5,
  NOTE_DH1,NOTE_D0,NOTE_D6,NOTE_D6,NOTE_D5,NOTE_D5,NOTE_D6,NOTE_D6,
  NOTE_D0,NOTE_D5,NOTE_D1,NOTE_D3,NOTE_D0,
  NOTE_DH1,NOTE_D0,NOTE_D6,NOTE_D6,NOTE_D5,NOTE_D5,NOTE_D6,NOTE_D6,
  NOTE_D0,NOTE_D5,NOTE_D1,NOTE_D2,NOTE_D0,
  NOTE_D3,NOTE_D3,NOTE_D1,NOTE_DL6,
  NOTE_D1,
  NOTE_D3,NOTE_D5,NOTE_D6,NOTE_D6,
  NOTE_D3,NOTE_D5,NOTE_D6,NOTE_D6,
  NOTE_DH1,NOTE_D0,NOTE_D7,NOTE_D5,
  NOTE_D6,
};                    //整首曲子的音符部分,用一个序列整数定义
float duration[] =
{
  1,1,0.5,0.5,1,
  0.5,0.5,0.5,0.5,1,0.5,0.5,
  0.5,1,0.5,1,0.5,0.5,
  0.5,0.5,0.5,0.5,1,1,
  1,1,1+1,
  0.5,1,1+0.5,1,
  1,1,0.5,0.5,1,
```

```
  0.5,1,1 + 0.5,1,
  0.5,0.5,0.5,0.5,1 + 1,
  0.5,1,1 + 0.5,1,
  1 + 1,0.5,0.5,1,
  1 + 1 + 1 + 1,
  0.5,0.5,0.5 + 0.25,0.25,0.5 + 0.25,0.25,0.5 + 0.25,0.25,
  0.5,1,0.5,1,1,
  0.5,0.5,0.5 + 0.25,0.25,0.5 + 0.25,0.25,0.5 + 0.25,0.25,
  0.5,1,0.5,1,1,
  1 + 1,0.5,0.5,1,
  1 + 1 + 1 + 1,
  0.5,1,0.5,1 + 1,
  0.5,1,0.5,1 + 1,
  1 + 1,0.5,0.5,1,
  1 + 1 + 1 + 1
};                    //整首曲子的节拍部分,定义序列 duration,(数组的个数和前面音符的个数
                      //是一一对应的)
int length;                                //定义一个变量,后面用来表示共有多少个音符
int tonePin = 5;                           //扬声器的引脚
void setup()
{
  pinMode(tonePin,OUTPUT);                 //设置扬声器的引脚为输出模式
  length = sizeof(tune)/sizeof(tune[0]);   //用 sizeof 函数,可以查出 tone 序列里有多少个音符
}
void loop()
{
  for(int x = 0;x < length;x++)            //循环音符的次数
  {
    tone(tonePin,tune[x]);                 //此函数依次播放 tune 序列里的数组,即每个音符
    delay(400 * duration[x]);              //每个音符持续的时间,即节拍 duration,400 是调整
                                           //时间,值越大曲子速度越慢; 反之,越快
    noTone(tonePin);                       //停止当前音符,进入下一音符
  }
  delay(5000);                             //等待 5s 后,循环重新开始
}
//2.当温度超过 20℃ 小于 30℃ 时播放«蓝精灵»
#define C3 165
#define C4 175
#define C5 196
#define C6 220
#define C7 247
#define D0 -1
#define D1 262
#define D2 294
#define D3 330
#define D4 349
#define D4s 370
#define D5 392
```

```
#define D6 440
#define D7 494
#define E1 523
#define E1s 554
#define E2 587
#define E3 659
#define E4 698
#define E4s 740
#define E5 784
#define E6 880
//音阶对应的频率
#define WHOLE 4
#define HALF 2
#define QTR 1
//定义全拍和半拍
int tune[] =
{
D3,D4, D5,E3,E1,D5,D3,D2,D3,D4,E2,D7,D4,D2,D1,D2,D3,D2,D3,D4,D3,D4,
D5,D3,D4,D6,D5,D6, D7,E1,E1s,E2,E2,E3,E4,E4s,E5,D0,C5, D1,D3,C5,D3,D1,D3,C5,
D3,D4,D5,D4,D3,D4,D5,D4,D3,D4,D5,D5,D4s,D5,E3,E1,
//在山的那边海的那边有一群蓝精灵
D2,D3,D4,D3,D4,E2,D7,D2,D3,D4,D3,D4,D6,D5,
//他们活泼又聪明,他们调皮又灵敏
D3,D4,D5,D4,D3,D4,D5,D4,D3,D4,D5,D5,D4s,D5,E3,E2,
//他们自由自在生活在那绿色的大森林
D2,D3,D4,D3,D4,E2,E1,D7,D6,D7,E1,
//他们善良勇敢相互都关心
E1,D5,D5,E3,E3,E1,D5,D3, D3,D5,D4,E2,E2,D7,D4,D2,
//哦,可爱的蓝精灵,哦,可爱的蓝精灵
D2,D3,D4,D5,D4,D3,D4,D5,D4,D3,D4,D5,D5,D4s,D5,E1,E3,
//他们齐心合力开动脑筋斗败了格格巫
D2,D3,D4,D3,D4,E2,E1,D7,D6,D7,E1,
//他们唱歌跳舞快乐多欢欣
};                                    //曲子的音符部分
int duration[] =
{
1,1,2,2,2,2,4 + 2,1,1,2,2,2,2,4 + 2,1,1,2,1,1,2,1,1,
2,1,1,2,1,1,1,1,1,1,1,1,1,1,2,2,4,2,2,2,2,2,2,2,
1,1,2,2,2,2,2,2,2,2,2,1,1,2,2,4 + 2,
1,1,2,2,2,2,4 + 2,1,1,2,2,2,2,4 + 2,
1,1,2,2,2,2,2,2,2,2,2,1,1,2,2,4 + 2,
1,1,2,2,2,2,2,2,2,2,4,
4,4,4,2,2,4,4,4 + 4,4,4,4,2,2,4,4,4 + 4,
4 + 2,1,1,2,2,2,2,2,2,2,2,2,1,1,2,2,4 + 2,
1,1,2,2,2,2,2,2,2,2,4 + 4
};
//曲子的节拍部分,用一个序列,定义为 duration
int length;                           //定义一个变量,后面用来表示共有多少个音符
```

```
int tonePin = 5;                          //扬声器用的引脚
void setup()
{
pinMode(tonePin,OUTPUT);                  //设置扬声器的引脚为输出模式
length = sizeof(tune)/sizeof(tune[0]);
}
void loop()
{
   for(int x = 0;x < length;x++)          //循环音符的次数
   {
      tone(tonePin,tune[x]);              //此函数依次播放 tune 序列里的数组,即每个音符
     delay(100 * duration[x]);            //每个音符持续的时间,即节拍 duration,100 是调整
                                          //时间,值越大曲子速度越慢;反之,越快
      noTone(tonePin);                    //停止当前音符,进入下一音符
   }
  delay(2000);                            //等待 2s 后,循环重新开始
}
```

9.3 产品展示

整体外观如图 9-7 所示,从左到右依次为 Arduino 开发板、DS18B20 温度传感器、面包板、扬声器、MAX7219ENG 点阵模块、点阵显示屏。

图 9-7 整体外观图

9.4 元件清单

完成本项目所用到的元件及数量如表 9-2 所示。

表 9-2　元件清单

元件/测试仪表	数　量
Arduino 开发板	1 个
DS18B20 模块	1 个
导线	若干
MAX7219ENG 模块	1 个
点阵显示屏	1 个
扬声器	1 个
面包板	1 个

第 10 章

旋转音乐盒项目设计[①]

本项目通过 Arduino 开发板控制舵机旋转，利用人体红外传感器触发 LED，跟随音乐节拍闪烁变换。

10.1 功能及总体设计

本项目通过电路与电源接通，人体红外传感器检测到有人靠近时，LED3 与 LED4 闪烁，舵机先逆时针旋转 180°，放置在舵机上的小玩偶随即旋转，第一首歌通过扬声器传出，LED1 跟随着音乐节奏闪烁，第一首歌结束后舵机顺时针旋转 180°，播放第二首歌，LED2 跟随着音乐节奏闪烁。

要实现上述功能需将作品分成三部分进行设计，即输入部分、处理部分和输出部分。输入部分选用了一个人体红外传感器，固定在支架上；处理部分主要通过 C++ 程序实现；输出部分使用 4 个炫彩 LED、1 个舵机和 1 个蜂鸣器实现。

1. 整体框架图

整体框架如图 10-1 所示。

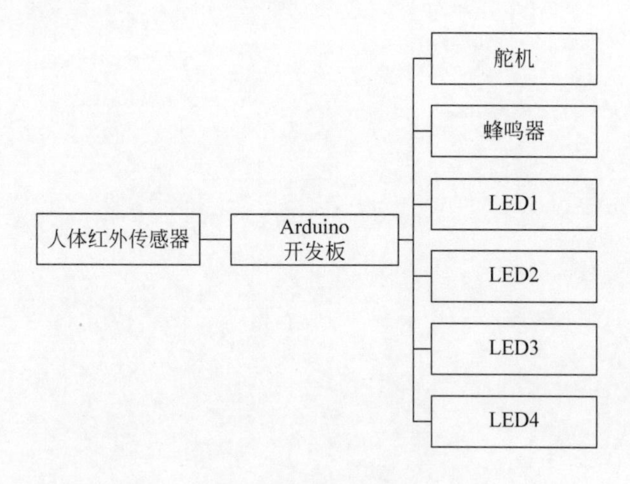

图 10-1 整体框架图

① 本章根据温茜雯、来杏杏项目设计整理而成。

2. 系统流程图

系统流程如图 10-2 所示。

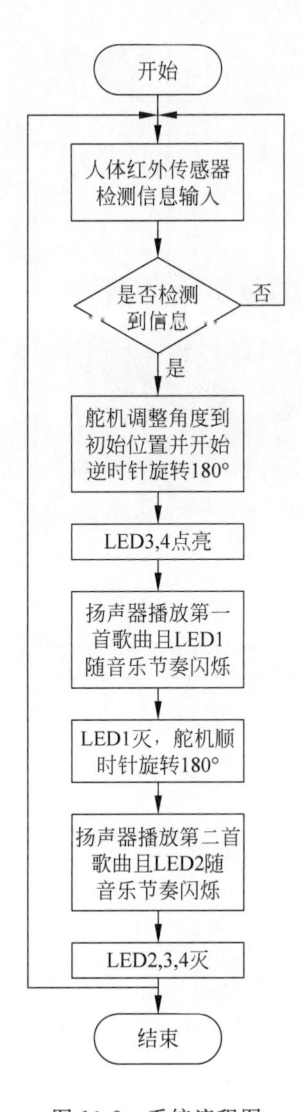

图 10-2　系统流程图

当人体红外传感器没有检测到信息输入，即检测范围内没有人运动，则电路不工作。反之，电路开始工作，舵机调整角度到初始位置并开始逆时针旋转 180°，LED3 和 LED4 亮，蜂鸣器开始播放第一首歌，LED1 跟随音乐节奏闪烁。第一首歌结束之后 LED1 灭，舵机顺时针旋转 180°，蜂鸣器开始播放第二首歌，LED2 跟随音乐节奏闪烁。第二首歌结束之后 LED2、LED3 和 LED4 灭，一次循环结束，直到人体红外传感器再次检测到信息输入时才进入下一循环。

3. 总电路图

总电路如图 10-3 所示，引脚连接如表 10-1 所示。

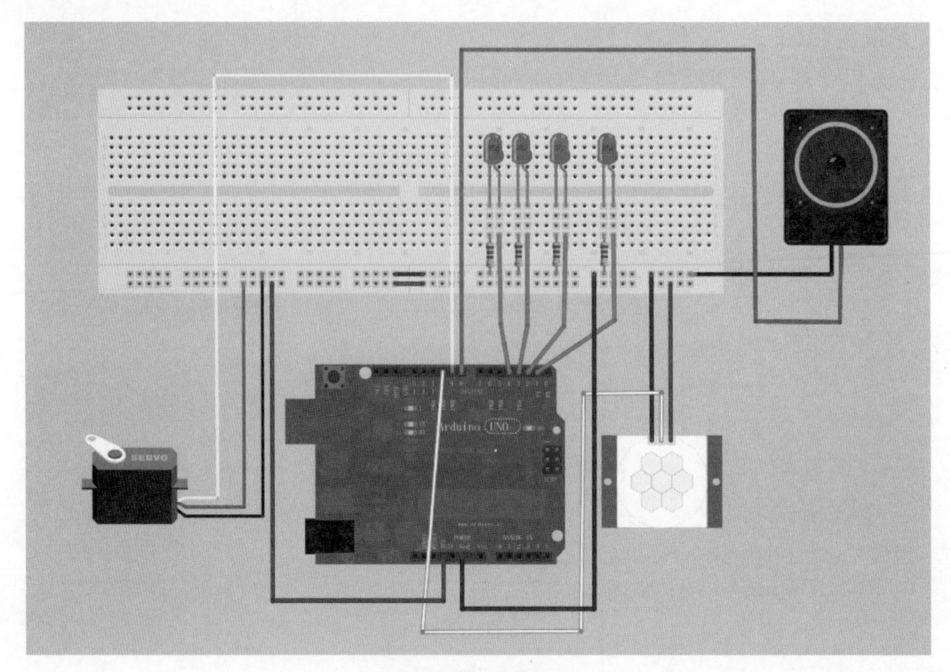

图 10-3 总电路图

表 10-1 引脚连接表

元件及引脚名		Arduino 开发板引脚
LED	1 正极	4
	2 正极	5
	3 正极	6
	4 正极	7
	LED 负极	均通过 220Ω 电阻接 GND
蜂鸣器	正极	8
	负极	GND
人体红外传感器	正极	3.3V
	信号极	10
	负极	GND
舵机	正极	5V
	信号极	9
	负极	GND

10.2 模块介绍

本项目主要包括主程序模块、人体红外感应模块和输出模块。下面分别给出各模块的功能介绍及相关代码。

10.2.1 主程序模块

本部分包括主程序模块的功能介绍及相关代码。

1. 功能介绍

主要是通过人体红外传感器控制舵机旋转，并让扬声器播放音乐，LED跟随音乐有节奏地闪烁，此部分主要由C++代码实现，编译环境为Arduino IDE。

2. 相关代码

1）音调部分头文件代码

```
//D调
#define NOTE_D0 -1
#define NOTE_D1 294
#define NOTE_D2 330
#define NOTE_D3 350
#define NOTE_D4 393
#define NOTE_D5 441
#define NOTE_D6 495
#define NOTE_D7 556
#define NOTE_DL1 147
#define NOTE_DL2 165
#define NOTE_DL3 175
#define NOTE_DL4 196
#define NOTE_DL5 221
#define NOTE_DL6 248
#define NOTE_DL7 278
#define NOTE_DH1 589
#define NOTE_DH2 661
#define NOTE_DH3 700
#define NOTE_DH4 786
#define NOTE_DH5 882
#define NOTE_DH6 990
#define NOTE_DH7 1112
//G调
#define NOTE_G0 -1
#define NOTE_G1 393
#define NOTE_G2 441
#define NOTE_G3 495
#define NOTE_G4 556
#define NOTE_G5 624
#define NOTE_G6 661
#define NOTE_G7 742
#define NOTE_GL1 196
#define NOTE_GL2 221
#define NOTE_GL3 234
#define NOTE_GL4 262
#define NOTE_GL5 294
#define NOTE_GL6 330
#define NOTE_GL7 371
#define NOTE_GH1 786
#define NOTE_GH2 882
#define NOTE_GH3 990
#define NOTE_GH4 1049
#define NOTE_GH5 1178
```

```
#define NOTE_GH6 1322
#define NOTE_GH7 1484
//以上是把每个音符和频率值进行对应,在这里只放了歌曲中用到的D调和G调部分,项目文件中存
//放了完整的各种音调所对应的频率,方便后面的音乐编写
#define WHOLE 1
#define HALF 0.5
#define QUARTER 0.25
#define EIGHTH 0.25
#define SIXTEENTH 0.625
//以上是用英文对应了拍子,便于后面音乐节奏的编写
```

2）歌曲部分头文件代码

```
//定义乐曲1
int tune1[] =
{
  NOTE_G6,NOTE_GH1,NOTE_G7,NOTE_G6,NOTE_G5,NOTE_G6,
  NOTE_G3,NOTE_G6,NOTE_G5,
  NOTE_G6,NOTE_GH1,NOTE_G7,NOTE_GH1,NOTE_G7,NOTE_G6,NOTE_G7,
  NOTE_GH1,NOTE_GH1,NOTE_GH2,
  NOTE_GH3,NOTE_GH3,NOTE_GH3,NOTE_GH3,NOTE_GH2,
  NOTE_GH1,NOTE_G7,NOTE_G6,NOTE_G7,NOTE_G5,
  NOTE_G6,NOTE_GH1,NOTE_G7,NOTE_G6,NOTE_G5,
  NOTE_G6,NOTE_G0,
  NOTE_G0,NOTE_G0,NOTE_G0,NOTE_G0,
};                                        //星语心愿
float duration1[] =
{
  1 + 0.5,0.5 + 0.5,0.5,0.5,0.5,0.5,
  1 + 1 + 1,0.5,0.5,
  1 + 0.5,0.5,0.5,0.25,0.25,0.5,0.5,
  1 + 1 + 1,0.5,0.5,
  0.5,0.5,0.5,0.5,1 + 1,
  0.5,0.5,0.5,0.5,1 + 1,
  1,1,1,0.5,0.5,
  1 + 1 + 1,1,
  1,1,1,1,
};
//定义乐曲2
int tune2[] =
{
NOTE_D3,NOTE_D3,NOTE_D4,NOTE_D5,NOTE_D5,NOTE_D4,NOTE_D3,NOTE_D2,
  NOTE_D1,NOTE_D1,NOTE_D2,NOTE_D3,NOTE_D3,NOTE_D2,NOTE_D2,
  NOTE_D0,
  NOTE_D3,NOTE_D3,NOTE_D4,NOTE_D5,NOTE_D5,NOTE_D4,NOTE_D3,NOTE_D2,
  NOTE_D1,NOTE_D1,NOTE_D2,NOTE_D3,NOTE_D2,NOTE_D1,NOTE_D1,
  NOTE_D0,
  NOTE_D2,NOTE_D2,NOTE_D3,NOTE_D1,NOTE_D2,NOTE_D3,NOTE_D4,NOTE_D3,NOTE_D1,
  NOTE_D2,NOTE_D3,NOTE_D4,NOTE_D3,NOTE_D2,NOTE_D1,NOTE_D2,NOTE_DL5,
  NOTE_D0,
  NOTE_D3,NOTE_D3,NOTE_D4,NOTE_D5,NOTE_D5,NOTE_D4,NOTE_D3,NOTE_D2,
```

```
  NOTE_D1,NOTE_D1,NOTE_D2,NOTE_D3,NOTE_D2,NOTE_D1,NOTE_D1,
};                                          //欢乐颂
float duration2[] =
{
  1,1,1,1,1,1,1,1,1,1,1,1,2,0.5,1,
  1,
  1,1,1,1,1,1,1,1,1,1,1,1,2,0.5,1.5,
  1,
  1,1,1,1,1,0.5,0.5,1,1,1,0.5,0.5,1,1,1,1,1.5,
  1,
  1,1,1,1,1,1,1,1,1,1,1,1,2,0.5,1.5,
};
```

3）主函数部分

```
#include "yindiao.h"
#include "song.h"
#include <Servo.h>                          //舵机
Servo myservo;
int pos = 0;
int length;                                 //定义音符的个数
int tonePin = 8;                            //蜂鸣器的引脚
int Sensor_pin = 10;                        //人体红外引脚
void setup()
{
  myservo.attach(9);                        //舵机
  pinMode(Sensor_pin,INPUT);                //红外
  pinMode(tonePin,OUTPUT);                  //蜂鸣器
  pinMode(1,OUTPUT);                        //LED1
  pinMode(2,OUTPUT);                        //LED 2
  pinMode(3,OUTPUT);                        //LED 3
  pinMode(4,OUTPUT);                        //LED 4
  digitalWrite(1,LOW);
  digitalWrite(2,LOW);                      //设置 LED1、LED2 为低电平
  length = sizeof(tune1)/sizeof(tune1[0]);
  length = sizeof(tune2)/sizeof(tune2[0]);//用 sizeof 函数查看 tone 序列里共有多少个音符
}
void loop()
{
int val = digitalRead(Sensor_pin);          //定义参数存储人体红外传感器读到的状态
if(val == 1)                                //如果检测到有物体运动(在检测范围内)
{
servo();
 }
else
{
return;
 }
delay(5000);
}
void servo()
```

```
{
  digitalWrite(3,HIGH);
  digitalWrite(4,HIGH);                    //设置 LED3 和 4 为高电平点亮
  int a;
  for(a = 0;a < 1;a++)
  {
  for(pos = 0; pos < 180; pos += 1)        //从 0～180°
  {
    myservo.write(pos);
    delay(10);
  }
  singsong1();
  for(pos = 180; pos >= 1; pos -= 1)       //从 180°～0
  {
    myservo.write(pos);
    delay(20);
  }
 singsong2();
 digitalWrite(3,LOW);
 digitalWrite(4,LOW);
  }
 }
 void singsong1()
 {
  for(int x = 0;x < length;x++)            //循环音符的次数
  {
    tone(tonePin,tune1[x]);                //此函数依次播放 tune 序列里的数组,即每个音符
    digitalWrite(1,HIGH);
    delay(400 * duration1[x]);             //每个音符持续的时间,即节拍 duration,调整时间
                                           //越大曲子速度越慢;反之,曲子速度越快
    digitalWrite(1,LOW);
    delay(100 * duration1[x]);             //使 LED1 跟随歌曲的节奏闪烁
    noTone(tonePin);                       //停止当前音符,进入下一音符
  }
 digitalWrite(1,LOW);
 delay(5000);                              //可以等待 5s 后,循环重新开始
 }
 void singsong2()
 {
  for(int x = 0;x < length;x++)            //循环音符的次数
  {
    tone(tonePin,tune1[x]);                //此函数依次播放 tune 序列里的数组,即每个音符
    digitalWrite(2,HIGH);
    delay(300 * duration2[x]);             //每个音符持续的时间,即节拍 duration,调整时间
                                           //越大曲子速度越慢;反之,曲子速度越快
    digitalWrite(2,LOW);
    delay(100 * duration2[x]);             //使 LED2 跟随歌曲的节奏闪烁
    noTone(tonePin);                       //停止当前音符,进入下一音符
  }
  delay(5000);                             //等待 5s 后,循环重新开始
  digitalWrite(2,LOW);
```

```
}
```

10.2.2　人体红外感应模块

本部分包括人体红外感应模块的功能介绍及相关代码。

1. 功能介绍

当人体红外传感器检测到有人运动时，控制整个电路开始工作。反之，则不会触发电路。元件包括人体红外感应模块、Arduino 开发板和导线若干，电路如图 10-4 所示。

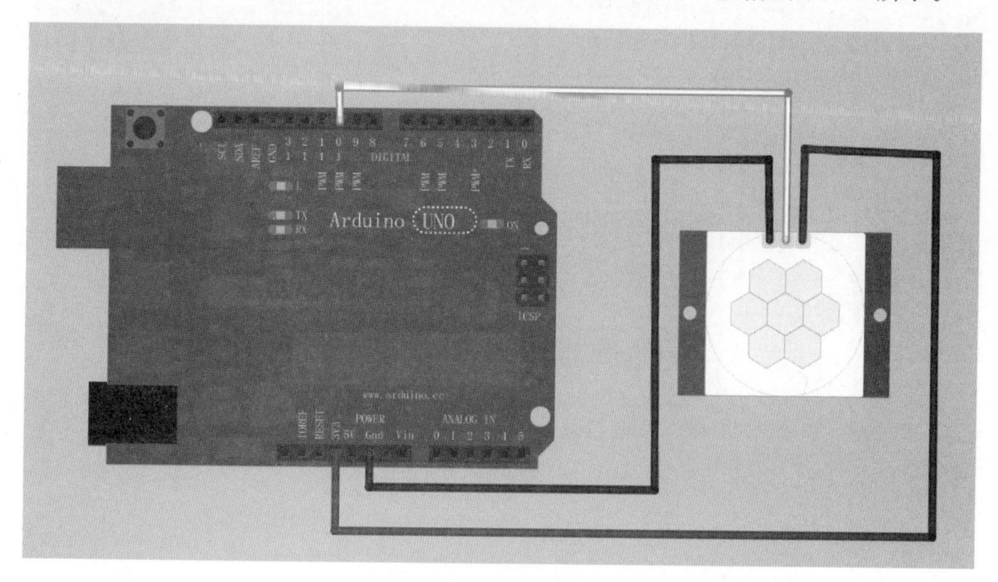

图 10-4　人体红外感应模块与 Arduino 开发板连线图

2. 相关代码

```
void loop()
{
 int val = digitalRead(Sensor_pin);          //定义参数存储人体红外传感器读到的状态
if(val == 1)                                 //如果检测到有物体运动(在检测范围内)
{
servo();
 }
else
{
return;
 }
delay(5000);
}
```

10.2.3　输出模块

本部分包括输出模块的功能介绍及相关代码。

1. 功能介绍

通过 Arduino 开发板控制舵机旋转，蜂鸣器播放音乐，LED 跟随音乐节奏闪烁。元件包括1个舵机、1个蜂鸣器、4个LED、4个220Ω电阻、1个面包板、Arduino开发板和导线若干,原理如图10-5所示。

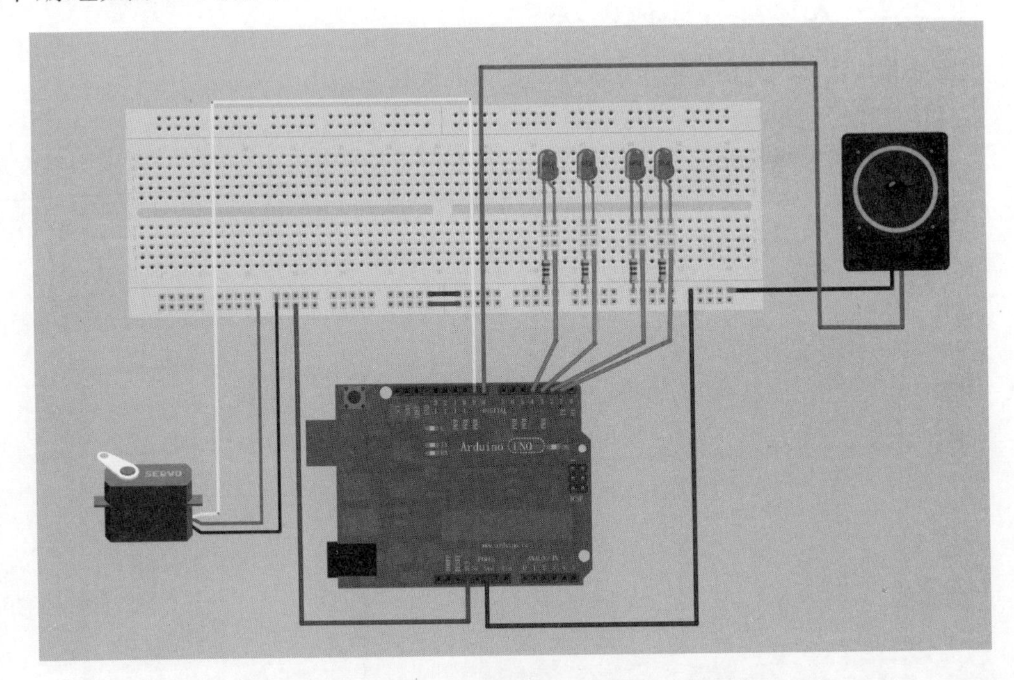

图10-5 输出电路原理图

2. 相关代码

```
void servo()
{
  digitalWrite(3,HIGH);
  digitalWrite(4,HIGH);                    //设置LED3和4为高电平点亮
  int a;
  for(a = 0;a < 1;a++)
  {
  for(pos = 0; pos < 180; pos += 1)        //从0～180°
  {
    myservo.write(pos);
    delay(10);
  }
  singsong1();
  for(pos = 180; pos >= 1; pos -= 1)       //从180°～0
  {
    myservo.write(pos);
    delay(20);
  }
  singsong2();
  digitalWrite(3,LOW);
  digitalWrite(4,LOW);
  }
}
```

10.3 产品展示

产品整体如图 10-6 所示，产品运行如图 10-7 所示。

图 10-6 产品整体图

图 10-7 产品运行图

10.4 元件清单

完成本项目所用到的元件及数量如表 10-2 所示。

表 10-2 元件清单

元件/测试仪表	数 量
人体红外传感器 HC-SR501	1 个
Arduino 开发板	1 个
导线	若干
蜂鸣器	1 个
LED 彩灯	4 个
扬声器	1 个
舵机	1 个
220Ω 电阻	4 个
面包板	1 个

第 11 章

蓝牙音乐播放器项目设计[①]

本项目是基于 Arduino 平台，通过蓝牙模块与音乐播放器进行连接，控制音乐播放器工作。

11.1 功能及总体设计

本项目通过对 TF 卡中的文件以及数据进行读取，将可播放的文件通过串口指令控制并播放。

要实现上述功能需将作品分成四部分进行设计，即 SD 卡模块、HC-06 蓝牙模块、LCD1602 模块和音频放大电路模块。手机通过蓝牙与 Arduino 开发板进行连接，以串口通信方式实现控制与交互，对于 TF 卡中的文件进行读取并且选择和播放音乐。

1. 整体框架图

整体框架如图 11-1 所示。

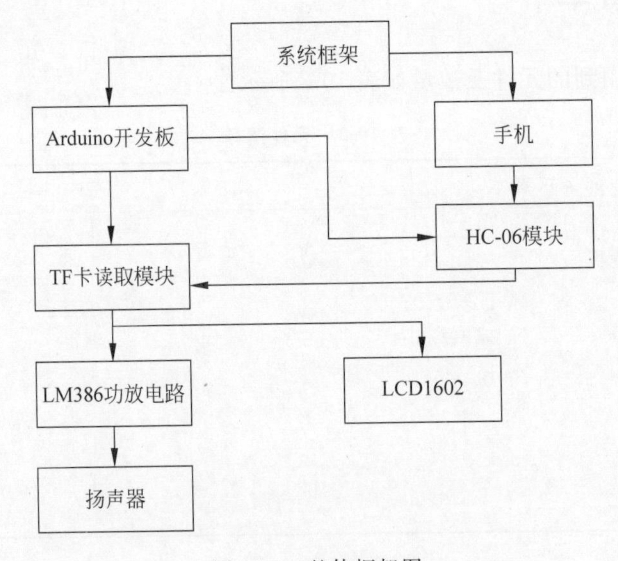

图 11-1　整体框架图

① 本章根据王子豪、陈子瑞项目设计整理而成。

2. 系统流程图

系统流程如图 11-2 所示。

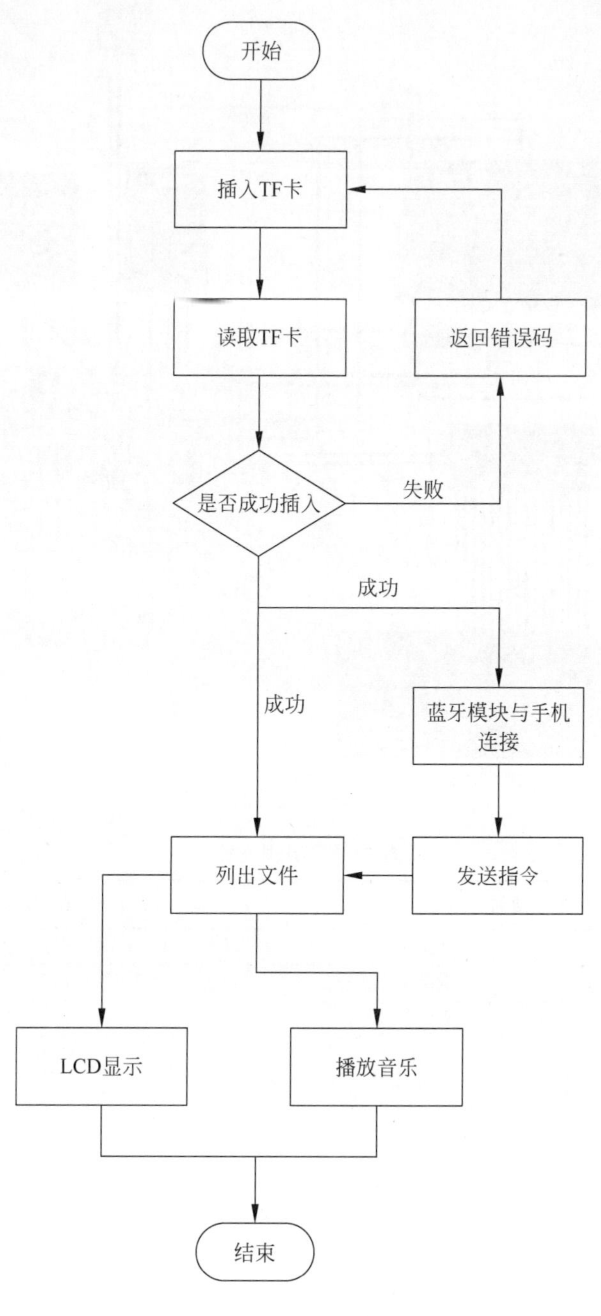

图 11-2　系统流程图

播放时，用户可以通过手机或者 LCD 液晶屏随时查看现在曲目状态，以进行下一步操作。

3. 总电路图

总电路图如图 11-3 所示，引脚连接如表 11-1 所示。

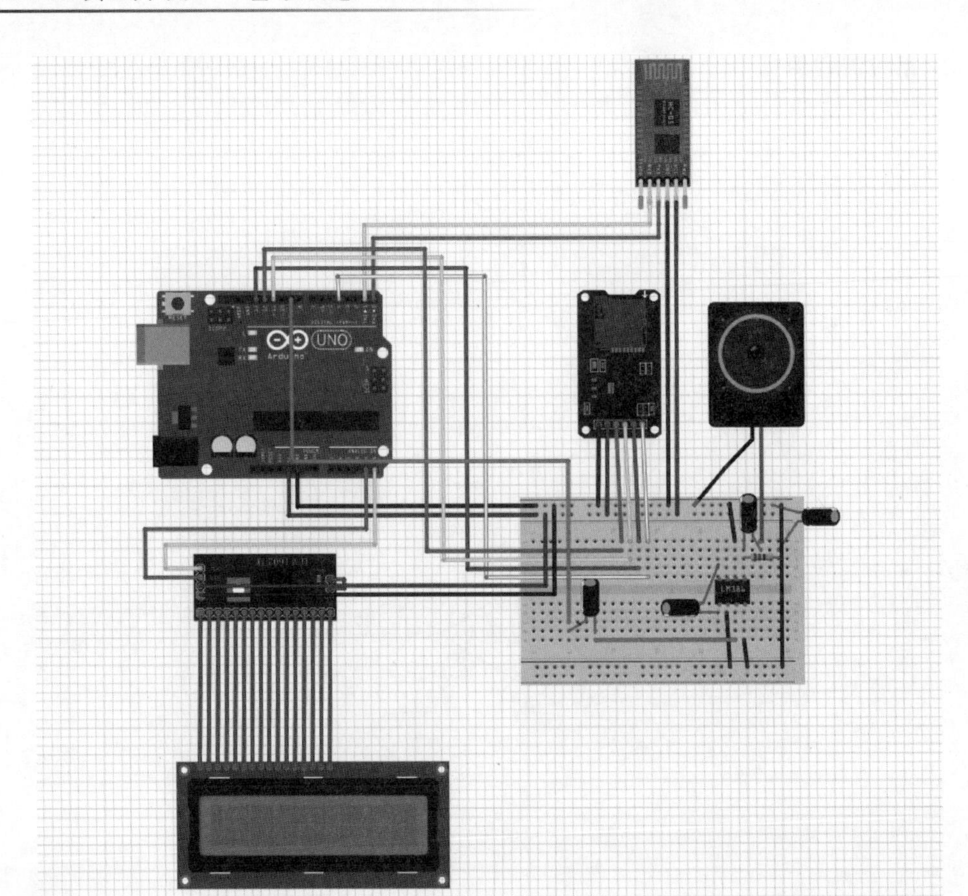

图 11-3 总电路图

表 11-1 引脚连接表

元件及引脚名		Arduino 开发板引脚
HC-06 模块	TXD	RX
	RXD	TX
	VCC	5V
	GND	GND
TF 卡读取模块	CS	4
	MOSI	11
	SCK	13
	MISO	12
	VCC	5V
	GND	GND
LCD1602 模块	VCC	5V
	GND	GND
	SCL	A5
	SDA	A4
扬声器	红	5V
	黑	接 GND

11.2 模块介绍

本项目主要包括 SD 卡模块、HC-06 模块、LCD1602 模块和音频放大电路模块。下面分别给出各模块的功能介绍及相关代码。

11.2.1 SD 卡模块

本部分包括 SD 卡模块的功能介绍及相关代码。

1. 功能介绍

SD 卡是小型的快闪存储器卡,其格式源自 SanDisk 创造的通用红外遥控系统发射和接收两大部分。应用编/解码专用集成电路芯片来进行控制操作,SD 卡是一种基于半导体快闪记忆器的新一代记忆设备,由于体积小、传输速度快、可热插拔等优良的特性,被广泛地应用于便携式设备,例如电子词典、移动电话、数码相机、汽车导航系统等。在 SD 卡 3.0 规范中,最大容量可达 2TB,读写速度可达 104MB/s,在最新的 4.10 规范中,最大读写速度已提高到 312MB/s。元件包括 SD 卡模块、Arduino 开发板和导线若干,电路如图 11-4 所示。

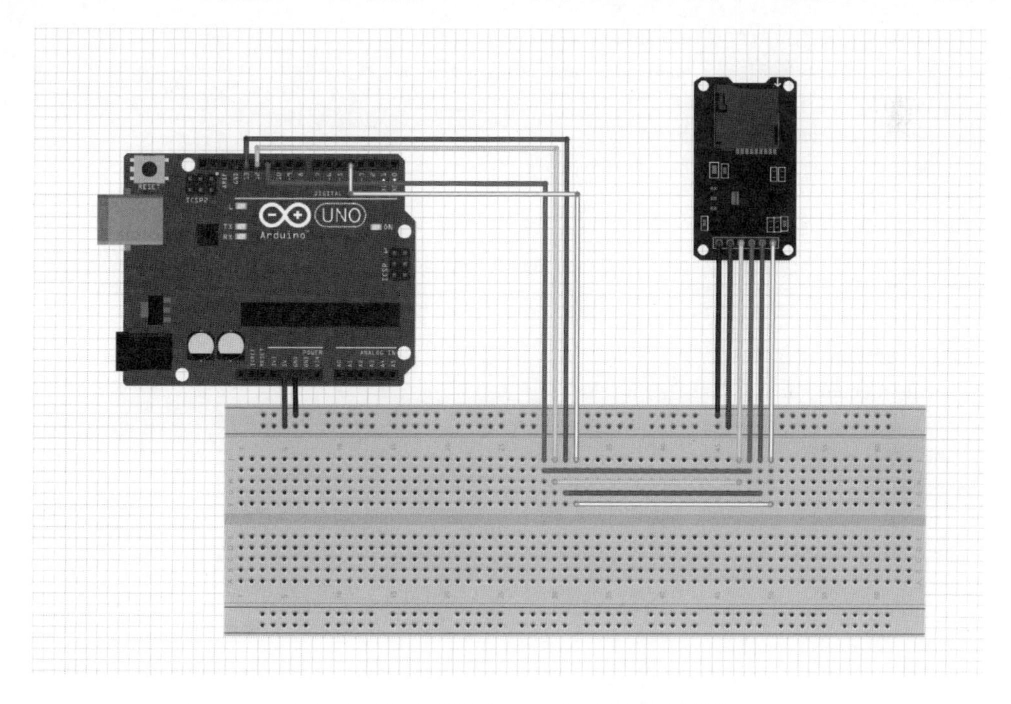

图 11-4 SD 卡模块与 Arduino 开发板连线图

2. 相关代码

```
#include <SimpleSDAudio.h>
void DirCallback(char *buf) {
  Serial.println(buf);
}
char AudioFileName[16];
#define BIGBUFSIZE (2*512)
```

```
uint8_t bigbuf[BIGBUFSIZE];
int freeRam () {
  extern int __heap_start, * __brkval;
  int v;
  return (int) &v - (__brkval == 0 ? (int) &__heap_start : (int) __brkval);
}
void setup()
{
  Serial.begin(9600);
   while (!Serial) {
     ;
  }
  Serial.print(F("Free Ram: "));
  Serial.println(freeRam());
  SdPlay.setWorkBuffer(bigbuf, BIGBUFSIZE);
  Serial.print(F("\nInitializing SimpleSDAudio V" SSDA_VERSIONSTRING " ..."));
  //SdPlay.setSDCSPin(10);
  if (!SdPlay.init(SSDA_MODE_FULLRATE | SSDA_MODE_MONO)) {
    Serial.println(F("initialization failed. Things to check:"));
    Serial.println(F(" * is a card is inserted?"));
    Serial.println(F(" * Is your wiring correct?"));
    Serial.println(F(" * maybe you need to change the chipSelect pin to match your shield or
module?"));
    Serial.print(F("Error code: "));
    Serial.println(SdPlay.getLastError());
    while(1);
  } else {
    Serial.println(F("Wiring is correct and a card is present."));
  }
}
void loop(void) {
  uint8_t count = 0, c, flag;
  Serial.println(F("Files on card:"));
  SdPlay.dir(&DirCallback);
 ReEnter:
  count = 0;
  Serial.println(F("\r\nEnter filename (send newline after input):"));
  do {
    while(!Serial.available()) ;
    c = Serial.read();
    if(c > ' ') AudioFileName[count++] = c;
  } while((c != 0x0d) && (c != 0x0a) && (count < 14));
  AudioFileName[count++] = 0;
  Serial.print(F("Looking for file... "));
  if(!SdPlay.setFile(AudioFileName)) {
    Serial.println(F(" not found on card! Error code: "));
    Serial.println(SdPlay.getLastError());
    goto ReEnter;
  } else {
   Serial.println(F("found."));
  }
```

```
  Serial.println(F("Press s for stop, p for play, h for pause, f to select new file, d for
deinit, v to view status."));
  flag = 1;
  while(flag) {
    SdPlay.worker();
    if(Serial.available()) {
      c = Serial.read();
      switch(c) {
        case 's':
          SdPlay.stop();
          Serial.println(F("Stopped."));
          break;
        case 'p':
          SdPlay.play();
          Serial.println(F("Play."));
          break;
        case 'h':
          SdPlay.pause();
          Serial.println(F("Pause."));
          break;
        case 'd':
          SdPlay.deInit();
          Serial.println(F("SdPlay deinitialized. You can now safely remove card. System
halted."));
          while(1) ;
          break;
        case 'f':
          flag = 0;
          break;
        case 'v':
          Serial.print(F("Status: isStopped = "));
          Serial.print(SdPlay.isStopped());
          Serial.print(F(", isPlaying = "));
          Serial.print(SdPlay.isPlaying());
          Serial.print(F(", isPaused = "));
          Serial.print(SdPlay.isPaused());
          Serial.print(F(", isUnderrunOccured = "));
          Serial.print(SdPlay.isUnderrunOccured());
          Serial.print(F(", getLastError = "));
          Serial.println(SdPlay.getLastError());
          Serial.print(F("Free RAM: "));
          Serial.println(freeRam());
          break;
      }
}
}
}
```

11.2.2　HC-06 模块

本部分包括 HC-06 模块的功能介绍及相关代码。

1. 功能介绍

HC-06 是常用的蓝牙传输模块，计算机、手机以及其他蓝牙模块建立通信，双方实现数据传输与交互。在本项目中，使用蓝牙模块将手机发送的命令通过串口传输发送到 Arduino 开发板，从而实现对元件的控制。元件包括 HC-06 模块、Arduino 开发板和导线若干，电路如图 11-5 所示。

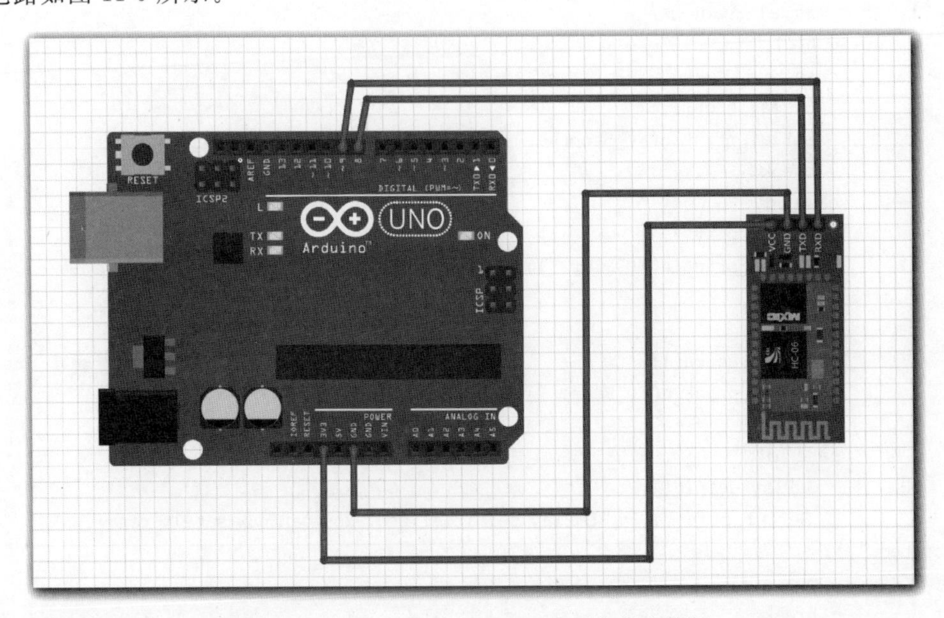

图 11-5　HC-06 模块与 Arduino 开发板连线图

2. 相关代码

```
#include <SoftwareSerial.h>
void setup(){
  Serial.begin(9600);                                //初始化串口通信,并将波特率设置为 9600
}
void loop(){
if (Serial.available()) {
    val = Serial.read();
    BT.print(val);
  }
  //如果接收到蓝牙模块的数据,输出到屏幕
  if (BT.available()) {
    val = BT.read();
    Serial.print(val);
  }
  ReEnter:
  count = 0;
  Serial.println(F("\r\nEnter filename (send newline after input):"));
  do {
    while(!Serial.available()) ;
    c = Serial.read();
    if(c > ' ') AudioFileName[count++] = c;
  }
  while((c != 0x0d) && (c != 0x0a) && (count < 14));
```

```
    AudioFileName[count++] = 0;
    Serial.print(F("Looking for file... "));
    if(!SdPlay.setFile(AudioFileName)) {
      Serial.println(F(" not found on card! Error code: "));
  Serial.println(SdPlay.getLastError());
  goto ReEnter;
  }
  }
```

11.2.3 LCD1602 模块

本部分包括 LCD1602 模块的功能介绍及相关代码。

1. 功能介绍

LCD1602 是 Arduino 开发板设计中常用的显示屏模块，可以通过函数控制屏幕显示、清除内容等功能。而由于要尽量节约引脚，所以在 LCD1602 控制引脚焊接了一块 I^2C 扩展板对其进行控制，使得使用的引脚从 16 个减少到 4 个。元件包括带 I^2C 转接板的 LCD1602 模块、Arduino 开发板和导线若干，电路如图 11-6 所示。

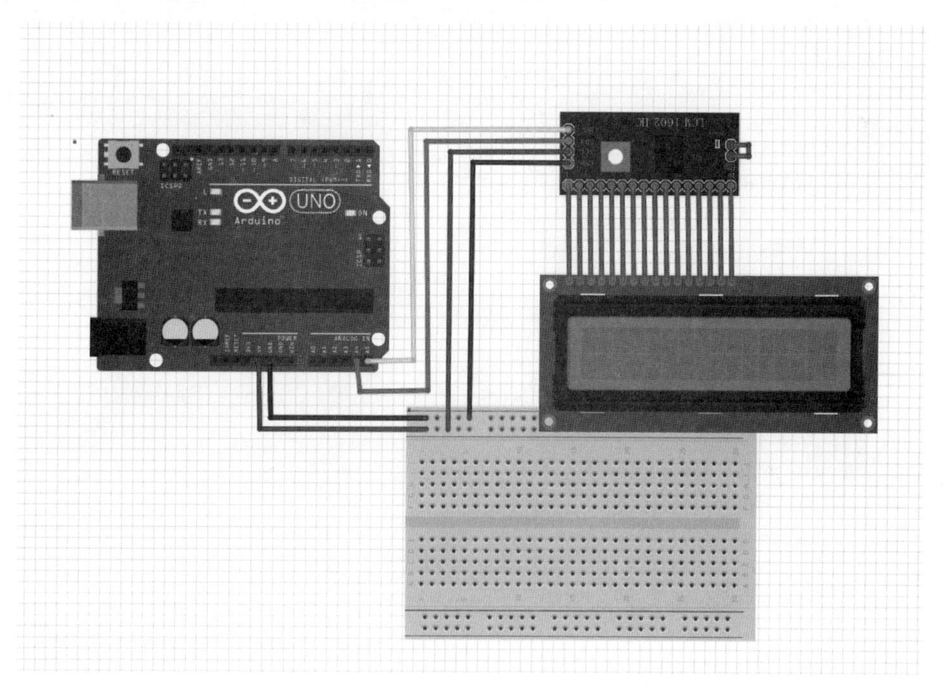

图 11-6　LCD1602 模块与 Arduino 开发板连线图

2. 相关代码

```
#include <Wire.h>
#include <LiquidCrystal_I2C.h>
LiquidCrystal_I2C lcd(0x27,16,2);
void setup(){
lcd.init();
lcd.backlight();
}
```

```
void loop(void) {
if(!SdPlay.setFile(AudioFileName)) {
    Serial.println(F(" not found on card! Error code: "));
    Serial.println(SdPlay.getLastError());
    lcd.setCursor(0,1);
    lcd.print("Input again ");
    goto ReEnter;
  } else {
   Serial.println(F("found."));
   lcd.print("Current state:");
   lcd.setCursor(0,1);
  lcd.print("Song is found ");
  }
Serial.println(F("Press s for stop, p for play, h for pause, f to select new file, d for deinit,
v to view status."));
  flag = 1;
  while(flag) {
    SdPlay.worker();
    if(Serial.available()) {
      c = Serial.read();
      switch(c) {
         case 's':
           SdPlay.stop();
           Serial.println(F("Stopped."));
           lcd.setCursor(0,1);
           lcd.print("Song is stopped ");
           break;
         case 'p':
           SdPlay.play();
           Serial.println(F("Play."));
           lcd.setCursor(0,1);
           lcd.print("Song is playing ");
           break;
         case 'h':
           SdPlay.pause();
           Serial.println(F("Pause."));
           lcd.setCursor(0,1);
           lcd.print("Song is paused ");
           break;
         case 'd':
           SdPlay.deInit();
            Serial.println(F("SdPlay deinitialized. You can now safely remove card. System
halted."));
           while(1) ;
           break;
         case 'f':
           lcd.setCursor(0,1);
           lcd.print("Ready to select ");
           flag = 0;
           break;
 }
```

11.2.4　音频放大电路模块

LM386是一个低电压音频放大器，可用在电池供电的音乐设备，例如收音机、玩具等设备。增益范围为20～200，不使用外部元件时增益20，通过调整引脚1和引脚8之间的电阻和电容将增益增加到200，LM386具有宽电源电压范围4～12V。

在本项目中声音的大小如果用模拟电压控制易产生失真而且无法使声音变大，需要借用功率放大电路，使声音放大而且还能滤去噪声，引脚图如11-7所示。

引脚1和引脚8：增益控制引脚，内部增益设置为20，但它可以通过在引脚1和引脚8之间使用一个电容器提高到200。用10μF电容获得最高增益为200。通过使用适当的电容，增益可以调整到20～200的任何值。

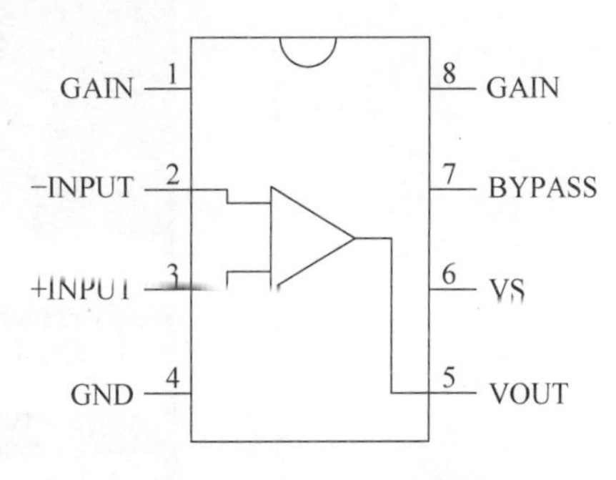

图11-7　LM386引脚图

引脚2和引脚3：声音信号输入引脚，引脚2连接到GND。引脚3是正输入端。在这个电路中先连接到100kΩ电位器，再连接到电容麦克风正极，电位器作为音量控制旋钮。通过电容消除输入信号的直流分量，只允许音频(交流分量)被送入LM386。

引脚4和引脚6：电源引脚，引脚6是VCC，引脚4是GND，电压5～12V。

引脚5：输出引脚，得到放大的声音信号。输出信号具有交直流分量，直流分量不能馈给扬声器，所以使用电容去掉直流分量，输入电容也具有相同功能，通过电容和电阻滤波以去除高频和噪声。

引脚7：旁路电容。元件包括10μF电解电容1kΩ和10kΩ电阻、Arduino开发板和导线若干，电路如图11-8所示。

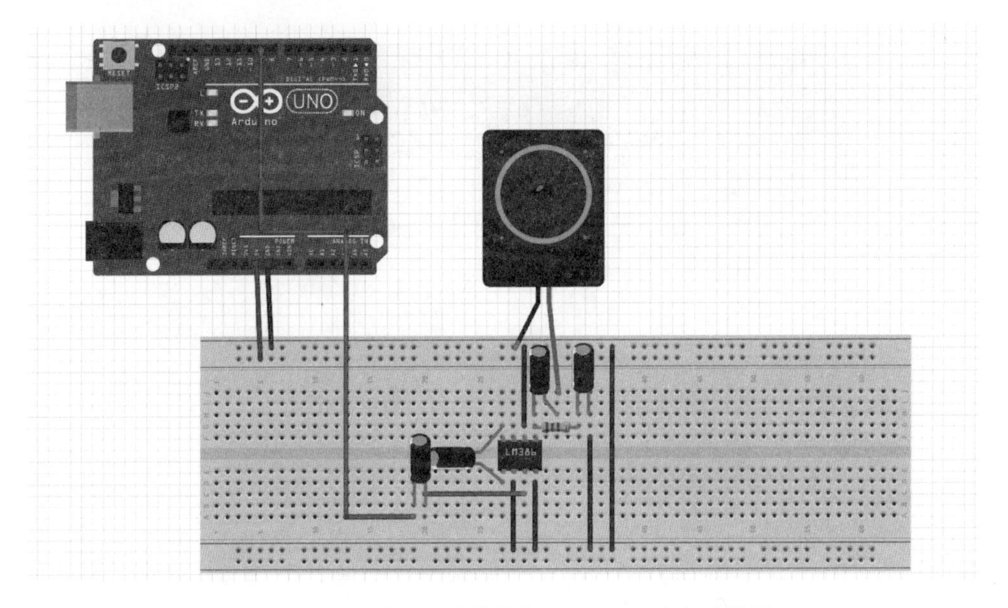

图11-8　音频放大电路模块与Arduino开发板连线图

11.3 产品展示

手机 APP 界面如图 11-9 所示，整体实物如图 11-10 所示。

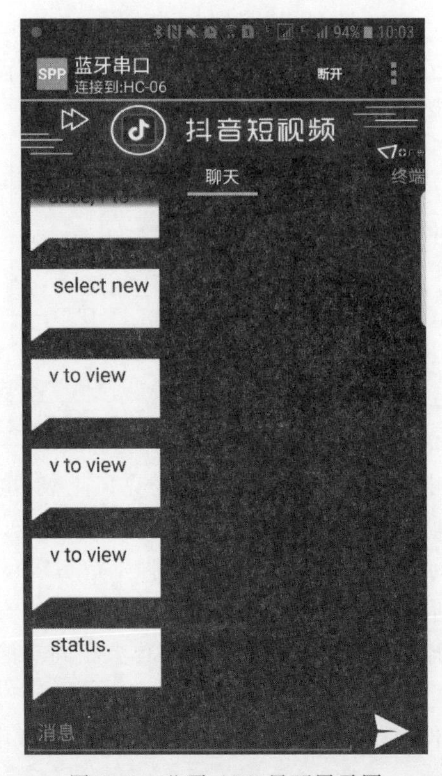

图 11-9　蓝牙 APP 界面展示图

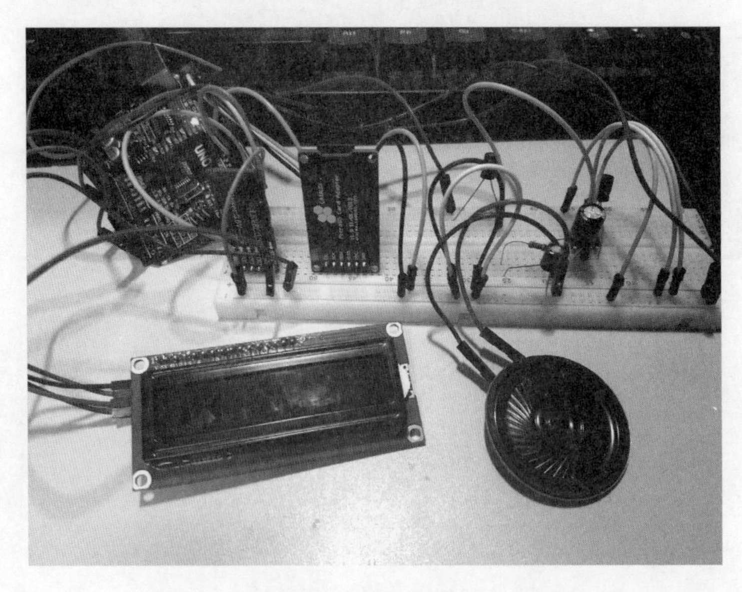

图 11-10　整体实物图

11.4 元件清单

完成本项目所用到的元件及数量如表 11-2 所示。

表 11-2　元件清单

元件/测试仪表	数量
SD 卡读取模块	1 个
SD 卡	1 个
Arduino 开发板	1 个
HC-06 模块	1 个
导线	若干
扬声器	1 个
开关	1 个
10μF 电容	4 个
面包板	1 个
10kΩ 电阻	2 个
LCD1602	1 个
I^2C 转接板	1 个

第 12 章

吉他手套项目设计①

本项目基于 Arduino 平台设计弹奏吉他的手套，实现没有吉他也能满足弹奏的愿望。

12.1 功能及总体设计

本项目利用相应元件模块的组合，实现了音频的播放，极大地节省了空间，同时对于吉他本身的演奏方面尝试做出一些简化，将繁杂的按弦手势改为简单的按键。同时，又保留了吉他弹奏时的拨弦方式，通过手指的弯曲输出一个信号并发出特定的声音。

要实现上述功能需将作品分成三部分进行设计，即输入部分、处理部分和输出部分。输入部分选用了 5 个弯曲传感器，固定在右手套上，有 5 个按键开关模块固定在左手套上；处理部分主要通过 C++程序实现；输出部分使用 SD 卡读写模块、LTK5128 模块和一个扬声器实现。

1. 整体框架图

整体框架如图 12-1 所示。

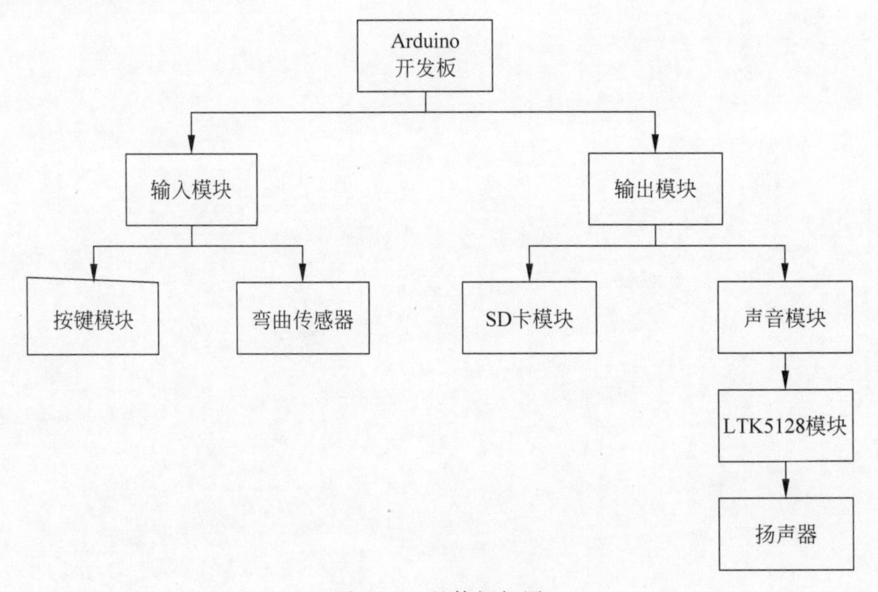

图 12-1 整体框架图

① 本章根据宁博玮、张钟方项目设计整理而成。

2. 系统流程图

系统流程如图 12-2 所示。

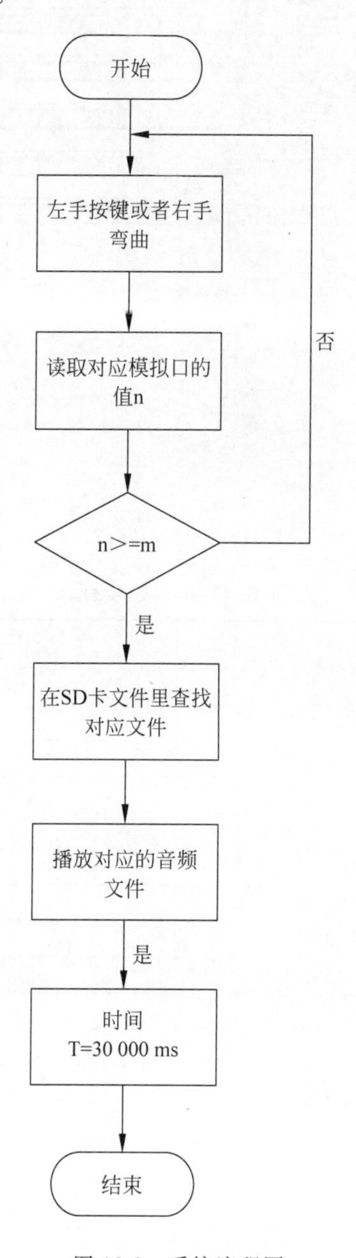

图 12-2　系统流程图

左手或者右手传递信号给 Arduino 开发板，读取相应模拟口的数值并与设定的临界数值比较，如果超过则在 SD 卡里查找对应文件并播放，一段时间后自动停止，一次弹奏结束。

3. 总电路图

总电路如图 12-3 所示，引脚连接如表 12-1 所示。弯曲传感器从下到上 1～5 表示右手的 5 个输入，按键开关 1～5 表示左手的 5 个输入。

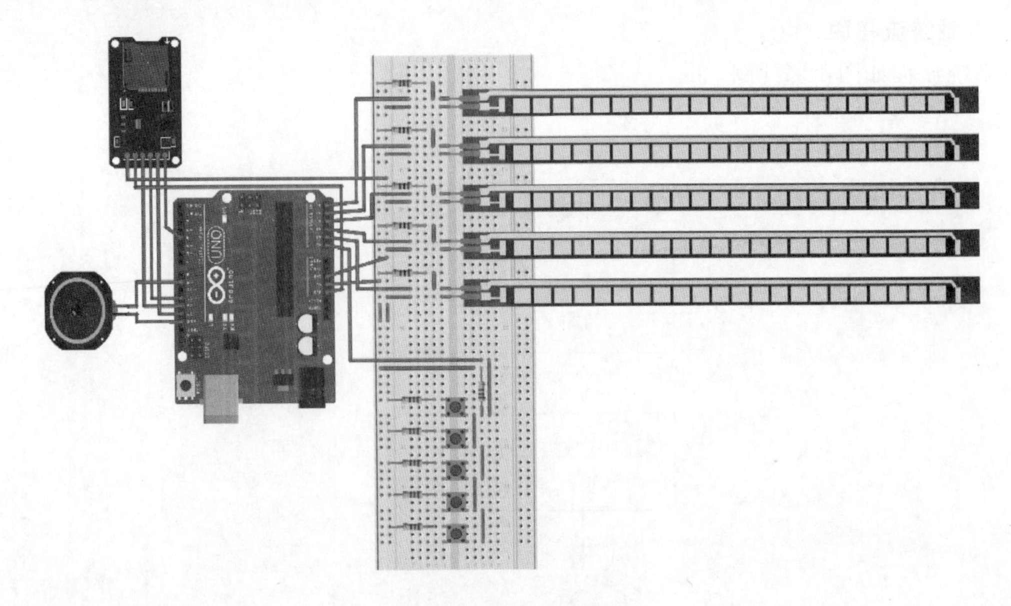

图 12-3 总电路图

表 12-1 引脚连接表

元件及引脚名		Arduino 开发板引脚
弯曲传感器	1 右引脚	A1
	2 右引脚	A2
	3 右引脚	A3
	4 右引脚	A4
	5 右引脚	A5
	左引脚	GND
SD 卡读写模块	CS	4
	VCC	VCC
	MOSI	11
	MISO	12
	GND	GND
	SCK	13
LTK5128 模块	IN	9
	5V+	5V
	G	GND
按键模块	左下引脚	A0
	右上引脚	GND

12.2 模块介绍

本项目主要包括弯曲传感器模块和输出模块。下面分别给出各模块的功能介绍及相关代码。

12.2.1　弯曲传感器模块

本部分包括弯曲传感器模块的功能介绍及相关代码。

1. 功能介绍

弯曲传感器也称为柔性传感器，是一种超薄的印制电路，可以集成到力的测量应用中。传感器的弯曲程度能够转换成电阻值的变化，弯曲越大，电阻越高。还可以测量两个表面之间的力，并经久耐用。元件包括 5 个弯曲传感器模块、5 个 1kΩ 电阻、Arduino 开发板和导线若干，电路如图 12-4 所示。

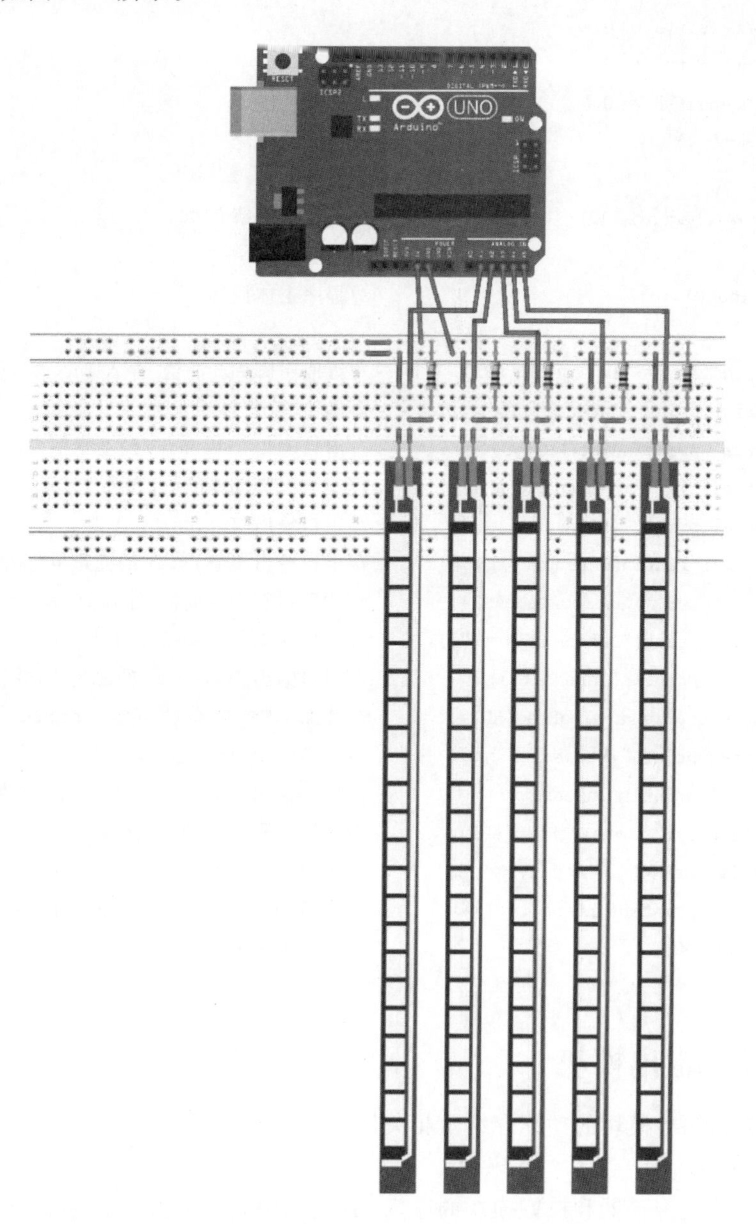

图 12-4　弯曲传感器模块与 Arduino 开发板连线图

2. 相关代码

```
#define AD1 A1                              //定义引脚 A1
  #define AD2 A2                            //定义引脚 A2
  #define AD3 A3                            //定义引脚 A3
  #define AD4 A4                            //定义引脚 A4
  #define AD5 A5                            //定义引脚 A5
  int Intensity1 = 0;
  int Intensity2 = 0;
  int Intensity3 = 0;
  int Intensity4 = 0;
  int Intensity5 = 0;                       //引脚数值
  void setup()                              //程序初始化
  {
    Serial.begin(9600);                     //设置波特率 9600
  }
  void loop()                               //程序主体循环
  {
    Intensity5 = analogRead(AD5);           //读取引脚 AD5 的值,存入 Intensity 变量
    Serial.print("Intensity5 = ");          //串口输出"Intensity = "
    Serial.println(Intensity5);             //串口输出 Intensity 的变量值,并换行
    Intensity4 = analogRead(AD4);           //读取引脚 AD5 的值,存入 Intensity 变量
    Serial.print("Intensity4 = ");          //串口输出"Intensity = "
    Serial.println(Intensity4);             //串口输出 Intensity 的变量值,并换行
    Intensity3 = analogRead(AD3);           //读取引脚 AD5 的值,存入 Intensity 变量
    Serial.print("Intensity3 = ");          //串口输出"Intensity = "
    Serial.println(Intensity3);             //串口输出 Intensity 的变量值,并换行
    Intensity2 = analogRead(AD2);           //读取引脚 AD5 的值,存入 Intensity 变量
    Serial.print("Intensity2 = ");          //串口输出"Intensity = "
    Serial.println(Intensity2);             //串口输出 Intensity 的变量值,并换行
    Intensity1 = analogRead(AD1);           //读取引脚 AD1 的值,存入 Intensity 变量
    Serial.print("Intensity1 = ");          //串口输出"Intensity = "
    Serial.println(Intensity1);             //串口输出 Intensity 的变量值,并换行
    delay(500);                             //延时 500ms
  }
```

12.2.2 输出模块

本部分包括输出模块的功能介绍及相关代码。

1. 功能介绍

主要是将弯曲传感器和按键模块的输入,通过 Arduino 开发板控制音频进行播放。因为扬声器声音较小,所以加了一个数字功放板——LTK5128 模块。元件包括 LTK5128 功放板、扬声器、Arduino 开发板和导线若干,电路如图 12-5 所示。

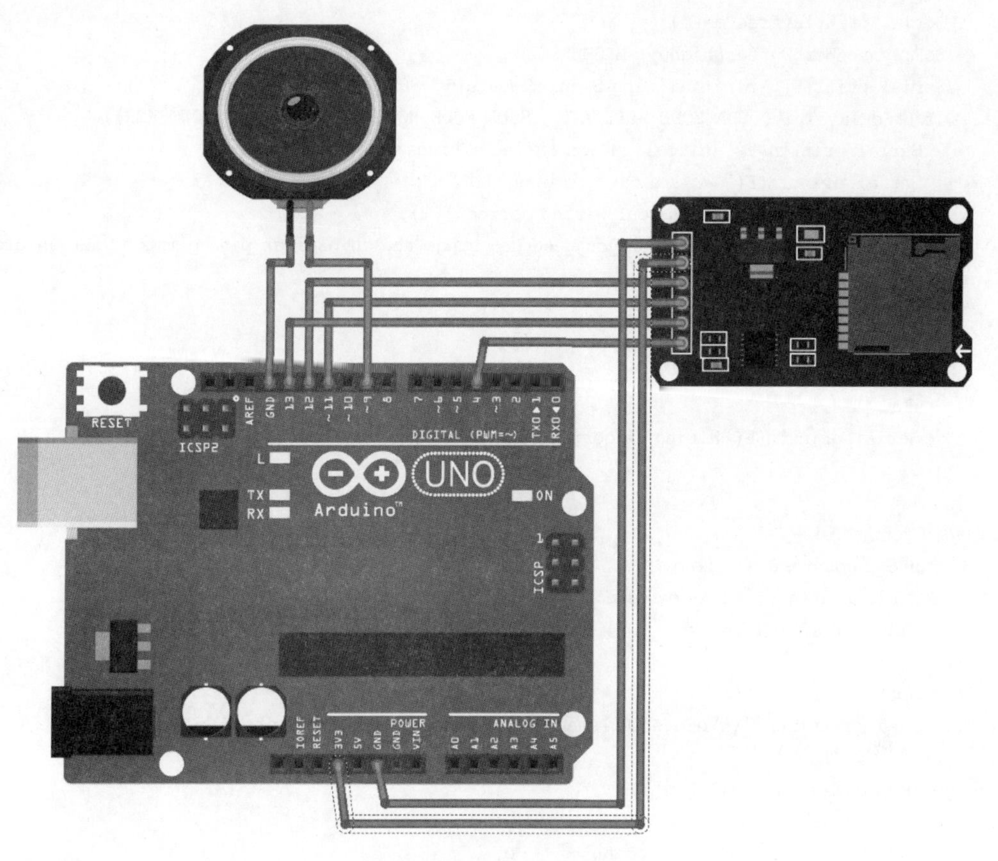

图 12-5　输出电路原理图

2. 相关代码

```
#include <SimpleSDAudio.h>
void DirCallback(char *buf) {
  Serial.println(buf);
}
char AudioFileName[16];
#define BIGBUFSIZE (2 * 512)
uint8_t bigbuf[BIGBUFSIZE];
int freeRam () {
  extern int __heap_start, *__brkval;
  int v;
  return (int) &v - (__brkval == 0 ? (int) &__heap_start : (int) __brkval);
}
void setup()
{
  Serial.begin(9600);
   while (!Serial) {
     ;
  }
  Serial.print(F("Free Ram: "));
```

```
  Serial.println(freeRam());
  SdPlay.setWorkBuffer(bigbuf, BIGBUFSIZE);
  Serial.print(F("\nInitializing SimpleSDAudio V" SSDA_VERSIONSTRING " ..."));
  if (!SdPlay.init(SSDA_MODE_FULLRATE | SSDA_MODE_MONO | SSDA_MODE_AUTOWORKER)) {
    Serial.println(F("initialization failed. Things to check:"));
    Serial.println(F(" * is a card is inserted?"));
    Serial.println(F(" * Is your wiring correct?"));
    Serial.println(F(" * maybe you need to change the chipSelect pin to match your shield or
module?"));
    Serial.print(F("Error code: "));
    Serial.println(SdPlay.getLastError());
    while(1);
  } else {
    Serial.println(F("Wiring is correct and a card is present."));
  }
}
void loop(void) {
  uint8_t count = 0, c, flag;
  Serial.println(F("Files on card:"));
  SdPlay.dir(&DirCallback);
ReEnter:
  count = 0;
  Serial.println(F("\r\nEnter filename (send newline after input):"));
  do {
    while(!Serial.available()) ;
    c = Serial.read();
    if(c > ' ') AudioFileName[count++] = c;
  } while((c != 0x0d) && (c != 0x0a) && (count < 14));
  AudioFileName[count++] = 0;
  Serial.print(F("Looking for file... "));
  if(!SdPlay.setFile(AudioFileName)) {
    Serial.println(F(" not found on card! Error code: "));
    Serial.println(SdPlay.getLastError());
    goto ReEnter;
  } else {
   Serial.println(F("found."));
  }
  Serial.println(F("Press s for stop, p for play, h for pause, f to select new file, d for
deinit, v to view status."));
  flag = 1;
  while(flag) {
    SdPlay.worker();
    if(Serial.available()) {
      c = Serial.read();
      switch(c) {
          case 's':
            SdPlay.stop();
            Serial.println(F("Stopped."));
            break;
          case 'p':
            SdPlay.play();
```

```
            Serial.println(F("Play."));
            break;
          case 'h':
            SdPlay.pause();
            Serial.println(F("Pause."));
            break;
          case 'd':
            SdPlay.deInit();
            Serial.println(F("SdPlay deinitialized. You can now safely remove card. System halted."));
            while(1) ;
            break;
          case 'f':
            flag = 0;
            break;
          case 'v':
            Serial.print(F("Status: isStopped = "));
            Serial.print(SdPlay.isStopped());
            Serial.print(F(", isPlaying = "));
            Serial.print(SdPlay.isPlaying());
            Serial.print(F(", isPaused = "));
            Serial.print(SdPlay.isPaused());
            Serial.print(F(", isUnderrunOccured = "));
            Serial.print(SdPlay.isUnderrunOccured());
            Serial.print(F(", getLastError = "));
            Serial.println(SdPlay.getLastError());
            Serial.print(F("Free RAM: "));
            Serial.println(freeRam());
            break;
        }
      }
    }
  }
```

上述代码需要使用另外的 Arduino 库文件，同时以此方式做出的音频播放器仅支持 afm 格式，下载 SimpleSDAudio 库文件，安装后打开 tools 文件夹选择需要转换的格式，推荐使用全速单通道模式，把后缀为 wav 的音乐文件拖进批处理中，转换结束后按任意键退出。转换出的 afm 格式音乐文件会出现在 converted 里，这时候音乐文件准备就绪。将上步转换出来的. afm 文件复制到 SD 卡中即可。（附件下载地址 http://hackerspace-ffm.de/wiki/index.php? title=Datei:SimpleSDAudio_V1.03.zip ），音频格式转换操作如图 12-6 所示。

图 12-6 音频格式转换操作

12.3 产品展示

产品整体外观如图 12-7 所示。

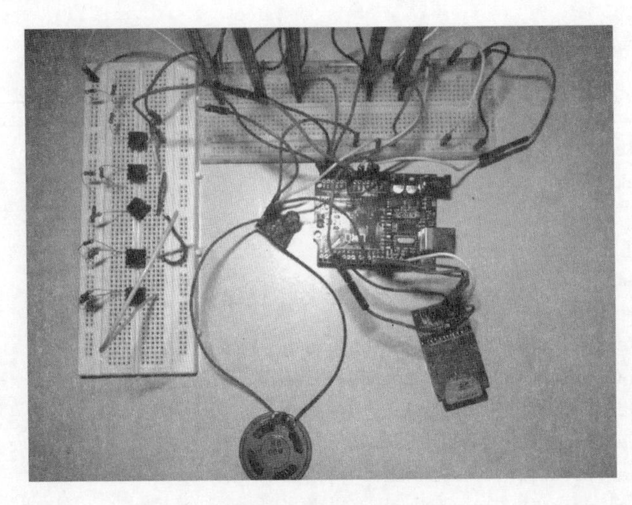

图 12-7 整体外观图

12.4 元件清单

完成本项目所用到的元件及数量如表 12-2 所示。

表 12-2 元件清单

元件/测试仪表	数 量
弯曲传感器	5 个
按键模块	5 个
Arduino 开发板	1 个
导线	若干
10kΩ 电阻	10 个
SD 卡模块	1 个
SD 卡	1 个
LTK5128 模块	1 个
扬声器	1 个

第 13 章

音频文件净化器[①]

本项目基于 Arduino 开发板，实现音频文件净化器，对音频文件进行降噪处理。

13.1 功能及总体设计

本项目采用维纳滤波降噪的方法，对音频文件进行降噪处理。确保输入含噪声的音频文件进行处理后与实际信号的误差在一定值内，最终得到一个基本无噪的输出信号并进行播放。

要实现上述功能需将作品分成三部分进行设计，即输入部分、信号处理部分和输出部分。输入部分为一个 SD 读卡器模块接入 Arduino 开发板；处理部分为 Arduino 开发板进行数据处理；输出部分是通过扬声器进行播放。

1. 整体框架图

整体框架如图 13-1 所示。

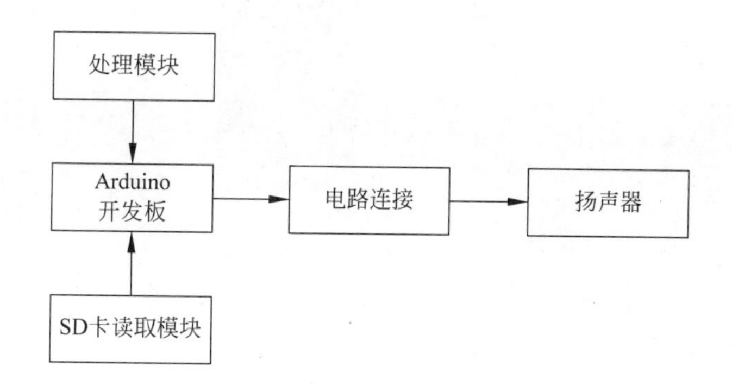

图 13-1　整体框架图

2. 系统流程图

系统流程如图 13-2 所示。

3. 总电路图

总电路如图 13-3 所示，引脚连接如表 13-1 所示。

① 本章根据聂凌云、吕铮项目设计整理而成。

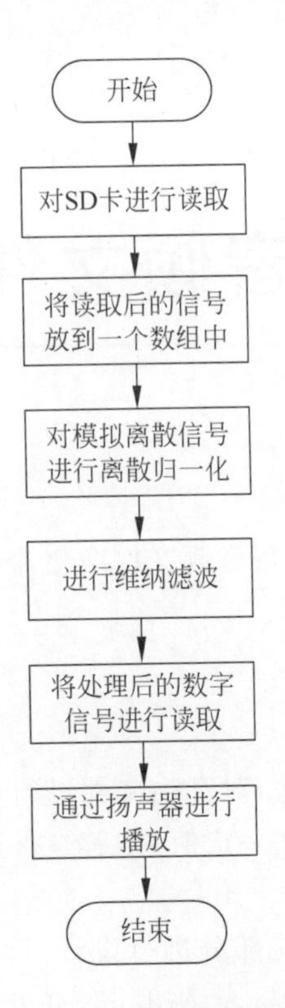

图 13-2　系统流程图

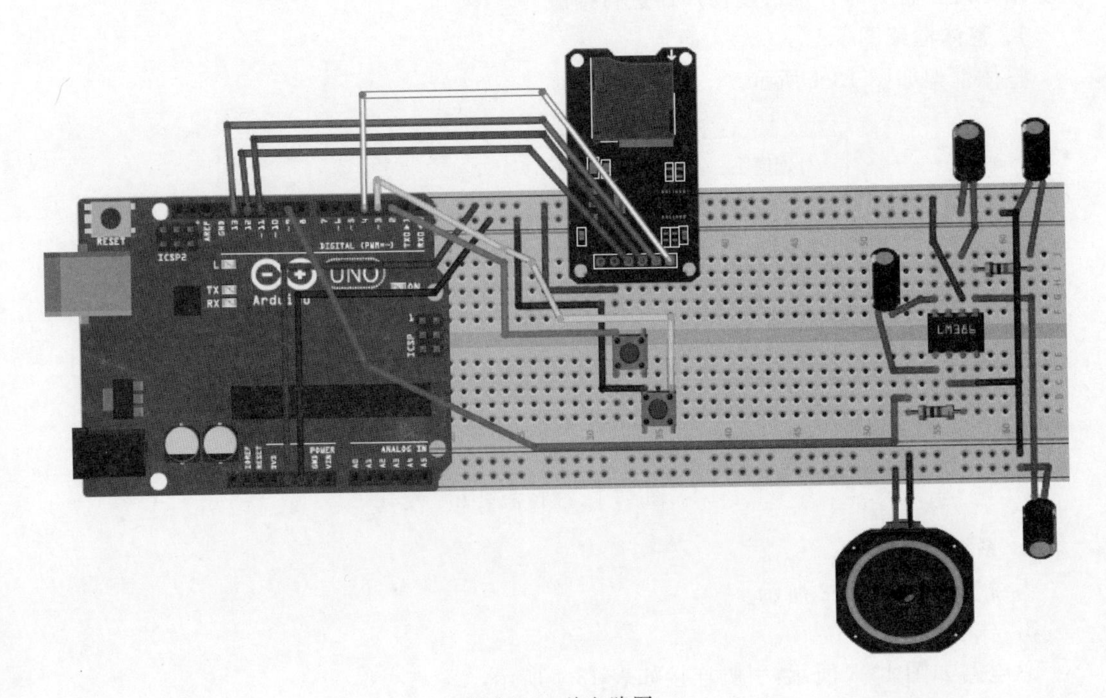

图 13-3　总电路图

表 13-1　引脚连接表

元件及引脚名		Arduino 开发板引脚
SD 卡模块	VCC	+5V
	GND	GND
	MISO	引脚 12
	MOSI	引脚 11
	SCK	引脚 13
	CS	引脚 4

13.2　模块介绍

本项目主要包括 SD 卡读取模块、数据信号处理模块和输出模块。下面分别给出各模块的功能介绍及相关代码。

13.2.1　SD 卡读取模块

本部分包括 SD 卡读取模块的功能介绍及相关代码。

1. 功能介绍

将 SD 卡中的 wav 文件读取成数据保存到数组中。wav 文件格式分析：wav 是 Microsoft 公司开发的一种音频文件格式，它符合 RIFF 文件格式标准，可以看作是 RIFF 文件的一个具体实例。wav 符合 RIFF 规范，其基本的组成单元也是 chunk。一个 wav 文件通常有三个 chunk 以及一个可选 chunk，在文件中的排列方式依次是：RIFF chunk、Format chunk、Fact chunk（附加块，可选）、Data chunk。Data 块中存放音频的采样数据。每个 sample 按照采样的时间顺序写入，对于使用多个字节的 sample，使用低端模式存放（低位字节存放在低地址，高位字节存放在高地址），对于多声道的 sample 采用交叉存放的方式。

2. 相关代码

```
#include "SD.h"                                              //读取 SD 卡的库
#include "SimpleSDAudio"                                     //播放音频文件的库
#include "SPI.h"                                             //SD 卡的 SPI 库
void setup()
{
  Serial.begin(9600);
   while (!Serial) {
  }
  Serial.print(F("\nInitializing SD card..."));              //串口提示信息
  if (!SdPlay.init(SSDA_MODE_FULLRATE | SSDA_MODE_MONO)) {
    Serial.println(F("initialization failed."));             //读取失败
    Serial.println(SdPlay.getLastError());
    while(1);
  } else {
   Serial.println(F("Wiring is correct and a card is present.")); //成功读取
  }
pinMode(2, INPUT_PULLUP);                                    //设置数字读取引脚，以便
```

```
                                                    //后续设置按钮
}
int song_number = 0;                                //歌曲代号,改变播放更多曲目
boolean debounce = true;
void loop(void) {
  if (digitalRead(2) == LOW && debounce == true){   //按键被按下
      song_number++;
    if (song_number == 3)                           //歌曲最大循环数目
    {song_number = 1;}
    if (song_number == 1){                          //播放歌曲一
        delay(3000);
        Serial.print(F("Looking for 1.AFM... "));
        if(!SdPlay.setFile("2.AFM")) {
            Serial.println(F(" not found on card! Error code: "));
            Serial.println(SdPlay.getLastError());
            while(1);
        } else {
            Serial.println(F("found."));
              }
            Serial.print(F("Playing... "));
            SdPlay.play();
            while(!SdPlay.isStopped()) {
                SdPlay.worker();
                }
        Serial.println(F("done."));}
    if (song_number == 2){                          //播放歌曲二
        delay(3000);
        Serial.print(F("Looking for 2.AFM... "));
        if(!SdPlay.setFile("1.AFM")) {
            Serial.println(F(" not found on card! Error code: "));
            continue;                               //如不存在则继续循环
            Serial.println(SdPlay.getLastError());
            while(1);
            } else {
                Serial.println(F("found."));
                }
        Serial.print(F("Playing... "));
        SdPlay.play();
        while(!SdPlay.isStopped()) {
            SdPlay.worker();
            }
        Serial.println(F("done."));}
    }
    if (digitalRead(2) == HIGH)
      {debounce = true; }
}
```

13.2.2 数字信号处理模块

本部分包括数字信号处理模块的功能介绍及相关代码。

1. 功能介绍

对于上一个模块读取的数组进行 FFT 变化，然后维纳滤波，使得纯净信号与输出带噪的信号的方差最小。最终得到一个处理过的数字信号并存到一个数组中，在 SD 卡中生成一个 wav 文件并保存。

2. 相关代码

```
class Complex
{
public:
    Complex(){real = 0;imag = 0;}
    Complex(double r,double i){real = r; imag = i;}
    Complex operator + (const Complex &c2);
    Complex operator - (const Complex &c2);
    Complex operator * (const Complex &c2);
    Complex operator/(const Complex &c2);
    void display();
private:
    double real;
    double imag;
};
//下面定义成员函数
//复数相加: (a + bi) + (c + di) = (a + c) + (b + d)i
Complex Complex::operator + (const Complex &c2)
{
    Complex c;
    c.real = real + c2.real;
    c.imag = imag + c2.imag;
    return c;
}
//复数相减: (a + bi) - (c + di) = (a - c) + (b - d)i
Complex Complex::operator - (const Complex &c2)
{
    Complex c;
    c.real = real - c2.real;
    c.imag = imag - c2.imag;
    return c;
}
//复数相乘: (a + bi)(c + di) = (ac - bd) + (bc + ad)i
Complex Complex::operator * (const Complex &c2)
{
    Complex c;
    c.real = real * c2.real - imag * c2.imag;
    c.imag = imag * c2.real + real * c2.imag;
    return c;
}
//复数相除: (a + bi)/(c + di) = (ac + bd)/(c^2 + d^2)  + (bc - ad)/(c^2 + d^2)i
Complex Complex::operator/(const Complex &c2)
{
    Complex c;
    c.real = (real * c2.real + imag * c2.imag)/(c2.real * c2.real + c2.imag * c2.imag);
```

```
    c.imag = (imag * c2.real - real * c2.imag)/(c2.real * c2.real + c2.imag * c2.imag);
    return c;
}
void Complex::display()
{
    cout <<"("<< real <<","<< imag <<"i)"<< endl;
}
void bitrp (float xreal [], float ximag [], int n)
  {
      //该程序完成了位反转置换功能
      int i, j, a, b, p;
      for (i = 1, p = 0; i < n; i * = 2)
          {
          p ++;
          }
      for (i = 0; i < n; i ++)
          {
          a = i;
          b = 0;
          for (j = 0; j < p; j ++)
              {
              b = (b << 1) + (a & 1);      // b = b * 2 + a % 2;
              a >>= 1;                     // a = a / 2;
              }
          if ( b > i)
              {
              swap (xreal [i], xreal [b]);
              swap (ximag [i], ximag [b]);
              }
          }
  }
void FFT(float xreal [], float ximag [], int n)
  {
  //快速傅里叶变换,将复数 x 变换后仍保存在 x 中,xreal, ximag 分别是 x 的实部和虚部
      float wreal [N / 2], wimag [N / 2], treal, timag, ureal, uimag, arg;
      int m, k, j, t, index1, index2;
      bitrp (xreal, ximag, n);
      //计算 1 的前 n/ 2 个 n 次方根的共轭复数 W'j = wreal [j] + i * wimag [j] , j = 0, 1,
      //... , n / 2 - 1
      arg = - 2 * PI / n;
      treal = cos (arg);
      timag = sin (arg);
      wreal [0] = 1.0;
      wimag [0] = 0.0;
      for (j = 1; j < n / 2; j ++)
          {
          wreal [j] = wreal [j - 1] * treal - wimag [j - 1] * timag;
          wimag [j] = wreal [j - 1] * timag + wimag [j - 1] * treal;
          }
      for (m = 2; m <= n; m * = 2)
          {
```

```
            for (k = 0; k < n; k += m)
                {
                for (j = 0; j < m / 2; j ++)
                    {
                    index1 = k + j;
                    index2 = index1 + m / 2;
                    t = n * j / m;          //旋转因子 w 的实部在 wreal []中的下标为 t
                    treal = wreal [t] * xreal [index2] - wimag [t] * ximag [index2];
                    timag = wreal [t] * ximag [index2] + wimag [t] * xreal [index2];
                    ureal = xreal [index1];
                    uimag = ximag [index1];
                    xreal [index1] = ureal + treal;
                    ximag [index1] = uimag + timag;
                    xreal [index2] = ureal - treal;
                    ximag [index2] = uimag - timag;
                    }
                }
            }
    }
void IFFT (float xreal [], float ximag [], int n)
    {
        //快速傅里叶逆变换
        float wreal [N / 2], wimag [N / 2], treal, timag, ureal, uimag, arg;
        int m, k, j, t, index1, index2;
        bitrp (xreal, ximag, n);
        //计算 1 的前 n / 2 个 n 次方根 Wj = wreal [j] + i * wimag [j] , j = 0, 1, ... , n / 2 - 1
        arg = 2 * PI / n;
        treal = cos (arg);
        timag = sin (arg);
        wreal [0] = 1.0;
        wimag [0] = 0.0;
        for (j = 1; j < n / 2; j ++)
            {
            wreal [j] = wreal [j - 1] * treal - wimag [j - 1] * timag;
            wimag [j] = wreal [j - 1] * timag + wimag [j - 1] * treal;
            }
        for (m = 2; m <= n; m * = 2)
            {
            for (k = 0; k < n; k += m)
                {
                for (j = 0; j < m / 2; j ++)
                    {
                    index1 = k + j;
                    index2 = index1 + m / 2;
                    t = n * j / m;          //旋转因子 w 的实部在 wreal []中的下标为 t
                    treal = wreal [t] * xreal [index2] - wimag [t] * ximag [index2];
                    timag = wreal [t] * ximag [index2] + wimag [t] * xreal [index2];
                    ureal = xreal [index1];
                    uimag = ximag [index1];
                    xreal [index1] = ureal + treal;
                    ximag [index1] = uimag + timag;
```

```
                xreal [index2] = ureal - treal;
                ximag [index2] = uimag - timag;
                }
            }
        }
    for (j = 0; j < n; j ++)
        {
        xreal [j] /= n;
        ximag [j] /= n;
        }
    }
void FFT_test ()
    {
        char inputfile [] = "input.txt";     //从文件 input.txt 中读入原始数据
        char outputfile [] = "output.txt";  //将结果输出到文件 output.txt 中
        float xreal [N] = {}, ximag [N] = {};
        int n, i;
        FILE * input, * output;
        if (!(input = fopen (inputfile, "r")))
            {
            printf ("Cannot open file. ");
            exit (1);
            }
        if (!(output = fopen (outputfile, "w")))
            {
            printf ("Cannot open file. ");
            exit (1);
            }
        i = 0;
        while ((fscanf (input, " %f %f", xreal + i, ximag + i)) != EOF)
            {
            i ++;
            }
        n = i;                                    //要求 n 为 2 的整数幂
        while (i > 1)
            {
            if (i % 2)
                {
                fprintf (output, " %d is not a power of 2! ", n);
                exit (1);
                }
            i /= 2;
            }
        FFT (xreal, ximag, n);
        fprintf (output, "FFT: i real imag ");
        for (i = 0; i < n; i ++)
            {
            fprintf (output, " %4d      %8.4f      %8.4f ", i, xreal [i], ximag [i]);
            }
        fprintf (output, " ==================================== ");
        IFFT (xreal, ximag, n);
```

```
        fprintf (output, "IFFT:    i      real     imag ");
        for (i = 0; i < n; i ++)
            {
            fprintf (output, " % 4d      % 8.4f      % 8.4f ", i, xreal [i], ximag [i]);
            }
        if ( fclose (input))
            {
            printf ("File close error. ");
            exit (1);
            }
        if ( fclose (output))
            {
            printf ("File close error. ");
            exit (1);
            }
    }
int main ()
    {
        FFT_test ();
        return 0;
    }
double gaussrand()                              //生成均值为 0,方差为 1 的高斯白噪声
{
static double V1, V2, S;
static int phase = 0;
double X;
if (phase == 0) {
do {
double U1 = (double)rand() / RAND_MAX;
double U2 = (double)rand() / RAND_MAX;
V1 = 2 * U1 - 1;
V2 = 2 * U2 - 1;
S = V1 * V1 + V2 * V2;
} while (S >= 1 || S == 0);
X = V1 * sqrt( - 2 * log(S) / S);
}
else
X = V2 * sqrt( - 2 * log(S) / S);
phase = 1 - phase;
return X;
}
const int N = 12365;                            //测试数据时选取的点数
//粘贴读取代码读到 x[];
double Xk[N] = fft(x, N);                       //原数据
double sigma = 0.1;
double v[N];                                    //零均值平稳高斯白噪声
for (int i = 0; i < N; i++)
v[i] = gaussrand();
double y[];                                     //污染信号
for (int i = 0; i < N; i++)
y[i] = x[i] + sigma * v[i];
```

```
double Yk = fft(y, N);
double Ry;
xcorr(y,Rz);
double Gy = fft(Ry, N);
double Rsz = xcorr(z, y);
double Gsz = fft(Rsz, N);
double H[N];
for (int i = 0; i < N; i++)
H[i] = Gsz[i] / Gz[i];                          //维纳滤波器的传递函数
double S[N];
for (int i = 0; i < N; i++)
S[i] = H[i] * Py[i];
double ss = real(ifft(S));
struct {
char RIFF[4];                                   //头部分 RIFF
long int size0;                                 //存的是后面所有文件大小
char WAVE[4];
char FMT[4];
long int size1;                           //存的是保存的大小,包含这之后,data 前面几个,共 16 个
short int ;
short int channel;
long int samplespersec;                         //每秒采样数
long int bytepersec;
short int blockalign;
short int bitpersamples;
char DATA[4];
long int size2;                                 //声音采样的大小
};
WavHead head = { { 'R','I','F','F' },0,{ 'W','A','V','E' },{ 'f','m','t',' ' },16,
1,1,N,N,1,8,{ 'd','a','t','a' },
0 };
if (SD.exists("2.wav")) {                       //检查 example.txt 文件是否存在
Serial.println("2.wav exists.");                //如果存在输出信息 example.txt exists.至串口
}
else {
Serial.println("2.wav doesn't exist.");         //不存在输出信息 example.txt doesn't exist.至串口
}
myFile = SD.open("2.wav", FILE_WRITE);
myFile.println(head);
myFile.println(ss);
myFile.close();                                 //关闭文件
```

13.2.3 输出模块

本部分包括输出模块的功能介绍及相关代码。

1. 功能介绍

将处理后的文件使用 TMRpcm 库对 wav 文件进行读取,然后播放音频,实现降噪。

2. 相关代码

```
#include "SD.h"                                 //读取 SD 卡的库
```

```
#include <SimpleSDAudio.h>                    //播放音频文件的库
#include "SPI.h"                              //SD卡的SPI库
#define SD_ChipSelectPin 4                    //在4号引脚选择SD卡
#include "FFT.h"                              //FFT库
#include "Radom.h"                            //互相关函数计算,自相关函数计算相关库
void setup()
{
  Serial.begin(9600);
  while (!Serial) {
  }
  Serial.print(F("\nInitializing SD card..."));   //串口提示信息
  if (!SdPlay.init(SSDA_MODE_FULLRATE | SSDA_MODE_MONO)) {
    Serial.println(F("initialization failed. "));  //读取失败
    Serial.println(SdPlay.getLastError());
    while(1);
  } else {
   Serial.println(F("Wiring is correct and a card is present."));          //成功读取
  }
pinMode(2, INPUT_PULLUP);                     //设置数字读取引脚,以便后续设置按钮
}
int song_number = 0;                          //歌曲代号,改变播放更多曲目
boolean debounce = true;
void loop(void) {
  if (digitalRead(2) == LOW && debounce == true){  //按键被按下
     song_number++;
     if (song_number == 3)                    //歌曲最大循环数目
     {song_number = 1;}
     if (song_number == 1){                   //播放歌曲一
          delay(3000);
          Serial.print(F("Looking for 1.AFM... "));
          if(!SdPlay.setFile("2.AFM")) {
              Serial.println(F(" not found on card! Error code: "));
              Serial.println(SdPlay.getLastError());
              while(1);
          } else {
              Serial.println(F("found."));
              }
              Serial.print(F("Playing... "));
              SdPlay.play();
              while(!SdPlay.isStopped()) {
                 SdPlay.worker();
                 }
          Serial.println(F("done."));}
    if (song_number == 2){                    //播放歌曲二
          delay(3000);
          Serial.print(F("Looking for 2.AFM... "));
          if(!SdPlay.setFile("1.AFM")) {
              Serial.println(F(" not found on card! Error code: "));
              continue;                       //如不存在则继续循环
              Serial.println(SdPlay.getLastError());
              while(1);
              } else {
                 Serial.println(F("found."));
              }
```

```
            Serial.print(F("Playing... "));
            SdPlay.play();
            while(!SdPlay.isStopped()) {
                    SdPlay.worker();
                    }
            Serial.println(F("done."));}
    }
    if (digitalRead(2) == HIGH)                         //避免抖动
      {debounce = true; }
    If(SD.exists("2.wav"))
{ double * x[N] = getwavf("1.wav");
complex Xk[N] = fft(x, N);                              //原数据
double sigma = 0.1;
double v[N];
for (int i = 0; i < N; i++)
v[i] = gaussrand();
double y[N];                                            //污染信号
for (int i = 0; i < N; i++)
y[i] = x[i] + sigma * v[i];
complex Yk = fft(y, N);
double Ry;
xcorr(y,Rz);
complex Gy = fft(Ry, N);
complex Rsz = xcorr(z, y);
complex Gsz = fft(Rsz, N);
complex H[N];
for (int i = 0; i < N; i++)
H[i] = Gsz[i] / Gz[i];                                  //维纳滤波器的传递函数
complex S[N];
for (int i = 0; i < N; i++)
S[i] = H[i] * Py[i];
double ss = real(ifft(S));
givewavf("2.wav",ss);
}
}
```

13.3 产品展示

产品整体外观如图 13-4 所示。

图 13-4　整体外观图

13.4 元件清单

完成本项目所用到的元件及数量如表 13-2 所示。

表 13-2 元件清单

元件/测试仪表	数 量
SD 卡读取模块	1 个
Arduino 开发板	1 个
导线	若干
扬声器	1 个
10kΩ 电阻	2 个
1kΩ 电阻	2 个
LM386 运放	1 个
10μF 电容	2 个
100μF 电容	2 个
面包板	1 个

参 考 文 献

[1] 李永华，高英，陈青云. Arduino 软硬件协同设计实战指南[M]. 北京：清华大学出版社，2015.

[2] 刘玉田，徐勇进. 用 Arduino 进行创造[M]. 第 2 版. 北京：清华大学出版社，2014.

[3] 赵英杰. 完美图解 Arduino 互动设计入门[M]. 北京：科学出版社，2014.

[4] Evans M，Noble J，Hochenbaum J. Arduino 实战[M]. 况琪，译. 北京：人民邮电出版社，2014.

[5] Boxall J. 动手玩转 Arduino[M]. 翁恺，译. 北京：人民邮电出版社，2014.

[6] 刘培植. 数字电路与逻辑设计[M]. 第 2 版. 北京：北京邮电大学出版社，2013.

[7] Monk S. Arduino 编程从零开始[M]. 刘椮楠，译. 北京：科学出版社，2013.

[8] McRoberts M. Arduino 从基础到实践[M]. 杨继志，郭敬，译. 北京：电子工业出版社，2013.

[9] 黄文恺，伍冯洁，陈虹. Arduino 开发实战指南[M]. 北京：机械工业出版社，2014.

[10] 唐文彦. 传感器[M]. 北京：机械工业出版社，2006.

[11] 沈金鑫. Arduino 与 LabVIEW 开发实践[M]. 北京：机械工业出版社. 2014.

[12] 程晨. Arduino 电子设计实战指南[M]. 北京：机械工业出版社，2013.

[13] 沙占友. 集成传感器应用[M]. 北京：中国电力出版社，2005.

[14] 李军，李冰海. 检测技术及仪表[M]. 北京：中国轻工业出版社，2008.

[15] 宋楠，韩广义. Arduino 开发从零开始学——学电子的都玩这个[M]. 北京：清华大学出版社，2014.

[16] 刘敏，刘泽军，宋庆国. 基于 Arduino 的简易亮光报警器的设计与实现[J]. 电子世界，2012(21)：122-123.

图书资源支持

感谢您一直以来对清华版图书的支持和爱护。为了配合本书的使用，本书提供配套的资源，有需求的读者请扫描下方的“清华电子”微信公众号二维码，在图书专区下载，也可以拨打电话或发送电子邮件咨询。

如果您在使用本书的过程中遇到了什么问题，或者有相关图书出版计划，也请您发邮件告诉我们，以便我们更好地为您服务。

我们的联系方式：

地　　址：北京市海淀区双清路学研大厦 A 座 701

邮　　编：100084

电　　话：010－62770175－4608

资源下载：http://www.tup.com.cn

客服邮箱：tupjsj@vip.163.com

QQ：2301891038（请写明您的单位和姓名）

教学交流、课程交流

清华电子

扫一扫，获取最新目录

用微信扫一扫右边的二维码，即可关注清华大学出版社公众号“清华电子”。